李宁 著

奇妙的Python

神奇代码漫游之旅

清華大学出版社
北京

内容简介

本书从实战的角度讲解 Python 在各个领域的应用案例，这些领域包括操作系统、GUI、ChatGPT、动画、多媒体（图像、音频和视频）、办公自动化、控件软件、加密和解密、数学计算、文本处理。

上述技术领域涵盖的章节如下。

(1) 文件系统（第 1～2 章）：主要包括对文件和文件夹的操作、获取文件和目录属性，搜索文件和目录、创建快捷操作，控制回收站、Windows 注册表、设置启动项、显示系统窗口等。

(2) GUI（第 3、5 章）：主要包括 PyQt6 的基本用法、异形窗口、（半）透明窗口，控制状态栏等。

(3) ChatGPT（第 4 章）：主要包括 ChatGPT 的基本概念、ChatGPT 的竞品、注册和登录 ChatGPT，以及应用 ChatGPT 做的两个项目——聊天机器人和编程魔匣。

(4) 动画（第 6 章）：主要包括属性动画、缓动动画、数学动画、生成动画 gif、三维仿真等。

(5) 多媒体（第 7～10 章）：主要包括播放音频、录制音频、音频分析、音频格式转换、音频编辑、获取视频信息、播放视频、截屏、拍照、录制视频、视频格式转换、视频编辑、图像处理（滤镜、缩放图像、翻转图像、混合图像等）、仿射变换、PS 滤镜（锐化、油画、光照、波浪扭曲、浮雕效果等）、视频特效（旋转视频、镜像视频、变速视频、变形视频、视频淡入淡出、为视频添加字幕等）。

(6) 办公自动化（第 11～14 章）：包括 Excel、Word、PointPower 和 PDF 的读写操作。

(7) 控制软件（第 15 章）：包括控制微信、浏览器、鼠标、键盘和剪贴板。

(8) 加密和解密（第 16 章）：MD5 加密、SHA 加密、Base64 编码和解码、DES 加密和解密、AES 加密和解密、RSA 加密和解密。

(9) 数学计算（第 17 章）：极限、导数、积分、二重积分、三重积分、微分方程、矩阵的加法、减法和乘法、矩阵的秩、相似矩阵、线性方程组。

(10) 文件压缩和解密（第 18 章）：压缩和解压 zip 和 7z 格式的文件。

(11) 文本处理（第 19 章）：处理长字符串、计算文本相似度、中文分词、词性标注、将图像转换为字符。

本书独立成册，适用于已掌握 Python 基础知识的读者。

图书在版编目(CIP)数据

奇妙的 Python：神奇代码漫游之旅/李宁著. —北京：清华大学出版社，2024.2
ISBN 978-7-302-65604-3

Ⅰ. ①奇… Ⅱ. ①李… Ⅲ. ①软件工具－程序设计 Ⅳ. ①TP311.561

中国国家版本馆 CIP 数据核字(2024)第 020941 号

责任编辑：曾　珊
封面设计：李召霞
责任校对：王勤勤
责任印制：丛怀宇

出版发行：清华大学出版社
网　　址：https://www.tup.com.cn，https://www.wqxuetang.com
地　　址：北京清华大学学研大厦 A 座　**邮　　编**：100084
社 总 机：010-83470000　**邮　　购**：010-62786544
投稿与读者服务：010-62776969，c-service@tup.tsinghua.edu.cn
质量反馈：010-62772015，zhiliang@tup.tsinghua.edu.cn
课件下载：https://www.tup.com.cn，010-83470236
印 装 者：三河市龙大印装有限公司
经　　销：全国新华书店
开　　本：186mm×240mm　**印　　张**：23　**字　　数**：517 千字
版　　次：2024 年 3 月第 1 版　**印　　次**：2024 年 3 月第 1 次印刷
印　　数：1～1500
定　　价：99.00 元

产品编号：103779-01

前言
FOREWORD

欢迎来到《奇妙的 Python——神奇代码漫游之旅》，这本书将带领你踏上一段奇幻的Python 旅程，探索代码的神奇力量。作为一门简洁而强大的编程语言，Python 已经成为现代应用开发的不可或缺的工具。无论你是初学者还是有一定经验的开发者，本书都将为你打开一扇通向 Python 神奇世界的大门。

在本书中，我们将探索 Python 在各个领域的应用。从控制操作系统，到图形用户界面的构建，再到 ChatGPT，我们将一起探索 Python 的无限潜力。无论你是想构建强大的聊天机器人，还是通过图像处理和视频编辑展现创造力，本书都会为你提供全面而实用的指导。

本书将介绍如何利用 Python 在操作系统中执行各种任务，从文件和目录的管理到获取系统信息和显示系统窗口。本书还将介绍 Python GUI 工具包 PyQt6 的使用，以及如何创建窗口、设计布局、添加组件和实现交互功能。对于那些对人工智能和聊天机器人感兴趣的读者，本书还将向你展示如何解锁 ChatGPT 的神奇力量，并让它成为你的编程助手。

除了探索以上领域之外，本书还会教你处理音频、图像和视频，从音乐播放器到视频编辑，从图像处理到动画制作，让你体验代码创造的魅力。此外，你还将学习如何读写 Excel、Word、PowerPoint 和 PDF 文档，以及处理文本数据、加密解密信息和进行数学计算。

在本书的每一章中，你都将看到丰富的实例和项目，通过实际的代码演示和练习，提升你的编程技能和解决问题的能力。无论你是希望学习新的技术，还是希望加深对 Python 的理解，本书都将成为你的指南和伙伴。

无论你是想成为一名职业开发者，还是对编程充满热情的爱好者，我相信本书都是助你成长的学习资料。让我们一起踏上这段奇幻之旅，发现 Python 世界的无限可能！

作　者

2024 年 1 月

目录

CONTENTS

视频清单

VIDEO CONTENTS

视 频 名 称	时长/min	位　　置
1.1-01-文件系统-01-打开文件夹	11	1.1 节节首
1.10.1-02-回收站-01-将删除的文件和目录放入回收站	9	1.10.1 节节首
1.10.2-02-回收站-02-清空回收站(Windows、macOS 和 Linux)	13	1.10.2 节节首
1.10.3-02-回收站-03-恢复回收站中的文件和目录(Windows、macOS 和 Linux)	15	1.10.3 节节首
1.2-01-文件系统-02-获取文件属性(macOS 和 Linux)	17	1.2 节节首
1.3-01-文件系统-03-获取文件属性(Windows)	9	1.3 节节首
1.4-01-文件系统-09-创建文件和目录	6	1.4 节节首
1.5-01-文件系统-10-删除文件、空目录和非空目录	4	1.5 节节首
1.6-01-文件系统-11-复制文件和目录	5	1.6 节节首
1.7-01-文件系统-12-重命名文件和目录	2	1.7 节节首
1.8-01-文件系统-13-搜索文件和目录	5	1.8 节节首
1.9-01-文件系统-14-创建快捷方式	15	1.9 节节首
2.1.2-03-Windows 注册表-02-递归获取所有的键	8	2.1.2 节节首
2.1.3-03-Windows 注册表-03-读取所有的键和值	9	2.1.3 节节首
2.1.4-03-Windows 注册表-04-添加键和值	7	2.1.4 节节首
2.1.5-03-Windows 注册表-05-重命名键	5	2.1.5 节节首
2.1.6-03-Windows 注册表-06-重命名值	3	2.1.6 节节首
2.1.7-03-Windows 注册表-07-删除键和值	1	2.1.7 节节首
2.2.1-04-驾驭 OS-01-将应用程序添加进 macOS 登录项	8	2.2.1 节节首
2.2.2-04-驾驭 OS-02-将应用程序添加进 Windows 启动项	5	2.2.2 节节首
2.2.3-04-驾驭 OS-03-将应用程序添加进 Linux 登录项	4	2.2.3 节节首
2.3.1-04-驾驭 OS-04-跨平台获取系统信息	12	2.3.1 节节首
2.3.2-04-驾驭 OS-05-使用 wmi 模块获取 Windows 系统信息	5	2.3.2 节节首
2.4-04-驾驭 OS-09-打开文件夹	6	2.4 节节首
2.4.2-04-驾驭 OS-07-显示 Windows 中的系统窗口	12	2.4.2 节节首
2.4.3-04-驾驭 OS-08-显示 Linux 的系统窗口	3	2.4.3 节节首
2.5-04-驾驭 OS-10-实现跨平台终端	6	2.5 节节首
2.1.1-03-Windows 注册表-01-读取值的数据	11	2.1.1 节节首
2.4.1-04-驾驭 OS-06-显示 macOS 中-系统偏好设置-的子窗口	13	2.4.1 节节首

续表

视 频 名 称	时长/min	位　置
3.10-06-GUI 库：PyQt6-09-对话框	23	3.10 节节首
3.11-06-GUI 库：PyQt6-10-项目实战-自由绘画	23	3.11 节节首
3.12-06-GUI 库：PyQt6-11-项目实战-图像旋转器	12	3.12 节节首
3.13-06-GUI 库：PyQt6-12-项目实战-点对点聊天	18	3.13 节节首
3.2-06-GUI 库：PyQt6-01-创建窗口	9	3.2 节节首
3.3-06-GUI 库：PyQt6-02-布局	13	3.3 节节首
3.4-06-GUI 库：PyQt6-03-常用组件	22	3.4 节节首
3.5-06-GUI 库：PyQt6-04-列表组件	15	3.5 节节首
3.6-06-GUI 库：PyQt6-05-下拉列表组件	10	3.6 节节首
3.7-06-GUI 库：PyQt6-06-表格组件	12	3.7 节节首
3.9-06-GUI 库：PyQt6-08-菜单	24	3.9 节节首
3.8-06-GUI 库：PyQt6-07-树形组件	14	3.8 节节首
4.1-07_AIGC 自动化编程_01_基于 ChatGPT 和 GitHub Copilot 自动化	5	4.1 节节首
4.4-07_AIGC 自动化编程_02_项目实战：聊天机器人	16	4.4 节节首
4.5-07_AIGC 自动化编程_03_项目实战：编程魔匣	5	4.5 节节首
6.1-08-动画-01-属性动画	19	6.1 节节首
6.2-08-动画-02-缓动动画	21	6.2 节节首
6.3.1-08-动画-03-生成正弦波动画 gif 文件	16	6.3.1 节节首
6.3.2-08-动画-04-生成洛伦兹吸引子动画 gif 文件	22	6.3.2 节节首
6.4.1-08-动画-05-用静态图像生成动画 gif 文件	8	6.4.1 节节首
6.4.2-08-动画-06-播放动画 gif 文件	6	6.4.2 节节首
6.5.1-08-动画-07-圆和正方形之间的转换动画视频	15	6.5.1 节节首
6.5.2-08-动画-08-制作在矩形区域做布朗运动的小球视频	4	6.5.2 节节首
6.5.3-08-动画-09-生成三维动画视频	9	6.5.3 节节首
6.6-08-动画-10-三维仿真模拟	4	6.6 节节首
7.1-09-音频-01-音频播放器	20	7.1 节节首
7.2-09-音频-02-录音机	18	7.2 节节首
7.3.1-09-音频-03-获取音频的基本信息	7	7.3.1 节节首
7.3.2-09-音频-04-展示音频波形图	3	7.3.2 节节首
7.3.3-09-音频-05-展示音频频谱图	6	7.3.3 节节首
7.3.4-09-音频-06-展示 MFCC 矩阵热力图	9	7.3.4 节节首
7.3.5-09-音频-07-展示过零率图	6	7.3.5 节节首
7.3.6-09-音频-08-频谱质心图	5	7.3.6 节节首
7.3.7-09-音频-09-频谱带宽图	5	7.3.7 节节首
7.4-09-音频-10-音频格式转换	8	7.4 节节首
7.5.1-09-音频-11-裁剪音频	3	7.5.1 节节首
7.5.2-09-音频-12-合并音频	3	7.5.2 节节首
7.5.3-09-音频-13-混合音频	7	7.5.3 节节首
8.2-10-图像与视频-02-播放视频	6	8.2 节节首

续表

视 频 名 称	时长/min	位 置
8.1-10-图像与视频-01-获取视频信息	3	8.1 节节首
8.3.1-10-图像与视频-04-截屏	5	8.3.1 节节首
8.3.2-10-图像与视频-05-截取 web 页面	5	8.3.2 节节首
8.5-10-图像与视频-06-录屏	4	8.5 节节首
8.6-10-图像与视频-07-视频格式转换	3	8.6 节节首
8.7.1-10-图像与视频-08-视频裁剪	3	8.7.1 节节首
8.7.2-10-图像与视频-09-合并视频	2	8.7.2 节节首
8.7.3-10-图像与视频-10-从视频中提取出音频	2	8.7.3 节节首
8.7.4-10-图像与视频-11-混合音频和视频	5	8.7.4 节节首
8.7.5-10-图像与视频-12-制作画中画的视频	6	8.7.5 节节首
9.1.5-11-图像与视频-05-翻转图像	1	9.1.5 节节首
9.1.6-11-图像与视频-06-图像增强滤镜与色彩空间转换	2	9.1.6 节节首
9.1.7-11-图像与视频-07-修改颜色通道	1	9.1.7 节节首
9.1.8-11-图像与视频-08-在图像上添加和旋转文字	2	9.1.8 节节首
9.1.9-11-图像与视频-09-混合图像	2	9.1.9 节节首
9.2-11-图像与视频-11-仿射矩阵	2	9.2 节节首
9.3-11-图像与视频-12-基于像素的图像算法	1	9.3 节节首
9.4.1-11-图像与视频-13-锐化滤镜	2	9.4.1 节节首
9.4.10-11-图像与视频-22-图像模糊特效	2	9.4.10 节节首
9.4.2-11-图像与视频-14-油画滤镜	2	9.4.2 节节首
9.4.3-11-图像与视频-15-光照滤镜	2	9.4.3 节节首
9.4.4-11-图像与视频-16-波浪扭曲	2	9.4.4 节节首
9.4.5-11-图像与视频-17-极坐标扭曲	1	9.4.5 节节首
9.4.6-11-图像与视频-18-挤压扭曲	2	9.4.6 节节首
9.4.7-11-图像与视频-19-3D 凹凸特效	1	9.4.7 节节首
9.4.8-11-图像与视频-20-浮雕效果	2	9.4.8 节节首
9.4.9-11-图像与视频-21-3D 法线	2	9.4.9 节节首
9.1.4-11-图像与视频-04-静态图像变旋转 gif 动画	3	9.1.4 节节首
9.1.1-11-图像与视频-01-图像滤镜	3	9.1.1 节节首
9.1.10-11-图像与视频-10-制作图像矩阵	3	9.1.10 节节首
9.1.2-11-图像与视频-02-缩放图像与缩略图	3	9.1.2 节节首
9.1.3-11-图像与视频-03-生成圆形头像	3	9.1.3 节节首
10.11-12-视频特效-08-将视频转换为动画 gif	1	10.11 节节首
10.2-12-视频特效-02-镜像视频	1	10.2 节节首
10.3-12-视频特效-03-变速视频	1	10.3 节节首
10.5-12-视频特效-04-视频透视变换	2	10.5 节节首
10.6-12-视频特效-05-高斯模糊视频	1	10.6 节节首
10.9-12-视频特效-06-视频的淡入淡出效果	1	10.9 节节首
10.10-12-视频特效-07-向视频中添加动态图像	3	10.10 节节首

续表

视 频 名 称	时长/min	位　置
10.1-12-视频特效-01-旋转视频	1	10.1 节节首
11.2-13-读写 Excel 文档-01-对 Excel 文档的基本操作	2	11.2 节节首
11.3-13-读写 Excel 文档-02-创建 Excel 表格	3	11.3 节节首
11.4-13-读写 Excel 文档-03-Excel 表转换为 SQLite 表	1	11.4 节节首
11.5-13-读写 Excel 文档-04-绘制跨单元格斜线	2	11.5 节节首
11.6-13-读写 Excel 文档-05-使用 Excel 函数	2	11.6 节节首
11.7-13-读写 Excel 文档-06-向 Excel 文档批量插入图像	2	11.7 节节首
12.2-对 Word 文档的基本操作	1	12.2 节节首
12.3-设置 Word 文档的样式	2	12.3 节节首
12.4-向 Word 文档批量添加图像	2	12.4 节节首
12.5-将 Word 表格转换为 SQLite 表	1	12.5 节节首
12.6-添加页眉和页脚	1	12.6 节节首
12.7-添加页码	2	12.7 节节首
13.2-PowerPoint 文档的基本操作	1	13.2 节节首
13.3-向 ppt 文档中批量添加图像	2	13.3 节节首
13.4-将 SQLite 表数据导入 PowerPoint	1	13.4 节节首
14.2-生成简单的 pdf 文档	3	14.2 节节首
14.3-向 pdf 文档中添加图像和表格	1	14.3 节节首
14.4-加密和解密 pdf 文档	3	14.4 节节首

本书知识图谱

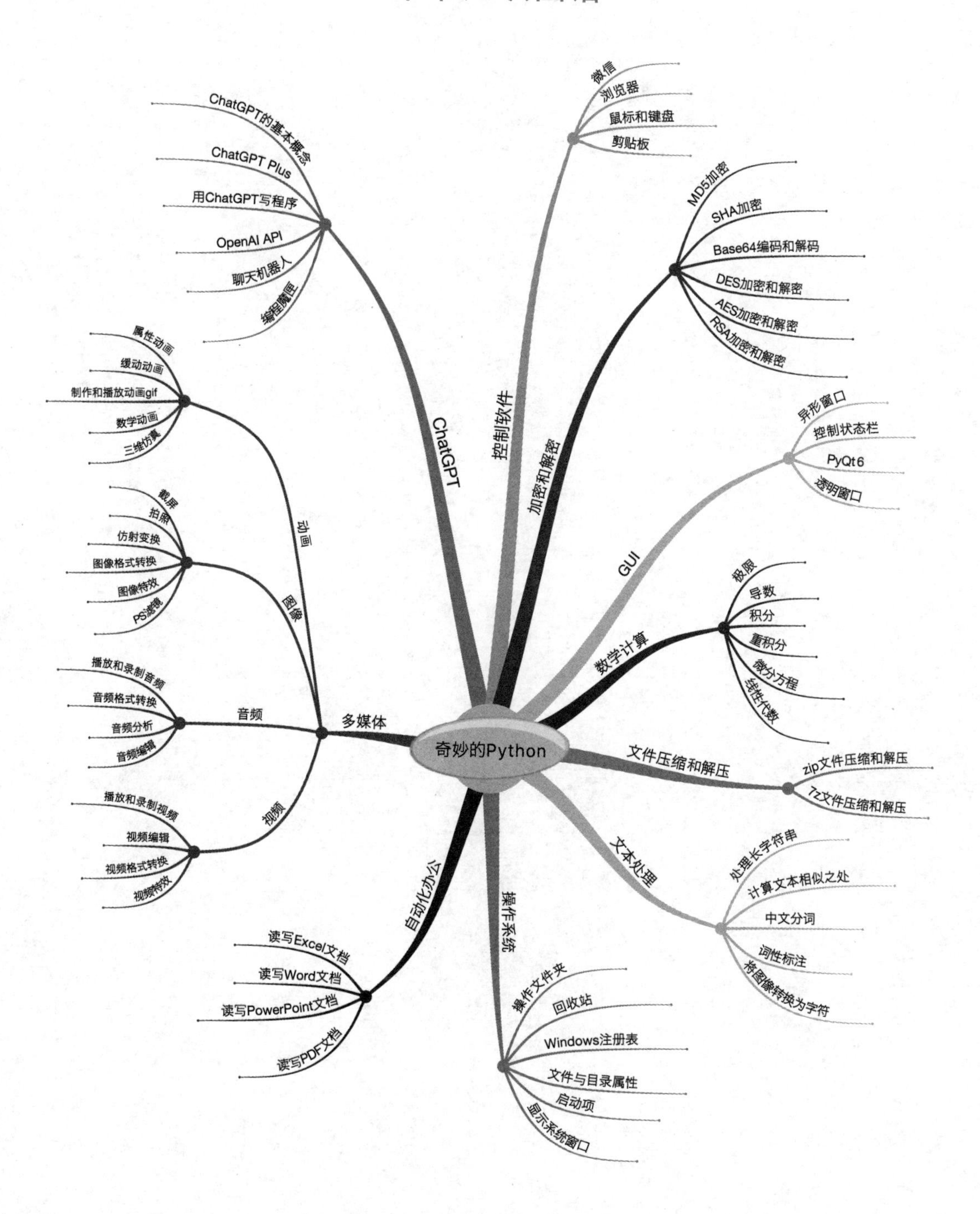

奇妙的Python
ChatGPT
ChatGPT的基本概念
ChatGPT Plus
用ChatGPT写程序
OpenAI API
聊天机器人
编程魔匣
控制软件
微信
浏览器
鼠标和键盘
剪贴板
加密和解密
MD5加密
SHA加密
Base64编码和解码
DES加密和解密
AES加密和解密
RSA加密和解密
GUI
异形窗口
控制状态栏
PyQt6
透明窗口
数学计算
极限
导数
积分
重积分
微分方程
线性代数
文件压缩和解压
zip文件压缩和解压
7z文件压缩和解压
文本处理
处理长字符串
计算文本相似之处
中文分词
词性标注
将图像转换为字符
操作系统
操作文件夹
回收站
Windows注册表
文件与目录属性
启动项
显示系统窗口
自动化办公
读写Excel文档
读写Word文档
读写PowerPoint文档
读写PDF文档
多媒体
动画
属性动画
缓动动画
制作和播放动画gif
数学动画
三维仿真
图像
截屏
拍照
仿射变换
图像格式转换
图像特效
PS滤镜
音频
播放和录制音频
音频格式转换
音频分析
音频编辑
视频
播放和录制视频
视频编辑
视频格式转换
视频特效

第1章 文件系统

文件系统是现代操作系统最重要的组成部分之一。然而，操作文件系统通常是使用操作系统自带的管理工具，例如，Windows 中使用资源管理器操作文件和目录，macOS 中对应的工具是 Finder(中文名叫“访达”)。但在很多场景中，需要使用程序来完成同样的工作，所以本章主要介绍如何通过 Python 来管理文件和目录。

1.1 打开文件夹

用 Python 打开文件夹时就像双击文件夹一样，会弹出一个窗口，在窗口中显示文件夹的内容。要实现这个功能，需要使用 3 个模块：os、platform 和 subprocess。这 3 个模块的主要功能如下。

(1) os 模块：提供了一种便携的使用操作系统相关功能的方法。它包含了许多用于与文件系统交互的函数。

(2) platform 模块：提供了访问底层平台数据的方法，例如硬件、操作系统和解释器版本信息。它可以用来检索正在运行程序的平台中尽可能多的信息。

(3) subprocess 模块：允许你启动新进程，连接到它们的输入/输出/错误管道，并获取它们的返回代码。这个模块旨在取代几个旧的模块和函数，例如 os. system 和 os. spawn 等。这 3 个模块都是 Python 的内置模块，不需要安装。

Windows、macOS 和 Linux 系统打开文件夹的方式并不相同，Windows 系统使用 os. startfile 函数打开文件夹，os. startfile 是 Python 的 os 模块中的一个函数，该函数的原型如下：

```
os.startfile(path[, operation])
```

其中，path 参数是必需的，表示要打开的文件或文件夹的路径。operation 参数是可选的，它指定了应该对文件执行什么操作。

macOS 和 Linux 系统要使用 subprocess. Popen 函数通过执行外部命令打开文件夹，该函数的原型如下：

```
subprocess.Popen(args, bufsize = -1, executable = None,
                 stdin = None, stdout = None, stderr = None,
                 preexec_fn = None, close_fds = True,
                 shell = False, cwd = None, env = None,
                 universal_newlines = False,
                 startupinfo = None, creationflags = 0)
```

Popen 函数的原型相当复杂,不过在绝大多数情况下并不需要了解所有参数的含义,但必须要了解 args 参数,该参数是必需的,它指定了要运行的命令和参数。其他参数都是可选的,用于控制进程的启动和运行方式。

args 参数是一个列表类型,列表的第 1 个值表示命令名,列表的第 2 个值表示命令参数,下面是 Popen 函数的一个例子:

```
import subprocess
# 运行命令并获取输出
process = subprocess.Popen(['ls', '-l'], stdout = subprocess.PIPE)
output, error = process.communicate()

# 打印输出
print(output.decode('utf-8'))
```

在这个示例中,我们使用 subprocess.Popen 类运行了 ls -l 命令,该命令用于列出当前目录中的文件和目录。我们将 stdout 参数设置为 subprocess.PIPE,以便捕获命令的输出。然后使用 communicate 方法等待进程完成并获取其输出。最后,我们将命令行的输出结果用 utf-8 格式解码为字符串,并将结果输出到终端。

请注意,这个示例假定你正在运行类 UNIX 操作系统(如 Linux 或 macOS),其中包含 ls 命令。如果你使用的是 Windows 系统,则需要更改命令。

如果想让程序同时适应 Windows、macOS 和 Linux,需要使用 **platform.system** 函数判断程序当前运行的是哪一个平台,该函数返回一个字符串类型的值,"**Windows**"表示 Windows 平台,"**Darwin**"表示 macOS 平台,"**Linux**"表示 Linux 平台。

完整的实现代码如下:

代码位置:src/file_system/open_folder.py

```
import os
import platform
import subprocess
def open_folder(path):
    # 检查操作系统
    if platform.system() == "Windows":
        # 使用 os.startfile 函数打开 Windows 目录
        os.startfile(path)
    elif platform.system() == "Darwin":
        # macOS 系统使用 open 命令打开目录
        subprocess.Popen(["open", path])
```

```
    else:
        # 其他系统(如 Linux)使用 xdg-open 命令打开目录
        subprocess.Popen(["xdg-open", path])
# 调用 open_folder 函数
open_folder("/System/Volumes/Data/server")
```

执行这段代码，会弹出要打开的文件夹，图 1-1 是在 macOS 上打开的文件夹。在 Windows 和 Linux 上打开文件夹的效果类似。

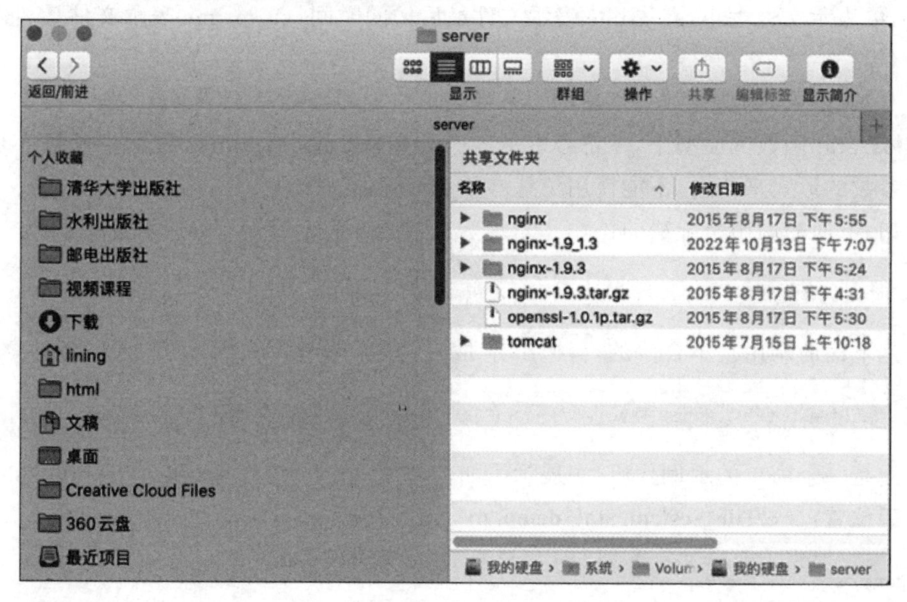

图 1-1 打开文件夹

注意：读者在运行这段程序之前，应该先将要打开的目录替换成读者自己机器上已经存在的目录。

1.2 获取文件和目录的属性

对于操作系统来说，文件和目录在本质上是一样的，目录实际上是一类特殊的文件。所以文件和目录的属性基本上是一样的。

获取文件和目录的属性需要使用 os.stat 函数，该函数的原型如下：

```
os.stat(path, dir_fd=None, follow_symlinks=True)
```

stat 函数参数的含义如下。

(1) path：表示要获取属性信息的文件或目录的路径。

(2) dir_fd：用于指定一个目录的文件描述符。如果提供了这个参数，那么 path 参数应该是相对于这个目录的相对路径。这个参数在某些情况下非常有用，例如当你需要在不改变当前工作目录的情况下获取一个目录中文件的属性信息时。

(3) follow_symlinks：用于指定是否跟随符号链接。如果这个参数的值为 True(默认值)，那么当 path 参数指定的是一个符号链接时，os.stat 函数会返回符号链接指向的文件或目录的属性信息。如果这个参数的值为 False，那么 os.stat 函数会返回符号链接本身的属性信息。

os.stat 函数返回一个包含文件属性信息的对象。这个对象包含了许多有用的属性，例如，st_size 表示文件大小，st_atime 表示文件最后访问时间，st_mtime 表示文件最后修改时间等。

在 Python 中，函数参数列表中的 * 符号表示位置参数和关键字参数的分界点。

在 os.stat 函数的原型中，* 符号表示 dir_fd 和 follow_symlinks 这两个参数必须使用关键字参数的形式来传递，不能使用位置参数的形式。

例如，下面的调用是合法的：

```
os.stat('test.txt', dir_fd = None, follow_symlinks = True)
```

但是下面的调用是不合法的，会抛出异常：

```
os.stat('test.txt', None, True)
```

下面是一个简单的示例代码，它展示了如何使用 dir_fd 参数和 follow_symlinks 参数。

代码位置：src/file_system/stat_demo.py

```
import os
# 创建一个临时目录
temp_dir = 'temp'
os.mkdir(temp_dir)
# 在临时目录中创建一个文件
temp_file = os.path.join(temp_dir, 'test.txt')
with open(temp_file, 'w') as f:
    f.write('test')
# 获取临时目录的文件描述符
dir_fd = os.open(temp_dir, os.O_RDONLY)
# 使用 dir_fd 参数获取文件属性信息
file_info = os.stat('test.txt', dir_fd = dir_fd)
print(f'File size: {file_info.st_size}')
# 关闭文件描述符
os.close(dir_fd)
# 删除临时文件和目录
os.remove(temp_file)
os.rmdir(temp_dir)
# 创建一个符号链接
os.symlink('test.txt', 'test_link.txt')
# 获取符号链接指向的文件的属性信息
file_info = os.stat('test_link.txt')
print(f'File size: {file_info.st_size}')
```

```
# 获取符号链接本身的属性信息
link_info = os.stat('test_link.txt', follow_symlinks = False)
print(f'Link size: {link_info.st_size}')
# 删除符号链接
os.unlink('test_link.txt')
```

在这段代码中，我们首先创建了一个临时目录，并在其中创建了一个文件。然后使用 os.open 函数获取这个目录的文件描述符，并将它传递给 os.stat 函数的 dir_fd 参数，以获取这个目录中文件的属性信息。

接着，我们创建了一个指向 test.txt 文件的符号链接，并使用 os.stat 函数获取它指向的文件和它本身的属性信息。可以看到，当 follow_symlinks 参数为 True（默认值）时，os.stat 函数返回的是符号链接指向的文件的属性信息；当 follow_symlinks 参数为 False 时，os.stat 函数返回的是符号链接本身的属性信息。

注意：读者在执行这段代码时，请将文件名换成自己机器上存在的文件名。

下面看一下获取文件和目录属性的完整代码。在代码中，首先获取了基本的文件属性信息，然后获取了文件权限和绝对路径。

代码位置：src/file_system/file_properties.py

```
import os
def get_file_attributes(file_path):
    # 获取基本属性信息
    file_info = os.stat(file_path)
    print(f'File size: {file_info.st_size}')
    print(f'Last access time: {file_info.st_atime}')
    print(f'Last modification time: {file_info.st_mtime}')
    # 获取文件权限信息
    print(f'File mode: {file_info.st_mode}')

    # 获取文件绝对路径
    abs_path = os.path.abspath(file_path)
    print(f'Absolute path: {abs_path}')

# 调用函数，获取文件属性信息
get_file_attributes('/System/Volumes/Data/server/nginx-1.9.3.tar.gz')
```

执行这段代码，会在终端输出如下的内容：

```
File size: 864430
Last access time: 1439805309.0
Last modification time: 1439800278.0
File mode: 33184
Absolute path: /System/Volumes/Data/server/nginx-1.9.3.tar.gz
```

在代码中使用的是文件，如果换成目录，得到的属性基本是正确的，但无法获取整个目录的尺寸，要想获取整个目录的尺寸，需要递归扫描该目录中的所有文件，并累加这些文件的尺寸，实现代码如下：

代码位置：src/file_system/folder_size.py

```
import os
def get_folder_size(folder_path):
    # 初始化文件夹尺寸为 0
    folder_size = 0
    # 使用 os.walk 函数遍历文件夹中的所有文件和子目录
    for dirpath, dirnames, filenames in os.walk(folder_path):
        # 遍历所有文件
        for file in filenames:
            # 获取文件的完整路径
            file_path = os.path.join(dirpath, file)
            # 判断是不是文件
            if os.path.isfile(file_path):
                # 累加文件大小
                folder_size += os.path.getsize(file_path)
    # 返回文件夹尺寸
    return folder_size
# 调用函数,获取文件夹尺寸
folder_size = get_folder_size('/System/Volumes/Data/server')
print(f'Folder size: {folder_size}')
```

执行这段代码，会在终端输出如下的内容：

```
Folder size: 38336545
```

1.3 改变文件和目录的属性

大多数文件的属性(注：修改目录的属性与修改文件的属性相同，所以本节主要修改文件的属性)都可以修改，所有修改文件属性的函数都在 os 模块中。本节会介绍几个常用文件属性的修改。这些文件属性包括文件的访问时间和修改时间、文件权限、文件所属用户和用户组、文件访问控制项和文件的安全描述符(ACE)。其中，文件权限、文件所属用户和用户组仅针对 macOS、Linux 等类 UNIX 系统，文件访问控制项和文件的安全描述符(ACE)仅针对 Windows 系统。

1. 访问时间与修改时间

使用 os.utime 函数可以修改文件的访问时间和修改时间，该函数的原型如下：

```
os.utime(path, times)
```

该函数参数的含义如下：

(1) path：要更改时间的文件的路径。

(2) times：一个包含两个元素的元组，分别表示访问时间和修改时间(以秒为单位)。

2. 修改文件权限

使用 os.chmod 函数可以更改文件或目录的权限，该函数的原型如下：

```
os.chmod(path, mode)
```

该函数参数的含义如下。

（1）path：要更改权限的文件或目录的路径。

（2）mode：新的权限，可以使用八进制数来表示。

在类UNIX系统（macOS、Linux等）中，文件权限通常用3位或4位八进制数来表示。如果由3位八进制数表示，那么每一位分别表示文件所有者、文件所属组和其他用户对该文件的读（r）、写（w）和执行（x）权限。八进制数0o666[①]表示所有用户都可以读取和写入该文件，但不能执行该文件。

如果用4位八进制表示文件权限，那么第1位表示特殊权限，即setuid、setgid和sticky bit。这些特殊权限可以影响文件的执行行为或目录的访问控制。

例如，如果一个文件的权限是0o4755，那么第1位是4，表示该文件具有setuid权限，意味着执行该文件时，进程将以文件所有者的身份运行，而不是以当前用户的身份。

如果一个目录的权限是0o1777，那么第1位是1，表示该目录具有sticky bit权限，意味着即使其他用户对该目录有写入和执行权限，而只有目录的所有者或超级用户才能删除或重命名该目录下的文件。

下面是一个示例代码，它演示了如何使用八进制数来更改文件权限。

代码位置：src/file_system/stat_demo.py

```
import os
# 更改文件权限,使所有用户都可以读取和写入该文件
os.chmod('example.txt', 0o666)
# 更改文件权限,使文件所有者可以读取、写入和执行该文件,其他用户只能读取该文件
os.chmod('example.txt', 0o744)
# 更改文件权限,使文件所有者和文件所属组可以读取和写入该文件,其他用户不能访问该文件
os.chmod('example.txt', 0o660)
```

上面的代码使用了3种不同的八进制数来更改文件权限。在第一个例子中，我们使用了八进制数0o666来使所有用户都可以读取和写入该文件。在第二个例子中，我们使用了八进制数0o744来使文件所有者可以读取、写入和执行该文件，其他用户只能读取该文件。在第三个例子中，我们使用了八进制数0o660来使文件所有者和文件所属组可以读取和写入该文件，其他用户不能访问该文件。

3. 文件所属用户和用户组

使用os.chown函数可以修改文件所属的用户和用户组，该函数的原型如下：

```
os.chown(path, uid, gid)
```

---

① 0o666用二进制表示就是110 110 110，每一组二进制（由3个二进制数组成）的3个数分别表示文件或目录是否可读、是否可写、是否可执行。1表示可读、可写或可执行，0表示不可读、不可写或不可执行。所以110表示可读、可写、不可执行。如果是111，就表示可读、可写、可执行。

该函数参数的含义如下。

（1）path：要更改所有者和组的文件或目录的路径。

（2）uid：新的所有者的用户 ID。

（3）gid：新的组 ID。

如下示例代码演示了如何使用 os.chown 函数来更改文件的所有者和组：

```
import os
# 更改文件所有者和组
os.chown('example.txt', uid, gid)
```

在上面的代码中，我们使用 os.chown 函数来更改 example.txt 文件的所有者和组。我们将新的所有者的用户 ID 设置为 uid，将新的组 ID 设置为 gid。

为了获取当前系统中有多少用户，并得到用户的 uid，可以使用下面的代码：

代码位置：src/file_system/get_all_users.py

```
import pwd
# 获取系统中所有用户的信息
all_users = pwd.getpwall()
# 遍历所有用户信息
for userinfo in all_users:
    # 获取用户名和用户 ID
    username = userinfo.pw_name
    uid = userinfo.pw_uid

    # 打印用户名和用户 ID
    print(f'{username}: {uid}')
```

运行这段代码，会得到类似下面的内容：

```
_teamsserver: 94
daemon: 1
lining: 501
_wwwproxy: 252
nixbld21: 30021
nixbld9: 30009
_timezone: 210
```

后面那个数字就是 uid，将 gid 设置为－1，则表示不修改用于组。下面的代码将 example.txt 文件所属用户修改为 210，不修改所属用户组。

```
os.chown('example.txt', 210, -1)
```

4. 文件访问控制项和文件的安全描述符（ACE）

修改这两个属性需要调用多个函数，而且需要在 Windows 下运行。Python 自带的函数无法设置这两个属性，因此要使用 **win32security** 模块和 **ntsecuritycon** 模块中的 API 进行设置。

win32security 模块是 Python for Windows 扩展(**pywin32**)的一部分，它提供了用于管理 Windows 安全功能的函数和类。ntsecuritycon 模块是 pywin32 的一部分，它定义了与 Windows 安全相关的常量。

如果没有安装 pywin32，需要在 Windows 中执行如下命令进行安装。

```
pip install pywin32
```

使用到的主要函数以及详细解释如下：

```
win32security.LookupAccountName(system_name, account_name)
```

该函数用于获取指定账户的名称、域和 SID(安全标识符)。参数含义如下。

(1) system_name：指定要查找账户的系统名称(可以用空字符串表示本地系统)。

(2) account_name：指定要查找的账户的名称。此函数返回一个包含 3 个元素的元组，分别表示账户的 SID、域和类型。

```
win32security.GetFileSecurity(filename, requested_information)
```

该数用于获取指定文件或目录的安全描述符。参数含义如下。

(1) filename：指定要获取安全描述符的文件或目录的路径。

(2) requested_information：指定要获取的安全描述符信息(可以是多个标志的组合，例如 win32security. OWNER_SECURITY_INFORMATION、| win32security. GROUP_SECURITY_INFORMATION)。

该函数返回一个安全描述符对象。

```
GetSecurityDescriptorDacl()
```

该方法用于获取安全描述符对象中的 DACL(离散访问控制列表)。它不接受任何参数。该方法返回一个 DACL 对象。

```
AddAccessAllowedAce(revision, access_mask, sid)
```

该方法用于向 DACL 对象中添加一个允许访问控制项(ACE)。参数含义如下。

(1) revision：指定 DACL 的版本号。

(2) access_mask：指定 ACE 允许的访问权限。

(3) sid：指定 ACE 应用于哪个用户或组。此方法没有返回值。

```
SetSecurityDescriptorDacl(dacl_present, dacl, dacl_defaulted)
```

该方法用于设置安全描述符对象中的 DACL。参数含义如下。

(1) dacl_present：指定是否存在 DACL。

(2) dacl：指定新的 DACL 对象。

(3) dacl_defaulted：指定 DACL 是否为默认值。此方法没有返回值。

```
win32security.SetFileSecurity(filename, security_information, security_descriptor)
```

该函数用于设置指定文件或目录的安全描述符。参数含义如下。

（1）filename：指定要设置安全描述符的文件或目录的路径。

（2）security_information：指定要设置哪些安全描述符信息（可以是多个标志的组合）。

（3）security_descriptor：指定新的安全描述符对象。此函数没有返回值。

由于 Windows、macOS 和 Linux 设置文件属性上有差异，要想编写通用的 Python 程序，需要考虑各种操作系统的特殊情况，所以需要识别当前的操作系统。这里介绍另一种识别操作系统的方法：**sys.platform**。

sys.platform 是 sys 模块中的一个变量，属于字符串类型，它表示 Python 解释器正在运行的操作系统平台。它的值取决于你的操作系统，可能的值如下。

（1）win32：表示 Windows 系统。

（2）darwin：表示 macOS。

（3）linux：表示 Linux 系统。

（4）cygwin：表示 Cygwin 环境（在 Windows 系统上运行的 Linux 模拟环境）。

（5）freebsd：表示 FreeBSD 系统。

下面的代码完整地演示了如何设置本节涉及的属性。

代码位置：src/file_system/modify_properties.py

```
import os
import sys
import time

# 获取当前时间
now = time.time()

# 设置文件的访问和修改时间为当前时间
os.utime('/System/Volumes/Data/temp/demo.png', (now, now))

# 更改文件权限,使所有用户都可以读取和写入该文件
if sys.platform == 'win32':
    # Windows 系统
    import win32security
    import ntsecuritycon as con

    # 获取"Everyone"用户的 SID(安全标识符)
    userx, domain, type = win32security.LookupAccountName("", "Everyone")

    # 获取文件的安全描述符
    sd = win32security.GetFileSecurity('d:\\data\\demo.png',
win32security.DACL_SECURITY_INFORMATION)

    # 获取文件的 DACL(离散访问控制列表)
    dacl = sd.GetSecurityDescriptorDacl()
```

```
        # 为 DACL 添加一个 ACE(访问控制项),允许"Everyone"用户读取和写入文件
        dacl.AddAccessAllowedAce(win32security.ACL_REVISION, con.FILE_GENERIC_READ |
                                                con.FILE_GENERIC_WRITE, userx)

        # 更新文件的安全描述符
        sd.SetSecurityDescriptorDacl(1, dacl, 0)
        win32security.SetFileSecurity('d:\\data\\demo.png', win32security.DACL_SECURITY_
    INFORMATION, sd)
    else:
        # 设置文件权限
        os.chmod('/System/Volumes/Data/temp/demo.png', 0o777)
        # 设置文件所属用户和用户组
        os.chown('/System/Volumes/Data/temp/demo.png', 501, -1)
```

如果在 macOS 或 Linux 下运行该程序,会发现 demo.png 文件的权限和用户组都变了,可以用下面的命令验证 demo.png 文件的属性改变情况:

```
ls -al demo.png
```

执行这行命令,会在终端输出类似下面的信息,这表明权限、用户组和最后修改时间都变了。

```
-rwxrwxrwx@ 1 lining wheel 9250 3 27 19:24 demo.png
```

如果在 Windows 下运行这段代码,会发现 demo.png 文件在设置前的"安全"页面信息如图 1-2 所示。

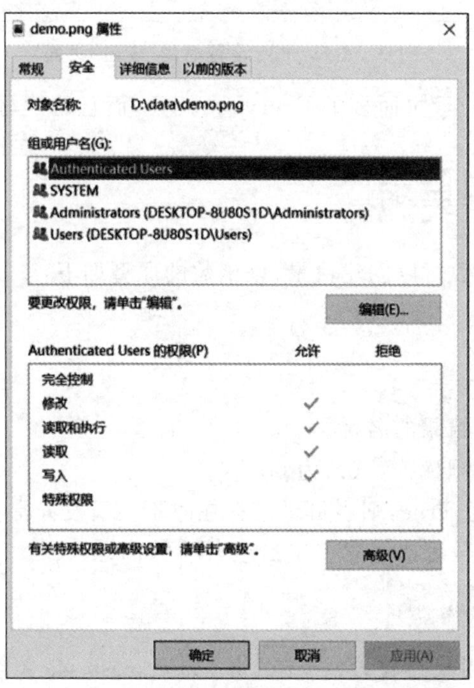

图 1-2 demo.png 设置前的"安全"页面

设置后的“安全”页面如图 1-3 所示。

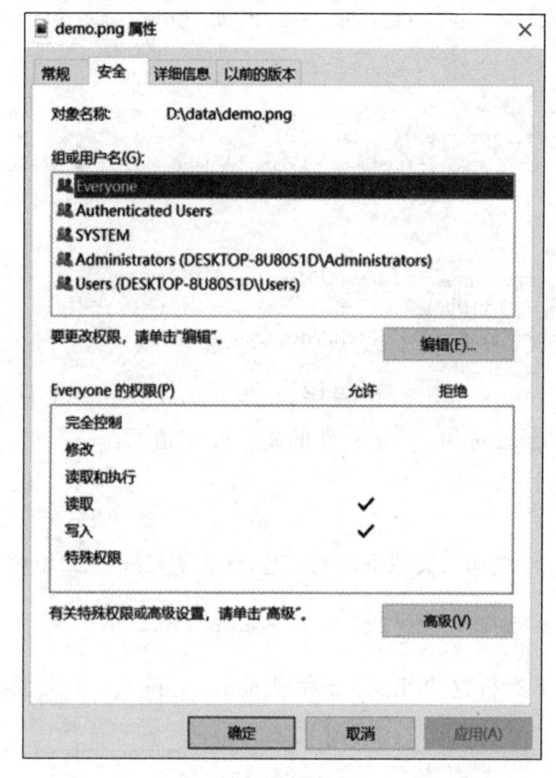

图 1-3 demo. png 设置后的“安全”页面

很明显，设置后的“安全”页面多了 Everyone 用户，而且是读写权限。

1.4 创建文件和目录

使用 os. makedirs 函数可以创建目录，该函数的原型如下：

```
os.makedirs(name, mode = 0o777, exist_ok = False)
```

各参数含义如下。

(1) name：要创建的目录的名称。

(2) mode：目录的权限模式，默认为 0o777。

(3) exist_ok：如果为 True，则当目录已存在时不会引发异常。

使用 os. makedirs 函数可以建立多层目录，代码如下：

```
os.makedirs('dir1/dir2/dir3')
```

在创建目录时，如果目录存在，会抛出异常，如果 **exist_ok** 参数为 True，则不会抛出异常。可以在创建目录之前，使用 os. path. exists 函数判断目录是否存在。

使用 open 函数可以打开文件，如果设置文件为写模式，则为创建文件。该函数的原型如下：

```
open(file, mode = 'r', buffering = -1, encoding = None, errors = None, newline = None, closefd =
True, opener = None)
```

参数含义如下。

(1) file：要打开的文件的名称。

(2) mode：文件打开模式，默认为只读模式('r')。

(3) buffering：设置缓冲策略。0 表示不缓冲，1 表示行缓冲，其他正数表示使用指定大小的缓冲区，负数表示使用系统默认缓冲区大小。

(4) encoding：设置文件的编码格式。默认为 None，表示使用系统默认编码格式。

(5) errors：设置如何处理编码错误。默认为 None，表示使用严格模式。

(6) newline：设置换行符。默认为 None，表示自动识别换行符。

(7) closefd：如果为 True，则在文件关闭时关闭底层文件描述符。默认为 True。

(8) opener：设置自定义的打开器。默认为 None。

下面的代码完整地演示了如何创建目录以及多层目录，并且在创建新文件的同时写入一个字符串。

代码位置：src/file_system/create_file_dir.py

```
import os
# 创建目录
os.makedirs('my_directory', exist_ok = True)
# 创建文件
with open('my_directory/my_file.txt', 'w') as f:
    f.write('Hello World!')                    #向文件写入字符串

# 创建多层目录
if not os.path.exists('my_directory/subdirectory/subsubdirectory'):
    os.makedirs('my_directory/subdirectory/subsubdirectory')

# 创建文件
with open('my_directory/subdirectory/subsubdirectory/my_file.txt', 'w') as f:
    f.write('世界你好!')                       # 向文件写入字符串
```

执行这段代码，会在当前目录创建如图 1-4 所示的目录结构和文件，在两个 my_file.txt 文件中都会有相应的文本内容。

图 1-4 创建目录和文件

1.5 删除文件和目录

可以使用 **os** 和 **shutil** 模块来实现文件和目录的删除。要永久删除文件，可以使用 **os. unlink** 函数。要删除空目录，可以使用 **os. rmdir** 函数。如果要删除非空目录，可以使用 **shutil. rmtree** 函数。这 3 个函数都只有一个 **path** 参数，用来指定待删除的文件或目录。如果文件或目录不存在，调用这些函数会抛出异常，所以在使用这些函数删除文件或目录之前，需要用 **os. path. exists** 函数判断文件或目录是否存在。

下面的代码完整地演示了如何永久删除文件和目录(空目录和非空目录)。

代码位置：src/file_system/remove_file_dir. py

```
import os
import shutil

# 永久删除文件
if os.path.exists('file.txt'):
    os.unlink('file.txt')                # 删除名为'file.txt'的文件

# 永久删除空目录
if os.path.exists('empty_directory'):
    os.rmdir('empty_directory')          # 删除名为'empty_directory'的空目录

# 永久删除非空目录
if os.path.exists('non_empty_directory'):
    # 删除名为'non_empty_directory'的非空目录,包括其内部的所有文件和子目录
    shutil.rmtree('non_empty_directory')
```

1.6 复制文件和目录

可以使用 shutil. copy 函数复制文件，使用 shutil. copytree 文件复制目录，这两个函数的原型如下：

```
shutil.copy(src, dst)
```

参数含义如下。

(1) src：表示要复制的源文件的路径。

(2) dst：表示目标文件的路径。

```
shutil.copytree(src, dst)
```

参数含义如下。

(1) src：表示要复制的源目录的路径。

（2）dst：表示目标目录的路径。

shutil. copytree 函数可以递归地复制源目录及其内部的所有文件和子目录。

下面的代码首先创建了目录和文件，然后使用 shutil. copytree 函数复制这些文件和目录。

代码位置：src/file_system/copy_file_dir. py

```
import shutil
import os
# 创建目录
os.makedirs('my_directory', exist_ok = True)
# 创建文件
with open('my_file.txt', 'w') as f:
    f.write('Hello World!')
# 创建多层目录
if not os.path.exists('my_directory/subdirectory/subsubdirectory'):
    os.makedirs('my_directory/subdirectory/subsubdirectory')
# 创建文件
with open('my_directory/subdirectory/subsubdirectory/my_file.txt', 'w') as f:
    f.write('世界你好!')
# 将'my_file.txt'文件复制到'destination.txt'
shutil.copy('my_file.txt', 'destination.txt')
# 将'my_directory'目录复制到'destination_directory'
shutil.copytree('my_directory', 'destination_directory')
```

如果要实现剪切文件的效果，只需要在复杂文件后将源文件删除即可。

1.7 重命名文件和目录

可以使用 os. rename 函数重命名文件或目录。该函数的原型如下：

```
rename(src, dst)
```

参数含义如下。

（1）src：表示要重命名的文件的原始路径。

（2）dst：表示文件的新路径。

在执行 rename 之前，应确保 src 参数指定的文件或目录是存在的，还要确定 dst 参数指定的文件或目录不存在，否则会抛出异常。例子代码如下。

代码位置：src/file_system/rename. py

```
import os
# 将 my_file.txt 文件重命名为 new_file.txt
os.rename('my_file.txt', 'new_file.txt')
# 将 directory 目录重命名为 new_directory
os.rename('my_directory', 'new_directory')
```

1.8 搜索文件和目录

可以使用 os. walk 函数搜索文件和目录。os. walk 是一个用于遍历目录树的 Python 函数，它是一个简单易用的文件、目录遍历器，可以帮助我们高效地处理文件和目录。

os. walk 函数的原型如下：

```
os.walk(top, topdown = True, onerror = None, followlinks = False)
```

参数含义如下。

(1) top：指定要遍历的目录。

(2) topdown：指定遍历顺序。如果为 True，则先遍历顶层目录，然后遍历子目录。如果为 False，则先遍历子目录，然后遍历顶层目录。

(3) onerror：指定一个函数，用于处理遇到的错误。如果未指定，则忽略错误。

(4) followlinks：指定是否遍历符号链接。如果为 True，则遍历符号链接指向的目录。

os. walk 函数返回一个生成器(generator)，每次迭代生成一个包含 3 个元素的元组：(dirpath，dirnames，filenames)，每一个元素的含义如下。

(1) dirpath：字符串，表示当前目录的路径。

(2) dirnames：列表，包含当前目录中的子目录名称。

(3) filenames：列表，包含当前目录中的文件名称。

如果想使用匹配模式搜索文件或目录，可以使用 fnmatch 模块中的 fnmatch 函数，该函数可以匹配包含特定字符串的文件或目录。

fnmatch 函数的原型如下：

```
fnmatch.fnmatch(filename, pattern)
```

参数含义如下。

(1) filename：表示要检查的字符串或文件名。

(2) pattern：要检索的模式。

fnmatch. fnmatch 函数对于文件名尤其有用，但也可以用于普通的字符串。普通用户可能习惯于 shell 模式或者至少其中最简单的形式"?"和"*"通配符。该函数用于测试文件名字符串 filename 是否与模式字符串 pattern 匹配，匹配返回 True，否则返回 False。

下面的代码通过 find 函数搜索 path 指定路径中的所有与 pattern(本例是 *. txt)匹配的文件或目录，并将搜索结果添加到 result 列表中，最后输出 result 列表中的内容。

代码位置：src/file_system/search_file_dir. py

```
import os
from fnmatch import fnmatch
```

```
# 搜索与 pattern 匹配的文件和目录
def find(pattern, path):
    result = []
    for root, dirs, files in os.walk(path):
        for name in files:
            if fnmatch(name, pattern):
                result.append(os.path.join(root, name))
    return result
# 搜索指定路径中所有的文本文件
result = find('*.txt', '/System/Volumes/Data/software')
for file in result:
    print(file)
```

运行程序，会在终端输出类型下面的内容：

```
/System/Volumes/Data/software/abc.txt
/System/Volumes/Data/software/Windows/sn.txt
/System/Volumes/Data/software/important/readme.txt
```

1.9　创建快捷方式

在 Windows、macOS 和 Linux 中，要使用不同的方式创建快捷方式。

在 Windows 系统中，需要使用第三方模块 **winshell** 来创建快捷方式。如果未安装 winshell 模块，需要使用 **pip install winshell** 命令来安装这个模块。然后调用 **winshell.CreateShortcut** 函数来创建快捷方式。这个函数接受两个参数——**Path** 和 **Target**。其中，Path 参数表示快捷方式文件的路径，而 Target 参数表示快捷方式指向的目标文件路径。

在 macOS 系统中，需要创建了一个简单的 bash 脚本来实现快捷方式功能。我们使用了 Python 内置的文件操作函数来创建一个新文件，并向其中写入内容；然后使用了 os 模块中的 chmod 函数来修改文件权限，使其具有可执行权限。

在 Linux 系统中，需要创建一个桌面入口文件（**.desktop** 文件）来实现快捷方式功能。与 macOS 系统类似，我们也是使用 Python 内置的文件操作函数来创建一个新文件，并向其中写入内容。

下面的代码定义了一个名为 create_shortcut 的函数，它接收两个参数——target 和 shortcut_location。target 参数表示快捷方式指向的目标文件路径，而 shortcut_location 参数表示快捷方式文件的保存路径。

在函数内部，我们首先使用 platform.system 函数来检测当前操作系统类型，然后根据操作系统类型执行不同的操作。

代码位置：src/file_system/create_shortcut.py

```
import os
import sys
```

```
import platform
def create_shortcut(target, shortcut_location):
    system = platform.system()
    if system == 'Windows':
        # 在 Windows 下创建快捷方式
        import winshell
        winshell.CreateShortcut(
            Path = shortcut_location,
            Target = target,
            Icon = (target, 0)
        )
    elif system == 'Darwin':
        # 在 macOS 下创建快捷方式
        from pathlib import Path
        target = Path(target).resolve()
        with open(shortcut_location, 'w') as f:
            f.write(f'#!/bin/sh\nopen "{target}"\n')
        os.chmod(shortcut_location, 0o755)
    else:
        # 在 Linux 下创建快捷方式
        from pathlib import Path
        target = Path(target).resolve()
        with open(shortcut_location, 'w') as f:
            f.write(f'[Desktop Entry]\nType = Link\nURL = {target}\nName = {target.name}\n')
# 在 macOS 下创建快捷方式文件(test.sh)
create_shortcut('/System/Volumes/Data/pictures/test.png','/temp/test.sh')
```

在 macOS 执行代码，会在/temp 目录创建一个 test.sh 文件，该文件的内容如下：

```
#!/usr/bin/env bash
open /System/Volumes/Data/pictures/test.png
```

在 test.sh 文件中调用了 open 命令打开源文件，所以直接执行 test.sh 文件，就可以直接打开 test.png 文件。在 Linux 环境下也有类似的效果。

1.10 回收站

本节介绍了如何用 Python 控制回收站（macOS 中称为废纸篓），主要内容包括删除回收站中的文件、清空回收站中的文件和恢复回收站中的文件。由于 Windows、macOS 和 Linux 操作回收站的 API 和方式不同，所以本节将分别介绍这 3 种操作系统操作回收站的 API 和背后的原理，并通过相应的 API 将这 3 个操作系统平台用于操作回收站的 API 放到一个 Python 脚本文件中。本节提供的 Python 代码都是跨平台的。

1.10.1 将删除的文件和目录放入回收站

Python 并没有将文件和目录放入回收站的 API，所以需要使用第三方的 **send2trash** 模块，如果读者未安装这个库，可以执行下面的命令安装 send2trash。

```
pip install send2trash
```

send2trash 是跨平台的，可以在 Windows、macOS 和 Linux 上使用。

send2trash 模块有一个 **send2trash** 函数，该函数只有一个 **paths** 参数，用于指定移入回收站的一个或多个文件（目录），如果指定一个文件或目录，可以直接使用字符串，如果指定多个文件和目录，需要使用列表，代码如下：

```
send2trash(['some_file1', 'some_file2'])
```

下面的代码首先创建了目录和文件，然后使用 send2trash 函数将这些目录和文件移到回收站，原来的文件和目录就会被删除。

代码位置：src/file_system/send_to_trash.py

```
from send2trash import send2trash
import os
# 创建目录
os.makedirs('my_directory', exist_ok = True)
# 创建文件
with open('my_file.txt', 'w') as f:
    f.write('Hello World!')
# 创建多层目录
if not os.path.exists('my_directory/subdirectory/subsubdirectory'):
    os.makedirs('my_directory/subdirectory/subsubdirectory')
# 创建文件
with open('my_directory/subdirectory/subsubdirectory/my_file.txt', 'w') as f:
    f.write('世界你好!')
# 将文件放入回收站
send2trash('my_file.txt')            # 将名为'file.txt'的文件放入回收站
# 将名为'my_directory'的目录放入回收站,包括其内部的所有文件和子目录
send2trash('my_directory')
```

1.10.2 清空回收站中的文件

清空回收站（macOS 中称为废纸篓）的操作，Windows、macOS 和 Linux 各不相同。下面分别讲解如何清空这 3 个操作系统中的回收站。

1. 清空 Windows 回收站

使用 winshell 模块中的 recycle_bin 函数可以返回一个 ShellRecycleBin 对象，利用该对象的 empty 方法可以清空回收站。empty 方法的原型如下：

```
empty(confirm = False, show_progress = False, sound = False)
```

各参数含义如下。

(1) confirm：如果为 True，则在清空回收站之前显示确认对话框。默认值为 False。

(2) show_progress：如果为 True，则在清空回收站时显示进度条。默认值为 False。

(3) sound：如果为 True，则在清空回收站时播放声音。默认值为 False。

如果没有安装 winshell 模块，需要使用下面的命令安装 **winshell** 模块：

```
pip install winshell
```

2. 清空 macOS 废纸篓

废纸篓也是目录，只不过是特殊的目录，所以只要得到废纸篓的目录，就可以利用 1.5 节中讲述的函数删除废纸篓中的所有文件和目录。macOS 废纸篓的目录是“**~/. Trash**”，其中“~”表示当前用户的子目录，但操作废纸篓需要绝对路径，所以可以使用 **os. path. expanduser** 函数将“~/. Trash”转换为绝对目录，代码如下：

```
print(os.path.expanduser("~/.Trash"))
```

执行这行代码，会输出如下目录：

```
/Users/lining/.Trash
```

其中，lining 是 macOS 当前登录的用户名。

得到废纸篓的绝对路径后，可以使用 glob. glob 函数查找废纸篓中的文件和目录，然后删除所有找到的文件和目录。

glob. glob 函数的原型如下：

```
glob.glob(pathname, recursive = False)
```

各参数含义如下。

(1) pathname：要匹配的文件路径名模式。可以是绝对路径或相对路径。

(2) recursive：如果为 True，则递归地查找所有子目录。默认值为 False。

3. 清空 Linux 回收站

清空 Linux 回收站与清空 macOS 废纸篓类似，同样是找到 Linux 回收站的相对路径，然后使用 os. path. expanduser 函数转换为绝对路径，最后使用 glob. glob 函数查找回收站中的每一个文件和目录，并删除这些找到的文件和目录。Linux 回收站的相对路径是

```
~/.local/share/Trash/files
```

下面的代码根据不同的操作系统采用不同的方式清空回收站。

代码位置：src/file_system/empty_recycle_bin. py

```
import os
import shutil
import platform
# 清空回收站
def empty_recycle_bin():
    os_name = platform.system()
    if os_name == "Windows":
        # 清空 Windows 回收站
        try:
            from winshell import recycle_bin
```

```
            recycle_bin().empty(confirm = False, show_progress = False, sound = False)
        except ImportError as e:
            print(e)
    elif os_name == "Darwin":
        # 清空 macOS 废纸篓
        try:
            import glob
            for file in glob.glob(os.path.expanduser("~/.Trash/*")):
                print(file)
                if os.path.isdir(file):
                    shutil.rmtree(file)
                else:
                    os.unlink(file)
        except OSError as e:
            print(e)
    elif os_name == "Linux":
        # 清空 Linux 回收站
        try:
            import glob
            for file in glob.glob(os.path.expanduser("~/.local/share/Trash/files/*")):
                print(file)
                if os.path.isdir(file):
                    shutil.rmtree(file)
                else:
                    os.unlink(file)
        except OSError as e:
            print(e)

if __name__ == '__main__':
    # 清空回收站
    empty_recycle_bin()
```

运行程序，会发现回收站中的所有文件和目录都消失了。

1.10.3 恢复回收站中的文件

要恢复回收站中的文件，可分如下 3 步进行：

(1) 获取回收站中文件的原始路径；

(2) 将回收站中的文件复制到原始路径；

(3) 删除回收站中的文件。

其实这个过程与剪切文件的方式类似，只是源目录是回收站目录。由于恢复目录与恢复文件的方式类似，所以本节就只提及恢复文件。

Windows、macOS 和 Linux 在恢复回收站中文件时的方式略有不同，但大同小异，不管是使用第三方 API，还是直接使用内建 API，都是遵循前面提到的 3 步。下面分别讲解如何在这 3 个平台恢复回收站中的文件。

1. 恢复 Windows 回收站中的文件

在 Windows 中可以使用 winshell 模块中相关的 API 恢复回收站中的文件，可以使用下面两种方式。

(1) 使用前面提到的3个步骤。通过 **winshell.recycle_bin** 函数获取回收站中所有文件和目录,然后对 **recycle_bin** 函数的返回值进行迭代(假设 item 为每一个迭代项),可以使用 **item.filename** 函数获取文件在回收站中的绝对路径,使用 **item.original_filename** 函数获取文件在被放入回收站之前的路径。获取这两个路径后,使用 **shutil.copy** 函数将文件或目录从回收站复制到原始路径,最后使用 **os.unlink** 函数删除回收站中的文件和目录,实现代码如下:

```
for item in recycle_bin():
    shutil.copy(item.filename(), item.original_filename())
    os.unlink(item.filename())
```

(2) 使用 winshell.undelete 函数恢复回收站中的文件,该函数需要将文件的原始路径作为参数传入,实现代码如下:

```
for item in recycle_bin():
    winshell.undelete(item.original_filename())
```

2. 恢复 macOS 废纸篓中的文件

macOS 废纸篓的绝对路径是"**/Users/**用户名**/.Trash**",其中"用户名"是当前登录的用户名,加上用户名是 great,那么 macOS 废纸篓的绝对路径是"**/Users/great/.Trash**"。在该路径下有一个 **.DS_Store** 文件,该文件存储了当前目录的元数据。对于废纸篓来说,就存储了废纸篓中所有文件和目录的相关信息,如原始路径、被删除时间等,但由于苹果公司并未公开.DS_Store 文件的格式,也没有提供任何可以读取.DS_Store 文件的 API,而且.DS_Store 文件用的是二进制格式存储,所以通过正常的手段是无法读取.DS_Store 文件内容的,自然也就无法获取废纸篓中文件的原始目录。因此,在 macOS 下只能通过 **osascript** 命令恢复废纸篓中的文件。osascript 是 macOS 上执行 **AppleScript** 的命令行工具。AppleScript 是一种脚本语言,用于自动化 macOS 应用程序的操作。使用 osascript 命令可以在终端中运行 AppleScript 脚本,也可以在脚本中使用 AppleScript 来发送系统通知。以下是一个发送系统通知的例子:

```
osascript -e 'display notification "Hello World!" with title "Greetings"'
```

在终端执行这行命令,将在屏幕右上角显示一个如图 1-5 所示的通知。

图 1-5 使用 osascript 命令弹出的通知

AppleScript 几乎能操作 macOS 中的"一切",控制废纸篓更不在话下。AppleScript 会用接近自然语言(英语)的方式描述如何操作废纸篓(trash)。本例通过 AppleScript 打开废纸篓,并模拟键盘按下 Command+Delete 组合键来恢复废纸篓中被选中的文件或目录,当然,在做这个操作之前,先要通过 AppleScript 获取废纸篓顶层的所有文件和目录。下面是完整的 AppleScript 代码。

```
-- 打开 Finder 应用程序
tell application "Finder"
-- 激活 Finder 窗口
activate
-- 获取垃圾桶中已删除文件的数量
set file_count to count of (trash's items)
-- 重复以下步骤,直到所有文件都被恢复
repeat file_count times
    -- 调用 recoverMyFile()函数来恢复文件
    recoverMyFile() of me
end repeat
end tell

-- 定义 recoverMyFile()函数来恢复单个文件
on recoverMyFile()
-- 打开 System Events 应用程序
tell application "System Events"
    -- 将 Finder 窗口置于最前面
    set frontmost of process "Finder" to true
    -- 打开垃圾桶窗口并选择第一个文件
    tell application "Finder"
        open trash
        select the first item of front window
    end tell
    -- 使用键盘快捷键 Command + Delete 来恢复文件
    tell process "Finder"
        key code 51 using command down
        delay 2 -- 延迟 2s
    end tell
  end tell
end recoverMyFile
```

将这段代码保存在 **apple.script** 文件中,然后执行 **osascript apple.script** 即可将废纸篓中的所有文件和目录放回原处。

在执行 apple.script 文件时,有可能出现下面的错误:

```
execution error: "System Events"遇到一个错误:"osascript"不允许发送按键。(1002)
```

这个错误通常出现在使用 macOS 自带的 Script Editor(脚本编辑器)应用程序时,它试图向某些应用程序发送按键信号但被系统阻止。

请使用下面的步骤解决这个问题:

(1) 在 System Preferences 中找到"安全性与隐私",然后切换到"隐私"选项卡。

(2) 在左侧菜单中选择"辅助功能",然后单击右侧的锁形图标以进行更改。

(3) 输入管理员密码以解锁更改,并将 Script Editor 从列表中添加到允许应用程序列表中,如图 1-6 所示。

图 1-6　设置脚本编辑器权限

(4) 如果问题仍然存在，请尝试退出并重新启动 Script Editor 应用程序。

如果要想用 Python 完成这一切，只需要用 Python 生成 apple.script 文件，然后执行该文件即可，或者干脆直接在 Python 中执行这段代码。不过由于这段代码较长，需要分段执行，所以推荐生成 apple.script 文件，然后再用 Python 执行的方式。

3. 恢复 Linux 回收站中的文件

Linux 回收站的路径是"~/.**local/share/Trash**"，而回收站中每一个文件和目录都在"~/.**local/share/Trash/info**"目录中有一个元数据文件，文件名是 **filename.trashinfo**，其中 filename 表示回收站中的文件或目录名。例如，如果回收站中有一个 abc.txt 文件，那么对应的元数据文件是 abc.txt.trashinfo。

元数据文件是纯文本格式，里面保存了回收站文件中的原始路径，已经被移入回收站的时间，下面就是标准元数据文件的内容：

```
[Trash Info]
Path = /root/software/nginx.zip
DeletionDate = 2023 - 03 - 30T21:49:37
```

根据元数据文件的内容，可以很容易获取回收站中文件和目录的原始路径，然后用相应的 API 将这些将回收站中的文件和目录复制回原始目录，再删除回收站中对应的文件和目录。

不过要注意：元数据中的路径有可能包含中文或其他多字节文字，而且这些文字是用 Unicode 编码的，所以获取原始路径后，需要使用 **urllib.parse.unquote** 函数将其转换为正常的文字。

前面分别介绍了如何恢复 Windows、macOS 和 Linux 三个系统中回收站（废纸篓）的文件和目录，下面给出完整的代码来演示完整的实现过程。

代码位置：src/file_system/restore_trash.py

```
import os
import platform
import shutil
import urllib.parse
# 获取 Linux 回收站中特定文件的原始路径
def get_linux_original_path(filename):
    # 回收站中文件对应的元数据文件名
    trash_info_file = filename + '.trashinfo'
    # 获取元数据文件的绝对路径
    trash_info_path = os.path.join(os.path.expanduser('~'), '.local/share/Trash/info',
trash_info_file)
    # 打开元数据文件,并读取其中的原始路径
    with open(trash_info_path) as f:
        for line in f:
            if line.startswith('Path='):
                return urllib.parse.unquote(line[5:].strip())
    return None
# 恢复 Linux 回收站中指定的文件
def restore_linux_file(filename):
    # 获取 filename 的原始路径
    original_path = get_linux_original_path(filename)
    if original_path is None:
        print(f'Error: Could not find original path for {filename}')
        return
    # 如果原始路径存在,则抛出异常,当然,如果想让程序更完善,可以提示是否覆盖,或者用另外
    # 一个文件名保存
    if os.path.exists(original_path):
        print(f'Error: File {original_path} already exists')
        return
    # 获取回收站中文件的绝对路径
    trash_file_path = os.path.join(os.path.expanduser('~'), '.local/share/Trash/files',
filename)
    # 将回收站中的文件移动到原始路径(就是前面说的复制和删除)
    shutil.move(trash_file_path, original_path)
    print(f'Successfully restored {filename} to {original_path}')
# 恢复回收站中所有的文件
def restore_linux_all_files():
    recycle_bin_path = os.path.expanduser("~/.local/share/Trash/files")
    for filename in os.listdir(recycle_bin_path):
        restore_linux_file(filename)
# 同时支持 Windows、macOS 和 Linux 的恢复回收站中文件的函数
def put_back_trash():
```

```
    # 获取操作系统类型
    os_type = platform.system()
    # 恢复 macOS 废纸篓中的所有文件
    if os_type == "Darwin":
        def generate_applescript():
                script = '''tell application "Finder"
            activate
            set file_count to count of (trash's items)
            -- log file_count
            repeat file_count times
                recoverMyFile() of me
            end repeat
        end tell

        on recoverMyFile()
            tell application "System Events"
                set frontmost of process "Finder" to true
                tell application "Finder"
                    open trash
                    select the first item of front window
                end tell
                tell process "Finder"
                    key code 51 using command down
                    delay 2 -- Yes, it's stupid, but necessary :(
                end tell
            end tell
        end recoverMyFile'''
            with open('apple.script', 'w') as f:
                f.write(script)
        def recover_macOS_all_files():
            generate_applescript()
            os.system("osascript apple.script")

        recover_macOS_all_files()
    elif os_type == "Windows":              # 恢复 Windows 回收站中所有的文件
        from winshell import recycle_bin
        import winshell
        for item in recycle_bin():
            winshell.undelete(item.original_filename())
        '''
        # 第 2 种方式
for item in recycle_bin():
            print(item.filename())
            shutil.copy(item.filename(), item.original_filename())
            os.unlink(item.filename())

        '''
    elif os_type == "Linux":                # 恢复 Linux 回收站中的所有文件
        restore_linux_all_files()
```

```
    else:
        print("Unsupported operating system.")
# 开始恢复回收站中的所有文件
put_back_trash()
```

1.11 小结

使用 Python 管理文件和目录有着不小的挑战，因为对于文件和目录的每一种操作，Python 并没有都提供标准的 API，有一些功能需要借助第三方模块，而且不同操作系统有着不一样的操作方式，部分功能（如恢复回收站中的文件）在某些操作系统（如 Linux）上甚至没有第三方模块可用，这就要求我们自己分析背后的原理，从底层实现所有的功能。尽管挑战一直存在，但同时也充满乐趣。

第2章 驾驭 OS

使用Python可以借助很多第三方模块和系统命令控制操作系统，例如，向Windows注册表中写入信息，将应用程序添加进启动项，获取系统硬件信息、显示设置窗口、打开文件夹等。本章将介绍一些常用的用于控制系统的第三方模块和系统命令。

2.1 Windows 注册表

Windows注册表是Windows操作系统中的一个重要组成部分，它是一个分层数据库，包含了对Windows操作至关重要的数据以及运行在Windows的应用程序和服务。注册表记录了用户安装在计算机上的软件和每个程序的相互关联信息，它包括了计算机的硬件配置、自动配置的即插即用的设备和已有的各种设备说明、状态属性，以及各种状态信息和数据。

你可以使用注册表编辑器(regedit.exe或regedt32.exe)、组策略、系统策略、注册表(.reg)文件或运行VisualBasic脚本文件等脚本来修改注册表。不过本节要使用Python来读写注册表中的数据。

在Python中，需要使用winreg模块操作注册表。winreg模块是Python标准库中的一个模块(该模块只能在Windows中使用，是Windows版Python独有的模块)，不需要单独安装。winreg模块提供了访问Windows注册表的功能。winreg模块提供了一些函数，如winreg.CreateKey、winreg.OpenKey、winreg.QueryValue等，用于操作注册表。其中，CreateKey函数用于创建或显示指定的键，OpenKey函数用于显示指定的键，QueryValue函数用于查询指定键的值。

2.1.1 读取值的数据

可以使用winreg.OpenKey函数显示一个指定的注册表键[①]，使用winreg.QueryValueEx

---

① Windows注册表由“项”和“值”两部分组成，“项”相当于目录，就是使用regedit.exe显示注册表后所看到的左侧树的节点(见图2-1)，一个目录可以包含若干个“值”和若干个“子项”。winreg模块将“项”称为“键”，也就是key，所以“项”和“键”其实是一样的。为了保持与winreg模块一致，本书仍然采用“键”这个称呼。

函数获取键中某一个值的数据和类型。

OpenKey 函数的原型如下：

```
winreg.OpenKey(key, sub_key, res = 0, sam = KEY_READ) -> handle
```

函数参数的含义如下。

(1) key：一个已经显示的键，或者预定义的 HKEY_ * 常量之一。

(2) sub_key：一个字符串，用于指定要显示的键的名称。它可以是一个完整的键路径，也可以是相对于 key 的路径。

(3) res：保留参数，必须为零。

(4) sam：一个整数，用于指定显示键时要使用的访问权限。默认值为 KEY_READ。

OpenKey 函数返回一个句柄，它可以用于后续操作。如果函数调用失败，则会引发 OSError 异常。

QueryValueEx 函数的原型如下：

```
QueryValueEx(key, value_name) -> (value, type)
```

函数参数的含义如下。

(1) key：一个已经显示的键，或者预定义的 HKEY_ * 常量之一。

(2) value_name：一个字符串，用于指定要查询的值的名称。

QueryValueEx 函数返回一个元组，包含两个元素——值和类型。如果函数调用失败，则会抛出 OSError 异常。

下面的代码显示 HKEY_LOCAL_MACHINE\SOFTWARE\Microsoft\Windows NT\CurrentVersion 键并读取 ProductName 的值。

代码位置：src/harness_os/read_winreg_key.py

```
import winreg
key = winreg.OpenKey(winreg.HKEY_LOCAL_MACHINE,
                     r"SOFTWARE\Microsoft\Windows NT\CurrentVersion")
value = winreg.QueryValueEx(key, "ProductName")
print(value[0])
```

执行这段代码，会输出如下内容：

```
Windows 10 Pro
```

2.1.2　读取所有的键

这里要讲一下注册表中的键和值。注册表由键和值组成，其中键是一个包含值的容器。键可以包含子键，而子键可以包含更多的子键和值。值是与键关联的数据。每个值包含名称、类型和数据。图 2-1 是 Themes 键、Themes 键的子键以及 Themes 键中包含的值。在 2.1.1 节获得的 ProductName 就是一个值，该值属于 CurrentVersion 键。而本节将获取 Themes 键的所有子键，并输出这些子键。

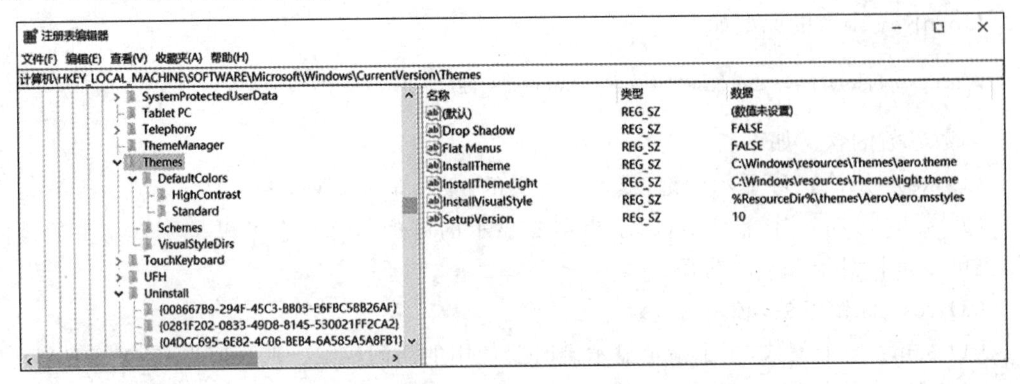

图 2-1 Windows 注册表

这一节会涉及新的 winreg.EnumKey 函数，该函数用于列举某个已经显示注册表键的子项，并返回一个已经枚举的注册表键的子项名字(字符串类型)。下面是该函数的原型和所有参数的详细解释。

该函数的原型如下：

```
winreg.EnumKey(key, index)
```

参数含义如下。

(1) key：为某个已经显示的键，或者预定义的 HKEY_* 常量之一。

(2) index：为一个整数，用于标识所获取键的索引。每次调用该函数都会获取一个子项的名字。

我们可以使用该函数来枚举某个键下的所有子键。如果你想要枚举所有子键，可以使用一个循环来调用该函数，直到它返回一个错误。

下面的例子是枚举 SOFTWARE\Microsoft\Windows\CurrentVersion\Themes 键以及所有子键的完整代码。

代码位置：src/harness_os/read_winreg_all_keys.py

```
import winreg
def read_key(hive, key):
    with winreg.OpenKey(hive, key) as reg_key:
        i = 0
        while True:
            try:
                # 枚举 reg_key 下的第 i 个子键
                subkey = winreg.EnumKey(reg_key, i)
                # 子键的完整路径
                subkey_path = f"{key}\\{subkey}"
                print(subkey_path)
                # 递归枚举子键中的所有子键
                read_key(hive, subkey_path)
```

```
                i += 1
            except OSError:
                break

hive = winreg.HKEY_LOCAL_MACHINE
key = r"SOFTWARE\Microsoft\Windows\CurrentVersion\Themes"
read_key(hive, key)
```

执行这段代码,会输出如下内容:

```
SOFTWARE\Microsoft\Windows\CurrentVersion\Themes\DefaultColors
SOFTWARE\Microsoft\Windows\CurrentVersion\Themes\DefaultColors\HighContrast
SOFTWARE\Microsoft\Windows\CurrentVersion\Themes\DefaultColors\Standard
SOFTWARE\Microsoft\Windows\CurrentVersion\Themes\Schemes
SOFTWARE\Microsoft\Windows\CurrentVersion\Themes\VisualStyleDirs
```

对比图 2-1 可以看出,Themes 有 5 个子键,已经将这 5 个子键的完整路径全部输出。

2.1.3 读取所有的键和值

这一节除了读取某一个键的所有子键外,还读取子键中的所有值。本节会涉及 **winreg.EnumValue** 函数。该函数列举某个已经显示注册表键的值项,并返回一个元组。

EnumValue 函数的原型如下:

```
winreg.EnumValue(key, index)
```

参数含义如下。

(1) key 为某个已经打开的键,或者预定义的 HKEY_* 常量之一。

(2) index 为一个整数,用于标识要获取值项的索引。

每次调用该函数都会获取一个子项的名字。通常它会被反复调用,直到引发 OSError 异常,这说明已经没有更多的可用值了。返回值为 3 元素的元组,这 3 个值的含义如下:

(1) 名称:值项的名称。

(2) 数据:值项的数据。

(3) 类型:值项的数据类型。

下面的代码用递归的方式读取了 SOFTWARE\Microsoft\Windows\CurrentVersion\Themes 键及所有子键和对应的所有值。

代码位置:src/harness_os/read_winreg_all_keys_values.py

```
import winreg
def print_all_subkeys(key):
    """
    打印所有子键
    """
    i = 0
```

```
    while True:
        try:
            # 获取 key 的第 i 个子键
            subkey = winreg.EnumKey(key, i)
            print(subkey)
            # 打开子键
            subkey_handle = winreg.OpenKey(key, subkey)
            # 打印子键中的所有值
            print_all_values(subkey_handle)
            # 打印子键中的所有子键
            print_all_subkeys(subkey_handle)
            i += 1
        except WindowsError as e:
            break
def print_all_values(key):
    """
    打印所有键值
    """
    i = 0
    while True:
        try:
            # 获取 key 中第 i 个值
            name, value, type_ = winreg.EnumValue(key, i)
            # 输出第 i 个值的名称和数据
            print(f"{name} = {value}")
            i += 1
        except WindowsError as e:
            break

def main():
    # 要读取的目录
    path = r"SOFTWARE\Microsoft\Windows\CurrentVersion\Themes"

    # 打开目录
    key = winreg.OpenKey(winreg.HKEY_LOCAL_MACHINE, path)

    # 打印所有子键和键值
    print_all_subkeys(key)

if __name__ == '__main__':
    main()
```

执行这段代码，会输出如下内容（注：在不同的环境下，可能输出的内容略有差异）：

```
DefaultColors
HighContrast
ActiveTitle = 7209015
ButtonFace = 0
ButtonText = 16777215
GrayText = 4190783
Hilight = 16771866
… …
```

2.1.4　添加键和值

向注册表添加键可以使用 **winreg. CreateKey** 函数，该函数的原型如下：

```
winreg.CreateKey(key, sub_key)
```

参数含义如下。

(1) key：某个已经打开的键，或者预定义的 HKEY_ * 常量之一。

(2) sub_key：要创建的子项的名称。如果成功，则返回一个新的键对象。

设置指定键中指定子键或默认值的数据可以使用 winreg. SetValue 函数，该函数的原型如下：

```
winreg.SetValue(key, sub_key, type, value)
```

参数含义如下。

(1) key：某个已经打开的键，或者预定义的 HKEY_ * 常量之一。

(2) sub_key：要设置值的子项的名称。如果 sub_key 为 None，则设置默认值。

(3) type：要设置值的数据类型。

(4) value：要设置的值。

可以使用 **winreg. SetValueEx** 函数设置指定键中指定值项或默认值的数据，该函数的原型如下：

```
winreg.SetValueEx(key, value_name, reserved, type, value)
```

参数含义如下。

(1) key：某个已经打开的键，或者预定义的 HKEY_ * 常量之一。

(2) value_name：要设置值的名称。

(3) reserved：保留参数，应该设置为 0。

(4) type：要设置值的数据类型。

(5) value：要设置的值。

下面的代码为 Software 键添加了一个 MyApp 子键，并设置了该子键的默认值，同时为该子键添加了一个名为 myValueData 的值。

代码位置：src/harness_os/add_key_value.py

```
import winreg
# 定义要添加的键和值
key = winreg.CreateKey(winreg.HKEY_CURRENT_USER, "Software\\MyApp")
winreg.SetValueEx(key, "myValueName", 0, winreg.REG_SZ, "myValueData")

# 设置默认值
winreg.SetValue(key, None, winreg.REG_SZ, "myDefaultValue")
```

```
# 关闭注册表
winreg.CloseKey(key)
```

执行这段代码会看到：Software 键多了一个 MyApp 子键，以及一个 myValueData 值，如图 2-2 所示。

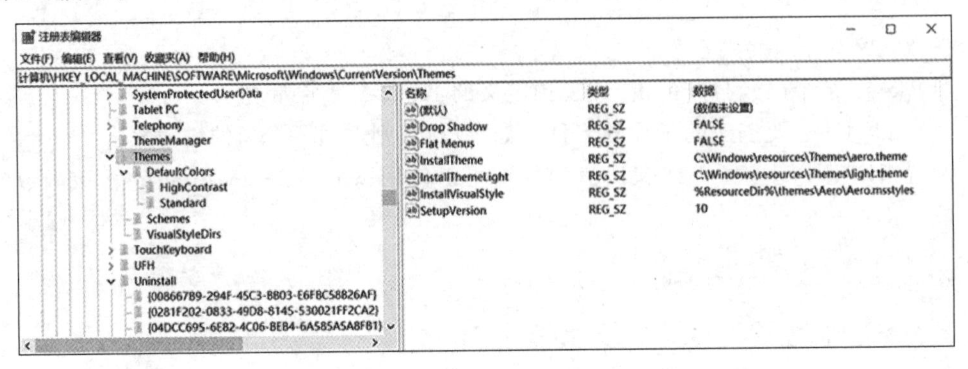

图 2-2 添加新的键和值

注意：如果键和值已经存在，程序并不会抛出异常，只是不会再添加新的键和值。

在这段代码中涉及一个 winreg. REG_SZ，这是一个注册表值，是字符串类型。Windows 注册表值的类型如下。

(1) winreg. REG_SZ：字符串值。

(2) winreg. REG_EXPAND_SZ：可扩展的字符串值。

(3) winreg. REG_MULTI_SZ：多字符串值。

(4) winreg. REG_BINARY：二进制值。

(5) winreg. REG_DWORD：32 位数值。

(6) winreg. REG_QWORD：64 位数值。

(7) winreg. REG_LINK：符号链接值。

(8) winreg. REG_RESOURCE_LIST：资源列表值。

(9) winreg. REG_FULL_RESOURCE_DESCRIPTOR：完整资源描述符值。

(10) winreg. REG_RESOURCE_REQUIREMENTS_LIST：资源需求列表值。

2.1.5 重命名键

winreg 模块并没有提供重命名键的函数，如果想重命名键，需要按下面的步骤操作：

(1) 使用新的键名创建新的键。

(2) 获取旧键中的所有数据(包括键默认值、键中所有的值、键中的子键等)。

(3) 将旧键中的所有数据复制到新键中。

(4) 删除旧键。

大多数用于完成这 4 步的 API 在前文都已经讲过，只有 **winreg. DeleteKey** 函数还没有涉及，该函数的原型如下：

```
DeleteKey(key, sub_key)
```

参数含义如下。

(1) key：某个已经打开的键，或者预定义的 HKEY_＊ 常量之一。

(2) sub_key：这个字符串必须是由 key 参数所指定键的一个子项。该值项不可以是 None，同时键也不可以有子键。该函数不能删除带有子键的键。如果执行成功，则整个键(包括其所有值项)都会被移除。

下面的代码是重命名键的完整实现。

代码位置：src/harness_os/rename_key.py

```python
import winreg
def rename_key(old_key_path, new_key_name):
    """
    修改注册表的 key 名称
    :param old_key_path: 旧 key 路径
    :param new_key_name: 新 key 名称
    :return:
    """
    # 打开旧 key
    old_key = winreg.OpenKey(winreg.HKEY_CURRENT_USER, old_key_path)
    # 获取旧 key 的信息
    key_info = winreg.QueryInfoKey(old_key)
    # 获取旧 key 的所有值和类型
    values = {}
    for i in range(key_info[1]):
        value_name, value_data, value_type = winreg.EnumValue(old_key, i)
        values[value_name] = (value_data, value_type)
    # 创建新 key
    new_key_path = old_key_path.rsplit('\\', 1)[0] + '\\' + new_key_name
    new_key = winreg.CreateKey(winreg.HKEY_CURRENT_USER, new_key_path)
    # 复制旧 key 的所有键值到新 key
    try:
        for i in range(1024):
            name, value, type_ = winreg.EnumValue(old_key, i)
            winreg.SetValueEx(new_key, name, 0, type_, value)
    except WindowsError as e:
        pass

    # 将旧 key 中所有子键复制到新 key 中
    for i in range(key_info[0]):
        sub_key_name = winreg.EnumKey(old_key, i)
        sub_key_path = old_key_path + '\\' + sub_key_name
        sub_key = winreg.OpenKey(winreg.HKEY_CURRENT_USER, sub_key_path)
        sub_key_info = winreg.QueryInfoKey(sub_key)
        sub_new_key_path = new_key_path + '\\' + sub_key_name
        sub_new_key = winreg.CreateKey(winreg.HKEY_CURRENT_USER, sub_new_key_path)

        # 将子项中所有值复制到新子键中
```

```
        for j in range(sub_key_info[1]):
            value_name, value_data, value_type = winreg.EnumValue(sub_key, j)
            winreg.SetValueEx(sub_new_key, value_name, 0, value_type, value_data)
        # 关闭子键句柄
        sub_new_key.Close()
        sub_key.Close()
    # 关闭旧 key 句柄
    old_key.Close()
    # 删除旧 key
    winreg.DeleteKey(winreg.HKEY_CURRENT_USER, old_key_path)
# 测试 rename_key 函数
def test_rename_key():
    # 创建一个测试 key
    test_key_path = r'Software\test_key'
    test_key = winreg.CreateKey(winreg.HKEY_CURRENT_USER, test_key_path)
    winreg.SetValueEx(test_key, 'test_value', 0, winreg.REG_SZ, 'test_data')

    # 测试 rename_key 函数
    rename_key(test_key_path, 'new_test_key')

    # 检查新 key 是否存在
    try:
        # 打开新的 key
        new_test_key = winreg.OpenKey(winreg.HKEY_CURRENT_USER, r'Software\new_test_key')
        # 获取 test_value 键值
        new_test_value = winreg.QueryValueEx(new_test_key, 'test_value')[0]
        assert new_test_value == 'test_data'
        print('测试通过')
    except Exception as e:
        print('测试失败:', e)

    # 删除测试 key
    winreg.DeleteKey(winreg.HKEY_CURRENT_USER, r'Software\new_test_key')
test_rename_key()
```

执行代码，如果输出如下内容，说明成功修改了键的名称。

```
测试通过
```

2.1.6 重命名值

winreg 模块并没有提供重命名值的函数，如果要想重命名值，需要按下面的步骤操作。

(1) 使用新的值名创建新的值。

(2) 获取旧值中的所有数据。

(3) 将旧值中的所有数据复制到新值中。

(4) 删除旧值。

完成这 4 步的大多数 API 在前面都已经讲过，只有 **winreg.DeleteValue** 函数还没有涉及，该函数的原型如下：

```
DeleteValue(key, value)
```

参数含义如下。

(1) key：某个已经打开的键，或者预定义的 HKEY_ * 常量之一。

(2) value：这个字符串必须是由 key 参数所指定键的一个值项。该值项不可以是 None。

下面的代码是重命名键的完整实现。

代码位置：src/harness_os/rename_value.py

```
import winreg
def rename_value(key_path, old_value_name, new_value_name):
    # 打开 key
    key = winreg.OpenKey(winreg.HKEY_CURRENT_USER, key_path, 0, winreg.KEY_ALL_ACCESS)
    # 获取旧值的数据和类型
    try:
        old_value_data, old_value_type = winreg.QueryValueEx(key, old_value_name)
    except WindowsError as e:
        print(f"Error: {e}")
        return
    # 删除旧值
    winreg.DeleteValue(key, old_value_name)

    # 创建新值
    winreg.SetValueEx(key, new_value_name, 0, old_value_type, old_value_data)

    # 关闭 key
    winreg.CloseKey(key)
def test_rename_value():
    # 创建一个测试 key
    key_path = r"Software\MyTest"
    key = winreg.CreateKey(winreg.HKEY_CURRENT_USER, key_path)
    winreg.SetValueEx(key, "OldValue", 0, winreg.REG_SZ, "Hello World")
    winreg.CloseKey(key)

    # 重命名值
    rename_value(key_path, "OldValue", "NewValue")

    # 检查新值是否存在
    key = winreg.OpenKey(winreg.HKEY_CURRENT_USER, key_path)
    new_value_data, new_value_type = winreg.QueryValueEx(key, "NewValue")

    assert new_value_data == "Hello World"
    assert new_value_type == winreg.REG_SZ
    print("测试通过")
    winreg.CloseKey(key)
    # 删除测试 key
    winreg.DeleteKey(winreg.HKEY_CURRENT_USER, key_path)
test_rename_value()
```

执行代码，如果输出如下内容，说明已成功重命名了值。

```
测试通过
```

2.1.7 删除键和值

关于删除键和删除值，前文已经在重命名键和值的过程中涉及了相关的 API。使用 DeleteKey 函数可以删除键，使用 DeleteValue 函数可以删除值。下面给出能同时删除键和值的完整的代码。

代码位置：src/harness_os/delete_key_value.py

```
import winreg
def delete_value(key_path, value_name):
    # 打开 key
    key = winreg.OpenKey(winreg.HKEY_CURRENT_USER, key_path, 0, winreg.KEY_ALL_ACCESS)
    # 删除值
    try:
        winreg.DeleteValue(key, value_name)
    except WindowsError as e:
        print(f"Error: {e}")
        return
    # 关闭 key
    winreg.CloseKey(key)
def test_delete_key_and_value():
    # 创建一个测试 key
    key_path = r"Software\MyTest"
    key = winreg.CreateKey(winreg.HKEY_CURRENT_USER, key_path)
    winreg.SetValueEx(key, "TestValue", 0, winreg.REG_SZ, "Hello World")
    winreg.CloseKey(key)

    # 删除值
    delete_value(key_path, "TestValue")
    # 检查值是否存在
    key = winreg.OpenKey(winreg.HKEY_CURRENT_USER, key_path)
    try:
        value_data, value_type = winreg.QueryValueEx(key, "TestValue")
    except WindowsError as e:
        print('测试成功')
    winreg.CloseKey(key)

    # 删除测试 key
    winreg.DeleteKey(winreg.HKEY_CURRENT_USER, key_path)
test_delete_key_and_value()
```

执行代码，如果输出如下内容，说明成功删除了键和值。

```
测试成功
```

2.2　让程序随 OS 一起启动

本节主要介绍如何分别在 Windows、macOS 和 Linux 下将应用程序添加进各自的启动项。启动项在不同的操作系统中的称呼有所不同，但作用是相同的，就是在操作系统登录时自动运行启动项中的应用程序。

2.2.1　将应用程序添加进 macOS 登录项

所有被添加进 macOS 登录项的程序会在 macOS 启动的过程中依次运行。将应用程序添加登录项有多种方式，常规的操作步骤如下。

（1）显示“系统偏好设置”。

（2）单击“用户与群组”。

（3）单击当前用户的名称。

（4）单击左下角的“小锁”图标，输入“用户名”和“密码”。

（5）单击“登录项”选项卡。

（6）单击左下角的“+”按钮。

（7）在弹出的窗口中，选择要添加的应用程序。

（8）单击“添加”按钮，将选中的应用程序添加进登录项。

按照这 8 步进行操作，将 macOS 应用程序添加进登录项，效果如图 2-3 所示。

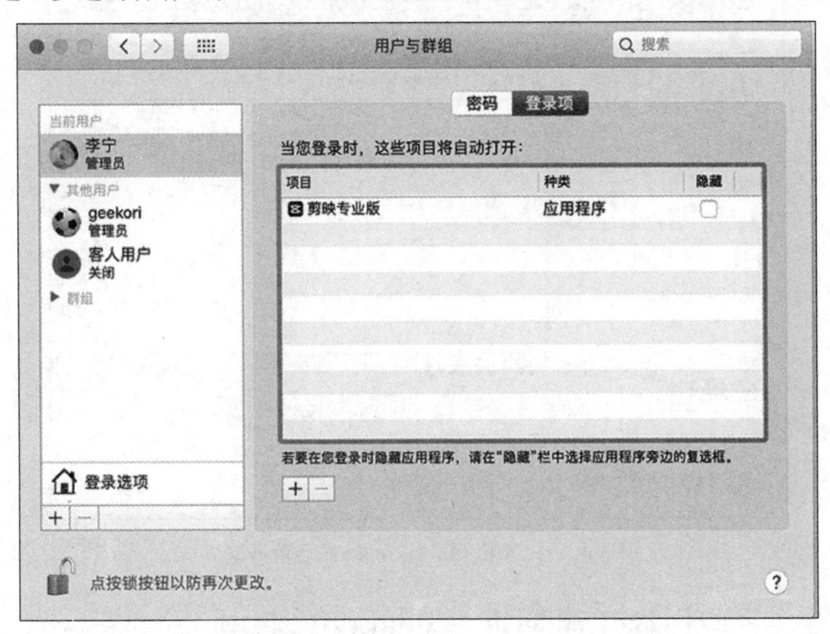

图 2-3　添加 macOS 登录项

用 AppleScript 也可以实现同样的功能。首先创建一个 **starter. script** 文件，并输入如下内容：

```
tell application "System Events"
    make login item at end with properties {path:"/Applications/WeChat.app", hidden:false}
end tell
```

这段代码的含义是将 WeChat. app（微信）添加到 macOS 登录项列表的最后一个位置。其中，hidden 属性为 true，在登录时启动该应用程序，将无法看到应用程序的窗口。该输出就是设置如图 2-3 所示窗口的“隐藏”列的值。

如果想在 Python 中将应用程序添加进 macOS 登录项，可以使用 subprocess 模块的 call 函数执行前面的 AppleScript，代码如下：

代码位置：src/harness_os/macos_startup. py

```
import subprocess
def add_to_login_items(app_path):
    script = f'tell application "System Events" to make login item at end with properties
{{path:"{app_path}", hidden:false}}'
    subprocess.call(['osascript', '-e', script])
# 将微信添加进 macOS 登录项
add_to_login_items('/Applications/WeChat.app')
```

执行代码，会看到“微信”被添加到了 macOS 登录项列表最后的位置，如图 2-4 所示。

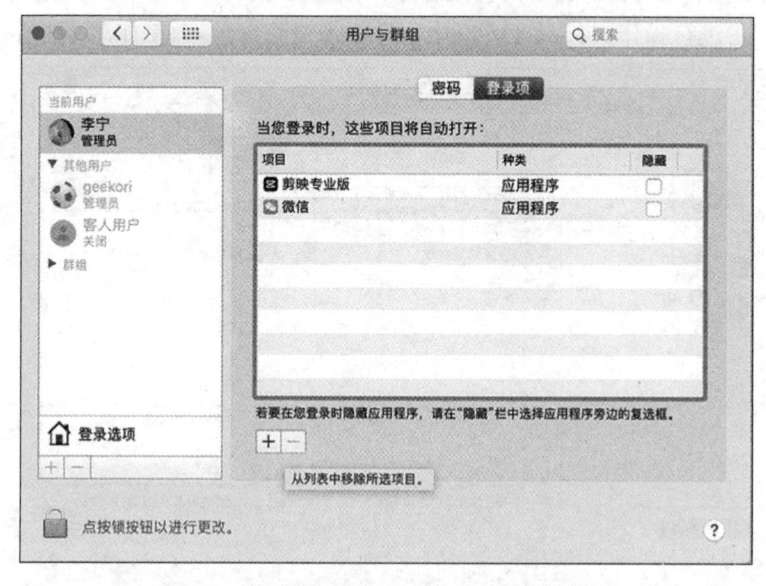

图 2-4　将“微信”添加进 macOS 登录项列表

2.2.2　将应用程序添加进 Windows 启动项

操作 Windows 启动项需要使用 winreg 模块向注册表中如下键中添加新的值。

```
HKEY_CURRENT_USER\Software\Microsoft\Windows\CurrentVersion\Run
```

下面的例子向该键添加了 MyApp 值，数据是 d:\\software\\myapp.exe，如果添加成功，在 Windows 登录时，将自动运行 myapp.exe。

代码位置：src/harness_os/windows_startup.py

```
import winreg
import os
def add_to_startup(file_path):
    key = winreg.HKEY_CURRENT_USER
    key_value = "Software\\Microsoft\\Windows\\CurrentVersion\\Run"
    # 打开键
    open_key = winreg.OpenKey(key, key_value, 0, winreg.KEY_ALL_ACCESS)
    # 设置值和对应的数据
    winreg.SetValueEx(open_key, "MyApp", 0, winreg.REG_SZ, file_path)
    winreg.CloseKey(open_key)
add_to_startup("d:\\software\\myapp.exe")
```

执行程序，会在 Run 键中添加如图 2-5 所示的 MyApp 值。

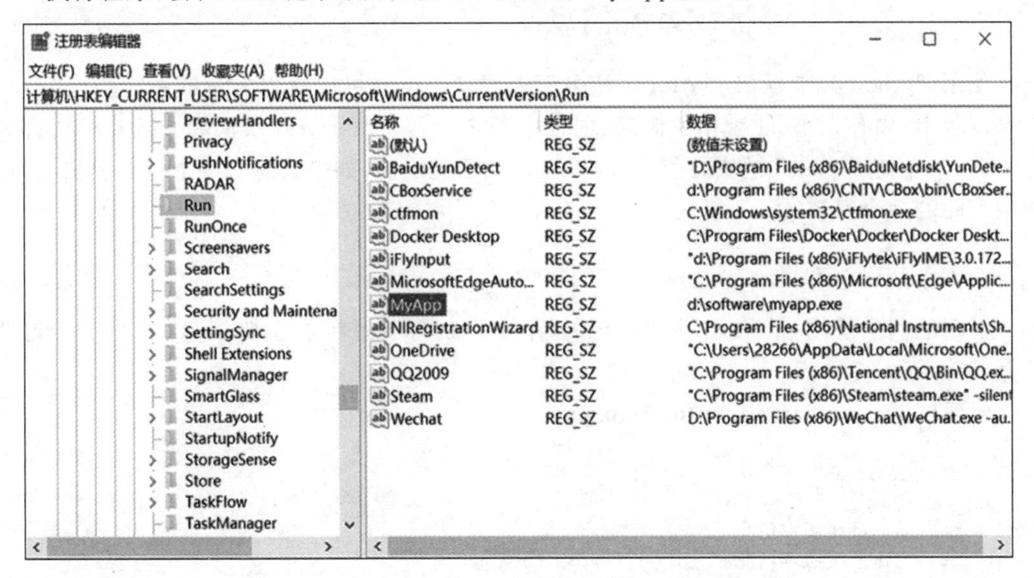

图 2-5　向 Run 键添加 MyApp 值

注意：读者在运行本节程序时，需要将 d:\\software\\myapp.exe 改成自己机器上已存在的可执行文件。

2.2.3　将应用程序添加进 Linux 启动项

添加 Linux 启动项的方式非常多，其中比较常用的就是在～/.bashrc 文件最后添加一行命令，Linux 在登录时就会按顺序执行～/.bashrc 文件中每一条命令。

下面的例子通过 add_to_startup 函数将 python ～/myapp.py 命令追加到～/.bashrc

文件的结尾，当 Linux 登录时，就是执行 myapp.py 脚本文件。

代码位置：src/harness_os/linux_startup.py

```
import os
def add_to_startup(file_path):
    # 获取 home 目录的绝对路径
    home_dir = os.path.expanduser("~")
    with open(home_dir + "/.bashrc", "a") as f:
        f.write("python " + file_path + "\n")
# 在运行程序时，应将~/myapp.py 换成自己机器上已经存在的 Python 脚本文件
add_to_startup("~/myapp.py")
```

2.3 获取系统信息

Python 可以依靠标准模块 platform 和第三方模块获得大量的系统信息。本节将介绍一些常用的用于获取系统信息的模块。

2.3.1 跨平台获取系统信息

使用 Python 标准模块 platform 和第三方模块 psutil 可以获得大量的系统信息，如操作系统版本、内存大小、硬盘相关信息、内存中的进程等。platform 模块和 psutil 模块都是跨平台的，在使用 psutil 模块之前，要确保该模块已经安装，如果没有安装 psutil 模块，可以使用下面的命令安装 psutil 模块。

```
pip3 install psutil
```

下面的例子使用 platform 模块和 psutil 模块获得了系统的主要信息，并输出了这些信息。

代码位置：src/harness_os/os_info.py

```
import platform
import psutil
# 获取操作系统版本信息
print("操作系统版本信息:", platform.platform())

# 获取系统总内存、已经使用的内存、剩余内存
mem = psutil.virtual_memory()
total_mem = round(mem.total / (1024 * 1024 * 1024), 2)
used_mem = round(mem.used / (1024 * 1024 * 1024), 2)
print("系统总内存:", total_mem, "GB")
print("已经使用的内存:", used_mem, "GB")
print("剩余内存:", format(total_mem - used_mem, ".2f"), "GB")

# 获取硬盘信息
disk_partitions = psutil.disk_partitions()
```

```
for partition in disk_partitions:
    print("硬盘名称:", partition.device)
    print("硬盘容量:", round(psutil.disk_usage(partition.mountpoint).total / (1024 * 1024 *
1024), 2), "GB")

# 获取所有进程信息
for proc in psutil.process_iter(['pid', 'name', 'username']):
    try:
        pinfo = proc.as_dict(attrs = ['pid', 'name', 'username'])
    except psutil.NoSuchProcess:
        pass
    else:
        print(pinfo)
```

在 Windows 下执行代码，会输出如下内容（由于进程太多，所以只列出了部分进程）。这些内容与读者机器的配置有关，所以每位读者运行的结果有所差异。

```
已经使用的内存: 8.48 GB
剩余内存: 23.44 GB
硬盘名称: C:\
硬盘容量: 930.85 GB
硬盘名称: D:\
硬盘容量: 2794.5 GB
硬盘名称: E:\
硬盘容量: 2794.5 GB
硬盘名称: F:\
硬盘容量: 3.75 GB
硬盘名称: H:\
硬盘容量: 931.51 GB
硬盘名称: J:\
硬盘容量: 3726.01 GB
{'pid': 0, 'username': 'NT AUTHORITY\\SYSTEM', 'name': 'System Idle Process'}
{'pid': 4, 'username': 'NT AUTHORITY\\SYSTEM', 'name': 'System'}
{'pid': 104, 'username': 'NT AUTHORITY\\SYSTEM', 'name': ''}
{'pid': 180, 'username': 'NT AUTHORITY\\SYSTEM', 'name': 'Registry'}
{'pid': 600, 'username': 'NT AUTHORITY\\SYSTEM', 'name': 'smss.exe'}
{'pid': 812, 'username': 'NT AUTHORITY\\SYSTEM', 'name': 'csrss.exe'}
{'pid': 908, 'username': 'NT AUTHORITY\\SYSTEM', 'name': 'wininit.exe'}
```

2.3.2 使用 wmi 模块获取 Windows 系统信息

除了 platform 模块和 psutil 模块，还有很多第三方模块可以获取各种系统信息，例如，wmi 模块可以获取 Windows 的系统信息。由于 wmi 模块内部使用了 win32com 模块，所以 wmi 该模块只能在 Windows 上安装和使用。如果还没有安装该模块，可以使用下面的命令安装。

```
pip3 install wmi
```

下面的例子使用 wmi 模块的相关 API 获得了操作系统名称、操作系统版本等系统信息。

代码位置：src/harness_os/windows_info.py

```
import wmi
c = wmi.WMI()
for os in c.Win32_OperatingSystem():
    print("操作系统名称:", os.Caption)
    print("操作系统版本:", os.Version)
    print("操作系统制造商:", os.Manufacturer)
    print("操作系统配置:", os.BuildType)
    print("操作系统类型:", os.OSArchitecture)
    print("Windows 目录:", os.WindowsDirectory)
    print("系统目录:", os.SystemDirectory)
    print("安装日期:", os.InstallDate)
```

执行代码，会输出如下内容：

```
操作系统名称: Microsoft Windows 10 专业版
操作系统版本: 11.0.19044
操作系统制造商: Microsoft Corporation
操作系统配置: Multiprocessor Free
操作系统类型: 64 位
Windows 目录: C:\Windows
系统目录: C:\Windows\system32
安装日期: 20201107101106.000000 + 480
```

2.4 显示系统窗口

本节会介绍如何在 macOS、Windows 和 Linux 中使用 Python 显示系统窗口，例如，设置窗口、终端等。尽管这 3 个操作系统显示系统窗口的方式有一定的差异，但本质都是一样的。通过系统命令可以显示这些窗口，而要想用 Python 显示系统窗口，就需要用 Python 调用这些命令。

2.4.1 显示 macOS 中的系统窗口

在 macOS 中可以使用 open 命令显示系统窗口，也可以启动任何应用程序。例如，使用下面的命令可以显示“系统偏好设置”窗口。

```
open -a "System Preferences"
```

执行这行命令，会弹出如图 2-6 所示的“系统偏好设置”窗口。

open 命令中的-a 参数是指显示指定应用程序并将文件传递给它。例如，如果你想使用 TextEdit 显示文件，则可以使用如下命令。

```
open -a TextEdit file.txt
```

图 2-6 "系统偏好设置"窗口

如果只想显示 TextEdit，那么可以不传入任何文件，命令行如下：

```
open - a TextEdit
```

这里的 TextEdit 是已经安装的 macOS 应用，在"应用程序"列表中可以查看。但要注意，在"应用程序"列表中显示的都是中文名称，而不是 macOS 应用程序实际的名称，读者可以在/applications 目录(在老版本 macOS 中是/System/Applications 目录)中查看对应的应用程序名称，所有 macOS 应用程序都是扩展名为 app 的目录，不过可以直接使用 open 命令运行这些应用程序，例如，使用下面的命令可以运行"有道云笔记"。

```
open - a YoudaoNote
```

如果想显示"系统偏好设置"中某个子窗口，如"辅助功能"窗口，可以使用下面的命令(这里不需要加参数-a)。

```
open /System/Library/PreferencePanes/UniversalAccessPref.prefPane
```

其中,UniversalAccessPref. prefPane 是“辅助功能”对应的应用程序目录,可以用 open 命令直接显示,效果如图 2-7 所示。

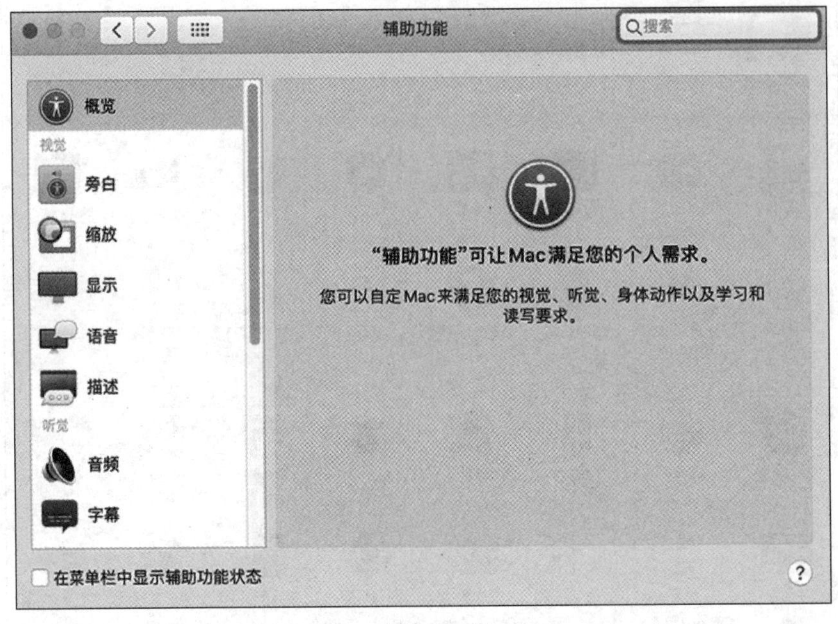

图 2-7 “辅助功能”窗口

/System/Library/PreferencePanes 目录包含了“系统偏好设置”中所有子窗口的应用程序目录,读者可以进入该目录,使用 ls 命令查看目录中的内容,如图 2-8 所示。读者可以使用 open 命令运行其中任何一个 prefPane 文件。

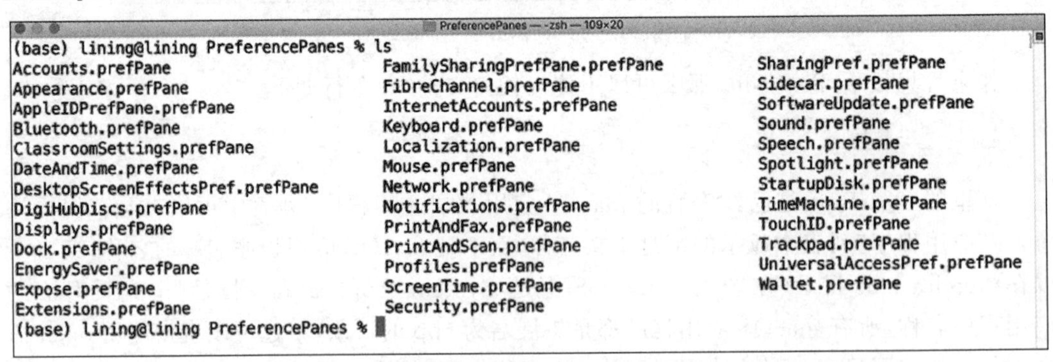

图 2-8 “系统偏好设置”中所有子窗口的应用程序目录

在 Python 中可以通过执行 open 命令显示 macOS 下的任何应用程序,例如,下面的代码使用 Python 显示了“系统偏好设置”窗口。

```
import subprocess
subprocess.call(["open", "-a", "System Preferences"])
```

下面的代码显示了“显示器”窗口。

```
import os
os.system('open /System/Library/PreferencePanes/Displays.prefPane')
```

下面的例子在终端建立了一个菜单，读者输入菜单序号，并按回车键，系统会根据用户的选择显示"系统偏好设置"中对应的子窗口。

代码位置：src/harness_os/show_preferences_windows.py

```
import os
# 显示选中的系统偏好窗口
def open_pref_pane(pref_pane):
    os.system(f'open /System/Library/PreferencePanes/{pref_pane}.prefPane')
def main():
    # 定义系统偏好窗口对应的应用程序目录名
    pref_panes = [
        'DateAndTime',
        'Displays',
        'Extensions',
        'General',
        'iCloud',
        'Keyboard',
        'LanguageRegion',
        'Mouse',
        'Network',
        'Notifications',
        'ParentalControls',
        'PrintersScanners',
        'Profiles',
        'SecurityPrivacy',
        'Sharing',
    ]
    # 创建可以循环输入序号的终端程序，输入 q 推出程序
    while True:
        print("请选择一个设置窗口：")
        for i, pref_pane in enumerate(pref_panes):
            print(f"{i + 1}. {pref_pane}")
        print("输入 q 退出程序")

        choice = input("请输入选项：")
        if choice == "q":
            break
        try:
            choice = int(choice)
            if choice < 1 or choice > len(pref_panes):
                raise ValueError
        except ValueError:
            print("无效的选项，请重新输入")
```

```
            continue

        pref_pane = pref_panes[choice - 1]
        open_pref_pane(pref_pane)

if __name__ == '__main__':
    main()
```

执行代码，会输出如图 2-9 所示的选择菜单。

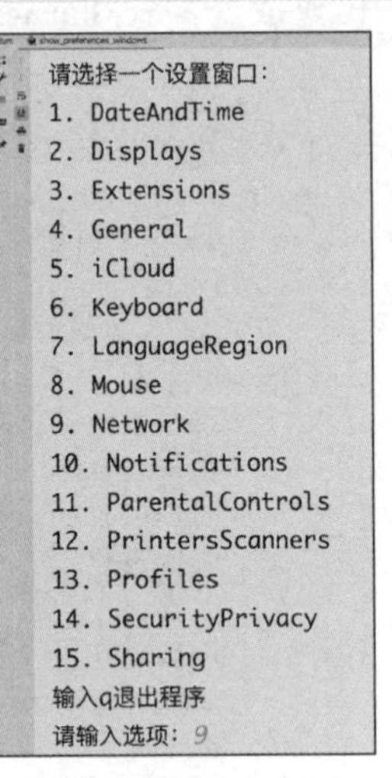

图 2-9 选择菜单

读者可以输入 1～15 的数字，例如，输入 9，按回车键，就会弹出如图 2-10 所示的“网络”窗口。

2.4.2 显示 Windows 中的系统窗口

在 Windows 中通过 control 命令可以显示控制面板的相关窗口，例如，“个性化设置”窗口、“鼠标设置”窗口等。下面的命令显示一些常用的设置窗口。

(1) control：显示控制面板。

(2) control admintools：显示管理工具。

(3) control desktop：显示个性化设置。

(4) control keyboard：显示键盘设置。

(5) control mouse：显示鼠标设置。

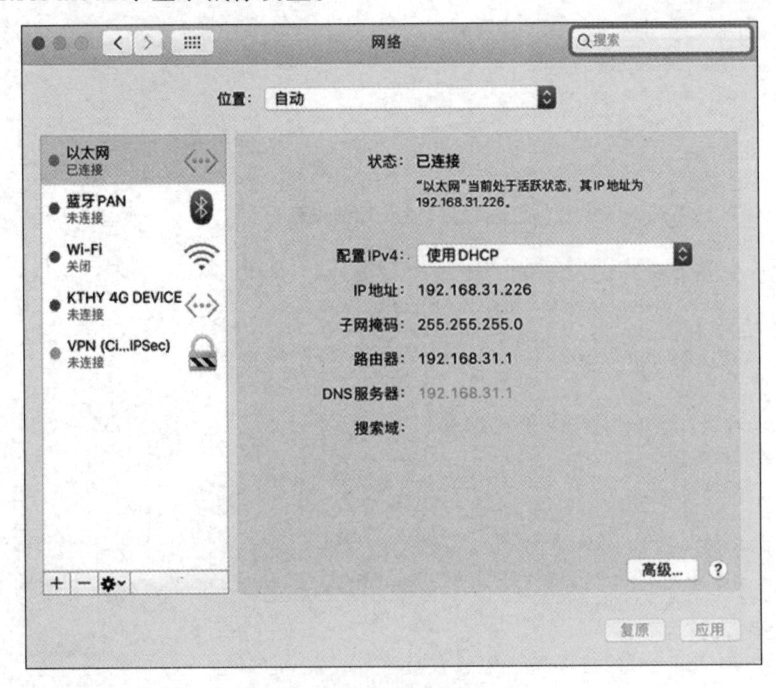

图 2-10 “网络”窗口

（6）control printers：显示打印机设置。

（7）control userpasswords2：显示用户账户设置。

在 Windows 终端中输入上面的命令，就会立刻显示对应的窗口，例如，执行 control mouse 命令，会弹出如图 2-11 所示的“鼠标设置”窗口。

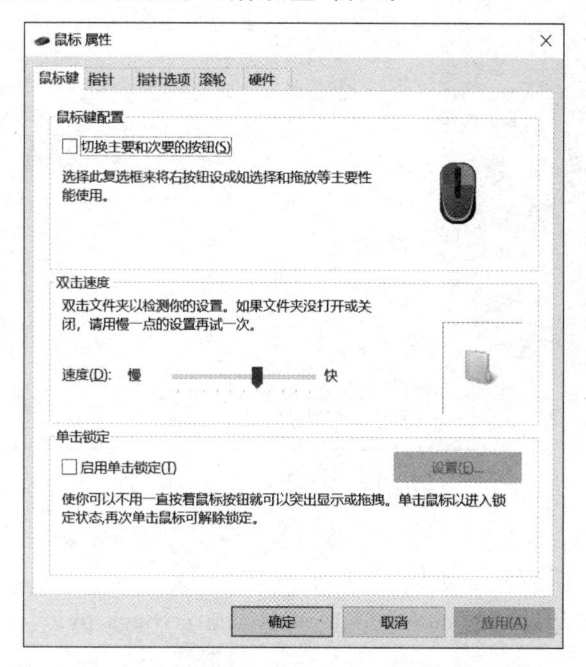

图 2-11　“鼠标设置”窗口

control 命令还可以显示更多设置窗口，例如，下面的命令显示 Windows 设置窗口。

```
control /name Microsoft.System
```

执行这行代码，会显示如图 2-12 的窗口。

使用 Python 执行这些命令，就可以通过 Python 显示这些窗口，如下面的代码同样可以显示 Windows 设置窗口。

```
import os
os.system("control /name Microsoft.System")
```

比 control 更强大的是 start 命令，该命令用于启动一个新的进程并显示指定的文件或应用程序。例如，下面的命令同样可以显示 Windows 设置窗口：

```
start ms-settings:
```

下面的命令用于显示“背景设置”窗口：

```
start ms-settings:personalization-background
```

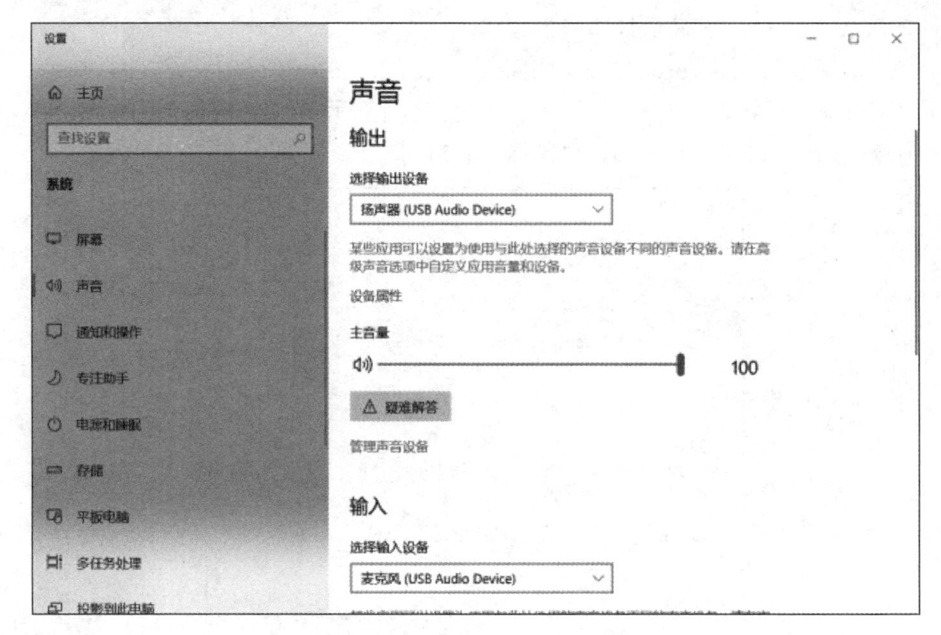

图 2-12 Windows 设置窗口

下面的例子在终端建立了一个菜单，读者输入菜单序号，并按回车键，系统会根据用户的选择显示"Windows 设置"窗口中对应的子窗口。

代码位置：src/harness_os/show_windows_system_settings.py

```
import os
# 根据用户的选择显示对应的窗口
def open_window(window_name):
    if window_name == "个性化":
        os.system("start ms-settings:personalization")
    elif window_name == "背景":
        os.system("start ms-settings:personalization-background")
    elif window_name == "锁屏":
        os.system("start ms-settings:lockscreen")
    elif window_name == "任务栏":
        os.system("start ms-settings:taskbar")
    elif window_name == "通知和动作":
        os.system("start ms-settings:notifications")
    elif window_name == "电源和睡眠":
        os.system("start ms-settings:powersleep")
    elif window_name == "存储":
        os.system("start ms-settings:storagesense")
# 在终端中显示菜单，并接收用户的选择
while True:
    print("请选择一个子窗口:\n1. 个性化\n2. 背景\n3. 锁屏\n4. 任务栏\n5. 通知和动作\n6.
电源和睡眠\n7. 存储\n输入q退出.")
    window_num = input()
    if window_num.isdigit() and int(window_num) in range(1, 8):
```

```
        open_window(["个性化", "背景", "锁屏", "任务栏", "通知和动作", "电源和睡眠", "存储"][int(window_num) - 1])
    elif window_num.lower() == 'q':
        break
    else:
        print("输入无效.")
```

运行程序,会看到如图 2-13 所示的菜单。

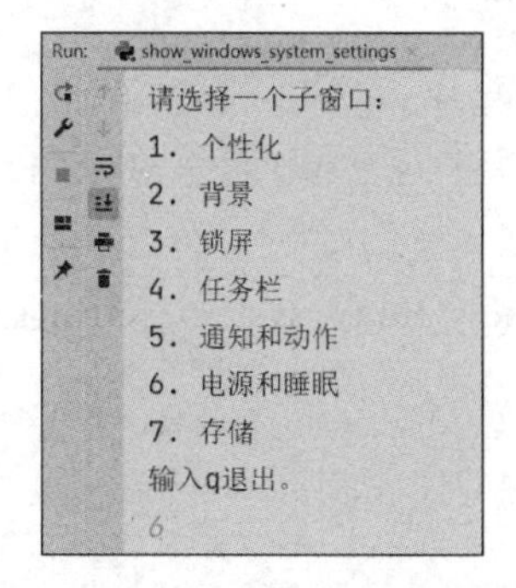

图 2-13 选择菜单

输入一个菜单项序号,例如 6,按下回车键,会显示如图 2-14 所示的“电源和睡眠”设置窗口。

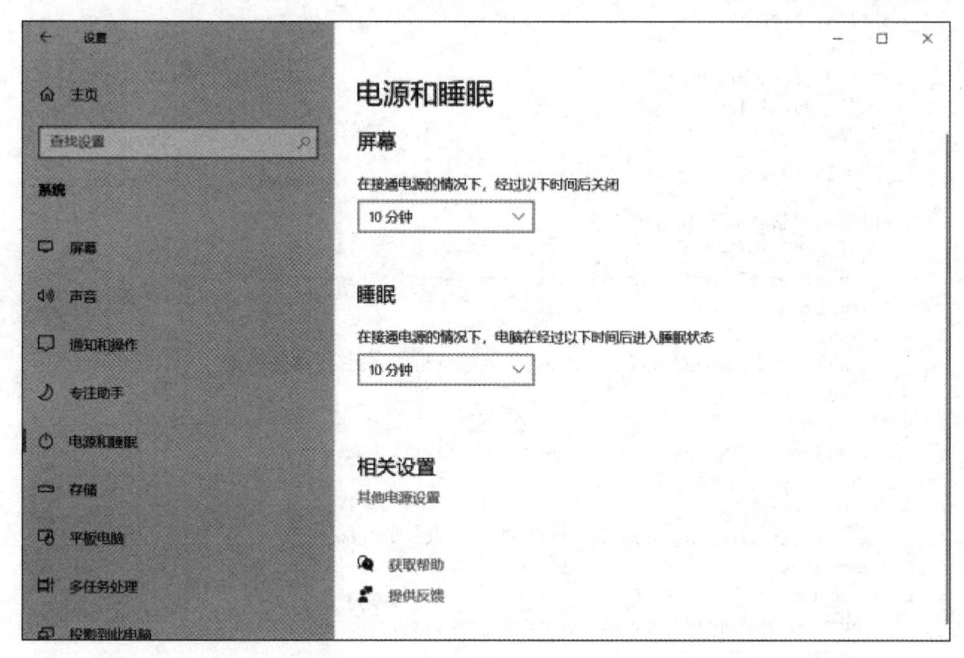

图 2-14 “电源和睡眠”设置窗口

2.4.3 显示 Linux 中的系统窗口

显示 Linux 下的系统窗口需要执行相关的命令,如果要用 Python 来显示这些窗口,就

要在 Python 执行这些命令，如下面的代码会显示 Linux 设置窗口以及 Linux 终端。

```
import subprocess
# 显示"设置"窗口
subprocess.Popen(["gnome-control-center"])
# 显示"设置"窗口,并切换到"背景"设置项
subprocess.Popen(["gnome-control-center", "background"])
# 显示终端程序
subprocess.call(["gnome-terminal"])
```

下面的例子实现了一个终端程序，显示一个菜单，每一个菜单项对应"设置"窗口的一项，当用户输入菜单项序号，并按下回车键，就会显示"设置"窗口，并切换到对应的设置页面。

代码位置：src/harness_os/show_linux_system_settings.py

```
import subprocess
while True:
    # 显示菜单
    print("1. 背景")
    print("2. 蓝牙")
    print("3. 网络")
    print("4. 电源")
    print("5. 声音")
    print("6. 显示")
    print("7. 日期和时间")
    print("q. 退出")
    # 获取用户输入
    choice = input("请输入菜单项序号:")

    # 根据用户输入执行相应的操作
    if choice == "1":
        subprocess.Popen(["gnome-control-center", "background"])
        continue
    elif choice == "2":
        subprocess.Popen(["gnome-control-center", "bluetooth"])
        continue
    elif choice == "3":
        subprocess.Popen(["gnome-control-center", "network"])
        continue
    elif choice == "4":
        subprocess.Popen(["gnome-control-center", "power"])
        continue
    elif choice == "5":
        subprocess.Popen(["gnome-control-center", "sound"])
        continue
    elif choice == "6":
        subprocess.Popen(["gnome-control-center", "display"])
        continue
    elif choice == "7":
        subprocess.Popen(["gnome-control-center", "datetime"])
```

```
        continue
    elif choice == "q":
        break
```

运行程序，会显示一个菜单，如图 2-15 所示。

输入一个菜单项的序号，如 5，按回车键后，就会显示与之对应的设置页面，如图 2-16 所示。

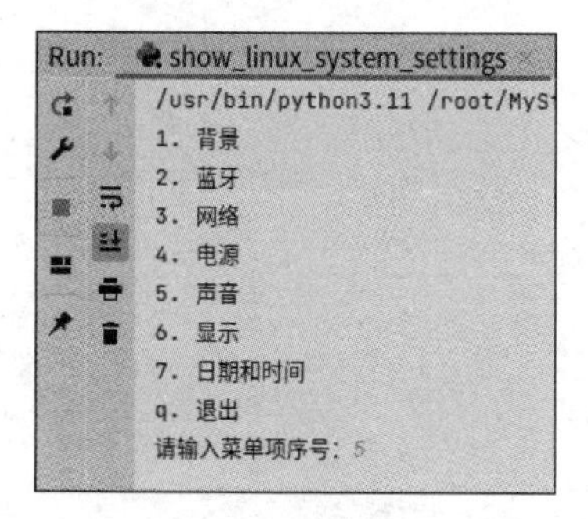

图 2-15　菜单项列表

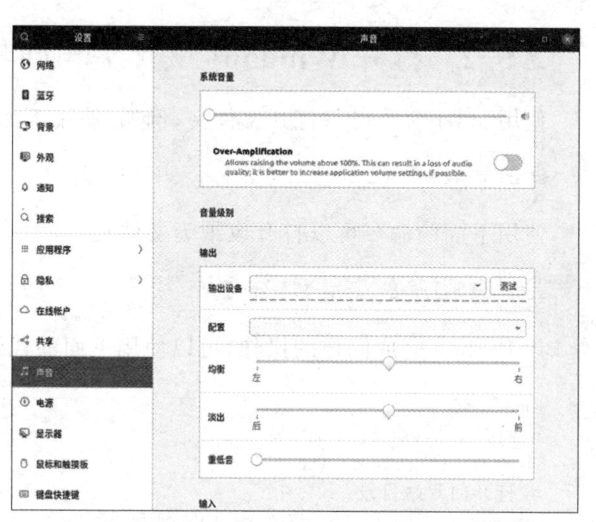

图 2-16　“声音”设置页面

2.5　打开文件夹

在很多场景下，需要用程序控制打开操作系统的文件夹。例如，在某个软件系统中，有一个缓存目录，可以提供一个按钮直接打开缓存目录，这样用户就可以直接定位到这个目录了。回收站是一类特殊的目录，所以也可以使用打开普通目录的方式打开回收站目录。

2.5.1　打开 macOS 文件夹与废纸篓

使用 open 命令可以打开文件夹，例如，使用下面的命令可以打开～/Documents 文件夹。

```
open ~/Documents
```

使用下面的命令可以打开废纸篓文件夹。

```
open ~/.Trash
```

要用 Python 完成同样的操作，可以使用下面的代码。

```
import os
# 打开~/Documents 文件夹
os.system("open ~/Documents")

# 打开废纸篓文件夹
os.system("open ~/.Trash")
```

2.5.2 打开 Windows 文件夹与回收站

使用 start 命令可以打开文件夹，例如，使用下面的命令可以打开 D:\test 目录。

```
start d:\test
```

使用下面的命令可以打开废纸篓文件夹。

```
start shell:RecycleBinFolder
```

用 Python 完成同样的操作，可以使用下面的代码。

```
import os
# 打开 D:\test 目录
os.system("start d:\\test")
# 打开回收站目录
os.system("start shell:RecycleBinFolder")
```

2.5.3 打开 Linux 文件夹与回收站

使用 xdg-open 命令可以打开文件夹。例如，使用下面的命令可以打开“~/文档”目录。

```
xdg - open d:\test
```

使用下面的命令可以打开废纸篓文件夹。

```
gio open trash://
```

用 Python 完成同样的操作，可以使用下面的代码。

```
import os
# 打开"~/文档"目录
os.system('xdg - open ~/文档')
# 打开回收站目录
os.system('gio open trash://')
```

2.6 跨平台终端

本节会实现一个可以跨平台的 Python 终端程序，有些类似 VSCode 中的终端。在不同操作系统平台下，可以执行这个平台中的任何可执行程序。如在 Windows 中，可以执行 dir，以及其他任何 exe 文件。在 macOS 中，可以执行 ls 等系统命令，也可以执行任何有执行权限的程序。

编写这个终端程序，主要会用到如下几种技术。

1. 执行命令

使用 os.system 函数可以执行任何命令。如 ls、dir 等，它会返回命令的返回值，一般用 0 表示成功，用非 0 表示失败。

2. 记录历史命令

为了让终端更具有可用性，需要添加一个记录历史命令的功能，为此，需要定义一个列表(history)，用于存储已经执行过的命令，以便通过上下箭头键查看历史命令。我们还需要定义一个变量(index)，用于记录当前的命令索引，初始值为 0。

3. 循环显示命令提示符

需要定义一个无限循环(while True)，用于接收用户输入的命令，并根据不同的情况进行处理。使用 input 函数获取用户输入的字符串，并去除两端的空白字符。还需要打印一个命令提示符。命令提示符可以任意打印，本例的命令提示符是操作系统类型加上“>”符号。

4. 校验输入类型，完成不同的操作

需要判断用户输入的命令是什么，并进行相应的操作。使用 if-elif-else 语句进行条件判断。有以下几种情况。

(1) 如果用户输入的是 exit，退出循环。

(2) 如果用户输入的是空字符串，继续循环。

(3) 如果用户按下了上箭头键(对应的字符串是“\x1b[A”)，而历史列表不为空，并且索引大于 0，减少索引并执行对应的命令，同时将新执行的命令添加进历史列表；否则，打印一个提示信息，表示没有更多的历史命令。

(4) 如果用户按下了下箭头键(对应的字符串是“\x1b[B”)，而历史列表不为空，并且索引小于列表长度，增加索引并执行对应的命令，同时将新执行的命令添加进历史列表，否则，打印一个提示信息，表示没有更多的历史命令。

(5) 如果用户输入的是正常的命令，就使用 os.system 函数执行用户输入的命令，并打印返回值，然后将用户输入的命令添加到历史列表，并重置索引为列表长度。

(6) 需要在每次循环结束后打印一个换行符“\n”，以便分隔不同的命令输出。

下面的例子完整地演示了如何实现这个终端程序。

代码位置：src/harness_os/terminal.py

```
# 导入 os 模块，用于执行操作系统命令
import os
# 定义一个列表，用于存储已经执行过的命令
history = []
```

```
# 定义一个变量,用于记录当前的命令索引
index = 0
# 定义一个无限循环,用于接收用户输入的命令
while True:
    # 打印一个提示符,显示当前的工作目录和操作系统类型
    prompt = os.name + "> "
    # 使用 input 函数获取用户输入的字符串,并去除两端的空白字符
    command = input(prompt).strip()
    # 如果用户输入的是 exit,退出循环
    if command == "exit":
        break
    # 如果用户输入的是空字符串,继续循环
    elif command == "":
        continue
    # 如果用户按下了上箭头键,显示上一条执行过的命令
    elif command == "\x1b[A":
        # 如果历史列表不为空,并且索引大于 0,减少索引并显示对应的命令
        if history and index > 0:
            index -= 1
            command = history[index]
            result = os.system(command)
            history.append(command)
            print("Return value:", result)
        # 否则,打印一个提示信息,表示没有更多的历史命令
        else:
            print("No more previous commands.")
    # 如果用户按下了下箭头键,显示下一条执行过的命令
    elif command == "\x1b[B":
        # 如果历史列表不为空,并且索引小于列表长度,增加索引并显示对应的命令
        if history and index < len(history):
            index += 1
            command = history[index]
            result = os.system(command)
            history.append(command)
            print("Return value:", result)
        # 否则,打印一个提示信息,表示没有更多的历史命令
        else:
            print("No more next commands.")
    # 否则,将用户输入的命令添加到历史列表,并重置索引为列表长度
    else:
        history.append(command)
        index = len(history)
        # 使用 os.system 函数执行用户输入的命令,并打印返回值
        result = os.system(command)
        print("Return value:", result)
```

在 Windows、macOS 或 Linux 终端执行 python terminal.py,运行本节实现的终端程序,然后执行命令。如果命令是正确的,会看到在终端中输出了执行结果。图 2-17 是在 Windows 下的效果。在 Windows 中,命令提示符是 nt>。

如图 2-18 所示是在 macOS 下的终端效果。macOS 的命令行提示符是 posix>。

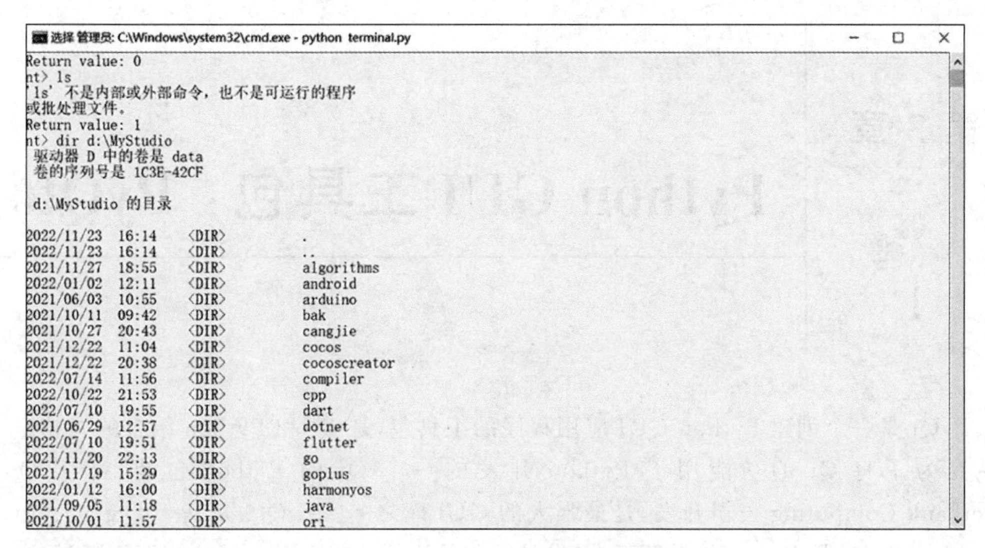

图 2-17　Windows 下的终端效果

```
harness_os — python terminal.py — 80×24
Return value: 0
posix> dir
sh: dir: command not found
Return value: 32512
posix> ls /MyStudio
AI                              miniapp
Algorithms                      minigame
AlphaBitmap                     miniprogram
Apple                           new_java_workspace
Arduino_bak                     new_workspace
Cocos2dx                        nginx.conf
Fritzing                        node.js
HarmonyOS_HMS                   nodejs
JavaScript                      office
MyApplication                   openharmony
ObjectiveC                      ori
PHP                             oriprojects
QT                              os_x
Slider1                         others
TestResource                    pascal
UnityMarvel                     pr
air_workspace                   project
android                         projects
android_projects                python
```

图 2-18　macOS 下的终端效果

Linux 与 macOS 的效果相同。需要注意的是，按上箭头键和下箭头键后，只有 macOS 和 Linux 才会出现程序中使用的“\x1b[A”和“\x1b[B”。在 Windows 下会直接显示历史命令，这些历史命令并不是从本例实现的终端程序中提取的，而是 Windows 本身的历史命令。

2.7　小结

经过对本章的学习，相信读者又解锁了很多新技能，原来 Python 还可以这样玩！本章使用 Python 操控 OS 主要用了 3 招：第三方模块（winreg、wmi、psutil 等）、读写系统文件和执行系统命令。通过这 3 招，使用 Python 几乎可以控制 OS 的一切。本章的内容只是抛砖引玉，读者可以利用这 3 招发掘更多操控 OS 的方法。

第 3 章

Python GUI 工具包：PyQt6

PyQt 是一个创建 Python GUI 应用程序的工具包，是 Qt 和 Python 结合的产物，可以认为是为了将 Qt 的功能用于 Python 开发的一个 Qt 的 Python 包装器。PyQt 由 Riverbank Computing 公司开发，是最强大的 GUI 库之一。PyQt6 是基于 Digia 公司 Qt6 的 Python 接口，是 PyQt6 的最新版本，也是目前最流行的基于 Python 的 GUI 工具包。本章将介绍 PyQt6 的主要功能以及一些常用 API 的使用方法。本书中所有的 GUI 应用都使用 PyQt6 实现，所以本章的内容非常重要。

3.1 Python 中主要的 GUI 工具包

Python 中有非常多的 GUI 工具包，这些工具包主要有 Tkinter、PyQT/PySide、wxPython、Kivy、PySimpleGui、Flexx、Toga 等，它们的优缺点如下。

(1) Tkinter。

优点：是 Python 的默认标准 GUI 库，使用简单。

缺点：设计的界面比较简陋。

(2) PyQT/PySide。

优点：作为 Python 的插件实现，功能非常强大，可以用 Qt 开发多个漂亮的界面。

缺点：商业授权上存在一些问题。

(3) wxPython。

优点：跨平台支持性很好。

缺点：使用相对较少。

(4) Kivy。

优点：跨平台支持性很好，可以用于移动端开发。

缺点：学习曲线较陡峭。

(5) PySimpleGui。

优点：使用简单，易于上手。

缺点：功能相对较少。

(6) Flexx。

优点：纯 Python 工具箱，使用 Web 技术进行渲染，更适合应用于 Web 应用中。

缺点：使用相对较少。

(7) Toga。

优点：适用于 macOS、Windows、Linux(GTK)以及 Android 和 iOS 等移动平台。

缺点：使用相对较少。

PyQT 和 PySide 之所以放在一起，是因为它们都是 Python 的 QT 绑定库，它们的 API 非常相似，最大的区别是 License。PyQT 采用了 GPL 协议，QT 公司拥有商业许可证；而 PySide 则使用 LGPL 协议，可以免费使用，不需要开源代码。目前 PyQT 由 Riverbank Computing 公司维护，比较稳定，开发社区也比较大；而 PySide(又名 Qt for Python)现由 Qt 公司维护，比 PyQt 更"年轻"一些。

本章会主要讲解 PyQt6，因为其功能非常强大，几乎可以完成任何工作，而且是目前最流行的基于 Python 的 GUI 工具包，技术社区非常繁荣。

如果读者没有安装 PyQt6，可以使用下面的命令进行安装。

```
pip3 install PyQt6
```

3.2 创建窗口

创建窗口时需要使用 QWidget 类。QWidget 类是所有用户界面对象的基类。它提供了一个默认的构造方法，可以创建一个空的窗口。QWidget 类提供了一些基本的功能，例如设置窗口标题、设置窗口图标、设置窗口大小、设置窗口位置等。此外，QWidget 类还提供了一些事件处理函数，如鼠标事件、键盘事件、绘制事件等。

如果想创建自己的用户界面对象，可以从 QWidget 类派生出一个新的类。在这个新的类中，可以添加自己的成员变量和成员函数，并且可以重载 QWidget 类中的一些函数来实现自己的功能。

本节的例子会利用 QWidget 类创建一个窗口，并设置窗口的尺寸、位置、窗口标题、窗口图标以及红色的背景颜色。完成这个例子需要使用 QWidget 类的 setGeometry 方法设置窗口的尺寸和位置，使用 setWindowTitle 方法设置窗口标题，使用 setWindowIcon 方法设置窗口图标，使用 setStyleSheet 方法设置背景颜色。这些方法的原型和参数含义如下。

1. setGeometry 方法

该方法的原型如下：

```
setGeometry(self, x: int, y: int, w: int, h: int) -> None
```

参数含义如下。

(1) x：窗口左上角的横坐标。

（2）y：窗口左上角的纵坐标。

（3）w：窗口的宽度。

（4）h：窗口的高度。

2. setWindowTitle 方法

该方法的原型如下：

```
setWindowTitle(self, str) -> None
```

str 参数表示窗口的标题。

3. setWindowIcon 方法

该方法的原型如下：

```
setWindowIcon(self, icon) -> None
```

icon 参数表示窗口图标，为 QIcon 对象。

注意：QWidget 类和 QApplication 类都有 setWindowIcon 方法，使用方法完全相同。不过由于 macOS 并不支持窗口标题，所以在 macOS 下使用 QWidget.setWindowIcon 方法是无效的，只能使用 QApplication.setWindowIcon 方法将图标放到 macOS 最下方的 Dock（程序坞）中。而在 Windows 和 Linux 中，使用 QWidget.setWindowIcon 和 QApplication.setWindowIcon 都可以，为了让程序可以同时在 macOS、Windows 和 Linux 下正常运行，所以本例使用 QApplication.setWindowIcon 方法设置标题图标。

4. setStyleSheet 方法

setStyleSheet 方法用于设置 PyQt6 应用程序中的样式表。样式表是一种用于设置组件外观的机制，类似于 CSS。可以使用 setStyleSheet 方法来设置组件的背景颜色、字体、边框等。例如，以下代码将 QPushButton 组件的背景颜色设置为蓝色：

```
QPushButton {
    background-color: blue;
}
```

可以在样式表中使用 CSS 选择器来选择要应用样式的组件。例如，以下代码将所有 QLabel 组件的字体大小设置为 30 像素：

```
QLabel {
    font-size: 30px;
}
```

setStyleSheet 方法的原型如下：

```
setStyleSheet(self, str,) -> None
```

str 参数表示样式字符串。

下面的代码完整地演示了这个例子的实现过程。

代码位置：src/gui/pyqt6/create_window.py

```
import sys
from PyQt6.QtWidgets import QApplication, QWidget
from PyQt6.QtGui import QIcon
class Example(QWidget):
    def __init__(self):
        super().__init__()
        self.initUI()
    def initUI(self):
        # 设置窗口位置和尺寸
        self.setGeometry(300, 300, 300, 220)
        # 设置窗口标题
        self.setWindowTitle('窗口标题')
        # 设置窗口背景色
        self.setStyleSheet("background-color: red")
        self.show()
if __name__ == '__main__':
    app = QApplication(sys.argv)
    # 设置窗口图标
    app.setWindowIcon(QIcon('images/tray.png'))
    ex = Example()
    sys.exit(app.exec())
```

运行程序，会看到如图3-1所示的窗口。在macOS中，标题栏图标并不显示在标题栏中，而是将图像显示在Dock上，如图3-1所示窗口下方最右侧的图标就是本例创建的窗口的标题栏图标。Windows窗口的标题栏图标会显示在标题栏的左侧，如图3-2所示。Linux比较复杂，使用不同的窗口管理器时，会有不同的效果。有的显示图标，有的不显示图标。

图3-1　在macOS下创建的窗口

图3-2　在Windows下创建的窗口

注意：运行代码之前，要保证images目录中有tray.png文件。

3.3 布局

PyQt6 提供了多种布局方式,包括水平布局、垂直布局、网格布局和表单布局。水平布局和垂直布局是最常用的两种布局方式,它们分别将组件从左到右或从上到下排列。网格布局将组件放置在一个网格中,而表单布局可以在窗口中放置多个组件,并且可以自动调整组件的大小和位置。在 PyQt6 中,可以使用 QHBoxLayout 和 QVBoxLayout 创建水平布局和垂直布局,使用 QGridLayout 创建网格布局,使用 QFormLayout 创建表单布局。这些布局管理器都是 QWidget 的子类,可以通过 addWidget 方法将组件添加到其中。如果需要在一个布局中添加另一个布局,则可以使用 addLayout 方法。

下面的例子演示了如何使用这 4 种布局。首先用 PyQt6 创建一个窗口,然后将窗口垂直分成 4 个区域,分别演示水平布局、垂直布局、网格布局和表单布局。第 1 个区域使用水平布局,水平放置 5 个按钮。第 2 个区域使用垂直布局,垂直放置 3 个按钮。第 3 个区域使用网格布局,放置 9 个按钮(文本从 1 到 9),排成 3×3 形式。第 4 个区域使用表单布局放几个组件,用于演示使用表单布局。

代码位置: src/gui/pyqt6/layout. py

```
import sys
from PyQt6. QtWidgets import QApplication, QWidget, QGridLayout, QVBoxLayout, QHBoxLayout,
QFormLayout, QPushButton
class Example(QWidget):
    def __init__(self):
        super().__init__()
        self. initUI()
    def initUI(self):
        # 水平布局
        hbox = QHBoxLayout()
        for i in range(5):
            hbox. addWidget(QPushButton(str(i)))
        # 垂直布局
        vbox = QVBoxLayout()
        for i in range(3):
            vbox. addWidget(QPushButton(str(i)))
        # 网格布局
        grid = QGridLayout()
        positions = [(i,j) for i in range(3) for j in range(3)]
        for position, name in zip(positions, ['1', '2', '3', '4', '5', '6', '7', '8', '9']):
            button = QPushButton(name)
            grid. addWidget(button, * position)
        # 表单布局
        form = QFormLayout()
        form. addRow('Name:', QPushButton('Button'))
        form. addRow('Age:', QPushButton('Button'))
        form. addRow('Job:', QPushButton('Button'))
```

```
        # 整体垂直布局
        vbox_all = QVBoxLayout()
        vbox_all.addLayout(hbox)
        vbox_all.addLayout(vbox)
        vbox_all.addLayout(grid)
        vbox_all.addLayout(form)

        self.setLayout(vbox_all)

        self.setGeometry(300, 300, 300, 150)
        self.setWindowTitle('布局演示')
        self.show()

if __name__ == '__main__':
    app = QApplication(sys.argv)
    ex = Example()
    sys.exit(app.exec())
```

运行程序，会看到如图 3-3 所示的窗口。

图 3-3 布局

3.4 常用组件

PyQt6 提供了一些常用的组件，如按钮、标签、文本框等，方便用户进行界面设计和交互。PyQt6 中常用的组件包括 QCheckBox(复选框)、QPushButton(按钮)、QSlider(滑杆)、QProgressBar(进度条)、QCalendarWidget(日历)、QComboBox(下拉列表框)、QLabel(标签)、QLineEdit(行文本编辑器)、QTextEdit(文本编辑器)、QSpinBox(整数步长调节器)、QDoubleSpinBox(浮点数步长调节器)、QDateEdit(日期编辑器)、QTimeEdit(时间编辑器)、QDateTimeEdit(日期和时间编辑器)等。

大多数组件的使用方法类似，每一个组件都对应于一个类，类名就是前面给出的组件英文名，如 QLineEdit、QPushButton 等。创建一个组件，其实就是创建这个组件类的对象，然后将组件放到窗口上，例如，下面的代码创建一个 QPushButton 组件。

```
button = QPushButton('Click me', window)
```

下面的例子会创建一个窗口，用 PyQt6 创建一个窗口，并放置 3 个 QLineEdit 组件、3 个 QLabel 组件和 3 个复选框组件。根据这些复选框组件是否选中，控制前面的 QLineEdit 组件是否可以输入文本，如果不可输入文本，将 QLineEdit 组件的背景色设置为红色，否则恢复为白色。在组件的下方还会放置一个按钮组件和一个 QLabel 组件，单击按钮组件，会将这 3 个 QLineEdit 组件中输入的内容组合成一个字符串，显示在最下方的 QLabel 组件中。

代码位置：src/gui/pyqt6/components.py

```
from PyQt6 import QtWidgets, QtCore
from PyQt6.QtWidgets import QApplication, QWidget, QLabel, QLineEdit, QCheckBox, QVBoxLayout,
QHBoxLayout, QPushButton
from PyQt6.QtGui import QPalette, QColor
class Window(QWidget):
    def __init__(self):
        super().__init__()
        self.setGeometry(300, 300, 300, 220)
        self.setWindowTitle("组件演示")
        # 创建布局
        layout = QVBoxLayout()

        # 创建姓名行
        name_layout = QHBoxLayout()
        name_label = QLabel('姓名')
        self.name_line_edit = QLineEdit()
        self.name_check_box = QCheckBox()
        self.name_check_box.setChecked(True)
        self.name_check_box.stateChanged.connect(self.on_name_check_box_state_changed)
        name_layout.addWidget(name_label)
        name_layout.addWidget(self.name_line_edit)
        name_layout.addWidget(self.name_check_box)

        # 创建年龄行
        age_layout = QHBoxLayout()
        age_label = QLabel('年龄')
        self.age_line_edit = QLineEdit()
        self.age_check_box = QCheckBox()
        self.age_check_box.setChecked(True)
        self.age_check_box.stateChanged.connect(self.on_age_check_box_state_changed)
        age_layout.addWidget(age_label)
        age_layout.addWidget(self.age_line_edit)
        age_layout.addWidget(self.age_check_box)
```

```
        # 创建收入行
        income_layout = QHBoxLayout()
        income_label = QLabel('收入')
        self.income_line_edit = QLineEdit()
        self.income_check_box = QCheckBox()
        self.income_check_box.setChecked(True)
        self.income_check_box.stateChanged.connect(self.on_income_check_box_state_changed)
        income_layout.addWidget(income_label)
        income_layout.addWidget(self.income_line_edit)
        income_layout.addWidget(self.income_check_box)

        # 添加姓名、年龄、收入到布局中
        layout.addLayout(name_layout)
        layout.addLayout(age_layout)
        layout.addLayout(income_layout)

        # 创建按钮和显示标签
        button = QPushButton('显示')
        button.clicked.connect(self.on_button_clicked)
        self.display_label = QLabel()

        # 添加按钮和显示标签到布局中
        layout.addWidget(button)
        layout.addWidget(self.display_label)

        # 设置窗口布局
        self.setLayout(layout)
    # 姓名复选框的槽函数
    def on_name_check_box_state_changed(self):
        if self.name_check_box.isChecked():
            self.name_line_edit.setReadOnly(False)
            palette = self.name_line_edit.palette()
            palette.setColor(QPalette.ColorRole.Base, QColor('white'))
            self.name_line_edit.setPalette(palette)
        else:
            self.name_line_edit.setReadOnly(True)
            palette = self.name_line_edit.palette()
            palette.setColor(QPalette.ColorRole.Base, QColor('red'))
            self.name_line_edit.setPalette(palette)
    # 年龄复选框的槽函数
    def on_age_check_box_state_changed(self):
        if self.age_check_box.isChecked():
            self.age_line_edit.setReadOnly(False)
            palette = self.age_line_edit.palette()
            palette.setColor(QPalette.ColorRole.Base, QColor('white'))
            self.age_line_edit.setPalette(palette)
        else:
            self.age_line_edit.setReadOnly(True)
            palette = self.age_line_edit.palette()
            palette.setColor(QPalette.ColorRole.Base, QColor('red'))
            self.age_line_edit.setPalette(palette)
```

```
    # 收入复选框的槽函数
    def on_income_check_box_state_changed(self):
        if self.income_check_box.isChecked():
            self.income_line_edit.setReadOnly(False)
            palette = self.income_line_edit.palette()
            palette.setColor(QPalette.ColorRole.Base, QColor('white'))
            self.income_line_edit.setPalette(palette)
        else:
            self.income_line_edit.setReadOnly(True)
            palette = self.income_line_edit.palette()
            palette.setColor(QPalette.ColorRole.Base, QColor('red'))
            self.income_line_edit.setPalette(palette)
    def on_button_clicked(self):
        name = self.name_line_edit.text()
        age = self.age_line_edit.text()
        income = self.income_line_edit.text()
        display_text = f'姓名:{name},年龄:{age},收入:{income}'
        self.display_label.setText(display_text)

if __name__ == '__main__':
    app = QApplication([])
    window = Window()
    window.show()
    app.exec()
```

运行代码,显示如图 3-4 所示的窗口,在 QLineEdit 组件中输入一些文本,单击"显示"按钮,这 3 个 TLineEdit 组件中输入的内容就会显示在按钮下方。

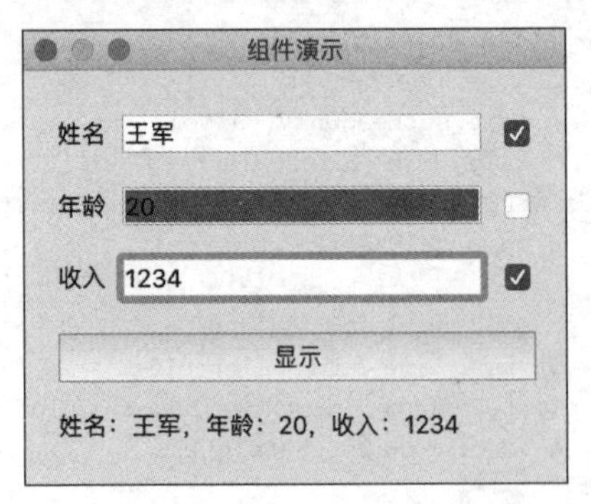

图 3-4 组件演示

3.5 列表组件(QListWidget)

PyQt6 有两个列表组件——QListView 和 QListWidget。QListView 是一个用于显示列表的组件,采用了 MVC 模式。与 QListWidget 不同,它不会自动创建一个内部模型来管理列表项。相反地,需要手动创建一个模型,并将其与视图关联。这使得 QListView 更加灵活,因为可以使用任何类型的模型来管理数据。向 QListView 列表中添加列表项的代码如下:

```
list_view = QListView()
# 创建字符串列表模型,用于向列表中添加字符串列表项
model = QStringListModel()
model.setStringList(['Item 1', 'Item 2', 'Item 3'])
# 为 QListView 组件设置模型
list_view.setModel(model)
```

QListWidget 是 QListView 的升级版本，已经建立了一个数据存储模型 QListWidgetItem，操作方便，直接调用 addItem 方法即可添加列表项。而 QListView 是基于 Model 的，需要自己建模（如建立 QStringListModel、QSqlTableModel 等），保存数据，这样就大大降低了数据冗余，提高了程序的效率，但是需要我们对数据建模有一定的了解。向 QListWidget 列表中添加列表项的代码如下：

```
list_widget = QListWidget()
item1 = QListWidgetItem("item1")
list_widget.addItem(item1)
item2 = QListWidgetItem("item2")
list_widget.addItem(item2)
```

下面的例子在窗口上放置一个 QListWidget 组件和两个按钮（“添加”按钮和“删除”按钮），QListWidget 组件默认添加 6 个列表项。单击“添加”按钮，会向 QListWidget 组件中添加 1 个新的列表项，如果某一个列表项被选中，单击“删除”按钮，会删除当前的列表项。

代码位置：src/gui/pyqt6/list.py

```
import sys
from PyQt6.QtWidgets import QApplication, QWidget, QVBoxLayout, QHBoxLayout, QPushButton,
QListWidget, QListWidgetItem
class Example(QWidget):
    def __init__(self):
        super().__init__()
        self.initUI()
    def initUI(self):
        # 创建一个 QListWidget 组件
        self.listWidget = QListWidget(self)
        # 创建两个按钮
        self.addButton = QPushButton('添加', self)
        self.delButton = QPushButton('删除', self)
        # 将按钮添加到水平布局中
        hbox = QHBoxLayout()
        hbox.addWidget(self.addButton)
        hbox.addWidget(self.delButton)
        # 将 QListWidget 和水平布局添加到垂直布局中
        vbox = QVBoxLayout()
        vbox.addWidget(self.listWidget)
        vbox.addLayout(hbox)
        # 设置窗口布局
        self.setLayout(vbox)
```

```
        # 添加 6 个列表项
        for i in range(6):
            item = QListWidgetItem('列表项 %d' % i)
            self.listWidget.addItem(item)
        # 连接按钮的单击事件
        self.addButton.clicked.connect(self.addItem)
        self.delButton.clicked.connect(self.delItem)

        # 设置窗口大小和标题
        self.setGeometry(300, 300, 350, 300)
        self.setWindowTitle('QListWidget')
    def addItem(self):
        # 向 QListWidget 中添加一个列表项
        item = QListWidgetItem('新列表项')
        self.listWidget.addItem(item)

    def delItem(self):
        # 获取当前选中的列表项
        currentItem = self.listWidget.currentItem()
        if currentItem is not None:
            # 删除当前选中的列表项
            row = self.listWidget.row(currentItem)
            self.listWidget.takeItem(row)
if __name__ == '__main__':
    app = QApplication(sys.argv)
    ex = Example()
    ex.show()
    sys.exit(app.exec())
```

运行程序,会显示如图 3-5 所示的窗口,读者可以单击"添加"按钮和"删除"按钮来体验 QListWidget 组件插入和删除列表项的效果。

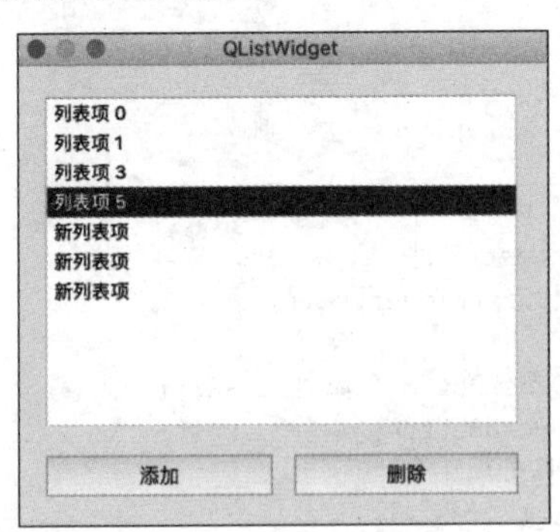

图 3-5 列表组件

3.6 下拉列表组件(QComboBox)

QComboBox 是一个下拉列表组件,允许用户从预定义的选项中选择一个值。使用 QComboBox.addItem 方法可以向该组件中添加列表项,代码如下:

```
combo_box.addItem('New Item')
```

如果想删除当前选定的选项，可以使用 removeItem 方法，代码如下：

```
combo_box.removeItem(combo_box.currentIndex())
```

下面的例子在窗口上放置一个 QComboBox 组件，里面默认添加 3 个 item。QComboxBox 组件下方水平放置两个组件（Add 按钮和 Delete 按钮），单击 Add 按钮，向 QComboxBox 组件添加一个列表项。单击 Delete 按钮，会删除当前选中的列表项。

代码位置：src/gui/pyqt6/combobox.py

```
from PyQt6.QtWidgets import QApplication, QWidget, QVBoxLayout, QHBoxLayout, QPushButton, QComboBox
import sys
class Example(QWidget):
    def __init__(self):
        super().__init__()
        self.initUI()
    def initUI(self):
        vbox = QVBoxLayout()
        hbox = QHBoxLayout()
        # 创建 QComboBox 组件
        combo_box = QComboBox()
        # 向 QComboBox 组件添加 3 个默认列表项
        combo_box.addItems(['Item 1', 'Item 2', 'Item 3'])
        vbox.addWidget(combo_box)

        add_button = QPushButton('Add')
        add_button.clicked.connect(lambda: combo_box.addItem('New Item'))
        hbox.addWidget(add_button)

        remove_button = QPushButton('Remove')
        remove_button.clicked.connect(lambda: combo_box.removeItem(combo_box.currentIndex()))
        hbox.addWidget(remove_button)

        vbox.addLayout(hbox)

        self.setLayout(vbox)
        self.setGeometry(300, 300, 350, 250)
        self.setWindowTitle('QComboBox Example')
        self.show()
if __name__ == '__main__':
    app = QApplication(sys.argv)
    ex = Example()
    sys.exit(app.exec())
```

运行程序，单击 Add 按钮会添加新的列表项，单击 Remove 按钮会删除当前列表项。如图 3-6 所示。

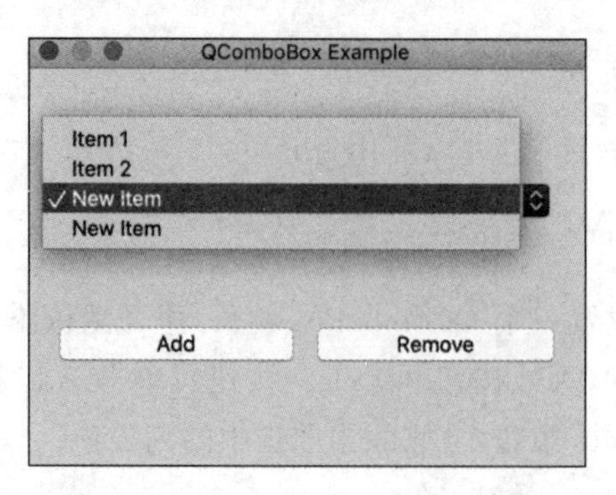

图 3-6　下拉列表组件

3.7　表格组件(QTableWidget)

QTableWidget 是 PyQt6 中的一个表格组件,可以用于显示和编辑表格数据。QTableWidget 是一个基于 QTableView 的类,提供了一些额外的功能,如行和列的插入和删除,以及单元格的合并。若要添加表头,可以使用 QTableWidget 的 setHorizontalHeaderLabels 方法来设置水平表头标签,使用 setVerticalHeaderLabels 方法来设置垂直表头标签。若要添加表格项,可以使用 setItem 方法来设置单元格的内容。若要删除表格项,可以使用 removeRow 或 removeColumn 方法来删除行或列。

在下面的例子中,在窗口放置一个 QTableWidget 组件和两个按钮("添加"按钮和"删除"按钮)。两个按钮要放到 QTableWidget 组件的下面,默认添加 4 列的两个表格项。单击"添加"按钮,会添加一个新表格行;单击"删除"按钮,会删除当前选中的表格行。

代码位置:src/gui/pyqt6/tablewidget.py

```
from PyQt6.QtWidgets import *
from PyQt6.QtGui import *
class Table(QWidget):
    def __init__(self):
        super().__init__()
        self.setWindowTitle('QTableWidget 组件演示')
        self.resize(500, 300)
        # 创建表格
        self.table = QTableWidget()
        self.table.setColumnCount(4)
        self.table.setHorizontalHeaderLabels(['header1', 'header2', 'header3', 'header4'])
        self.table.setRowCount(2)
        for i in range(self.table.rowCount()):
            for j in range(self.table.columnCount()):
                item = QTableWidgetItem(str(i + j))
                self.table.setItem(i, j, item)

        # 创建添加和删除按钮
        add_button = QPushButton('添加')
```

```
        add_button.clicked.connect(self.add_row)
        delete_button = QPushButton('删除')
        delete_button.clicked.connect(self.delete_row)

        # 创建布局
        button_layout = QHBoxLayout()
        button_layout.addWidget(add_button)
        button_layout.addWidget(delete_button)
        table_layout = QVBoxLayout()
        table_layout.addWidget(self.table)
        table_layout.addLayout(button_layout)

        # 设置布局
        self.setLayout(table_layout)

    def add_row(self):
        row_count = self.table.rowCount()
        self.table.insertRow(row_count)
        for j in range(self.table.columnCount()):
            item = QTableWidgetItem(str(row_count + j))
            self.table.setItem(row_count, j, item)

    def delete_row(self):
        row = self.table.currentRow()
        if row != -1:
            self.table.removeRow(row)


if __name__ == '__main__':
    app = QApplication([])
    app.setFont(QFont('Helvetica'))
    table = Table()
    table.show()
    app.exec()
```

运行程序，会看到如图 3-7 所示的界面，单击“添加”按钮会添加新的行，单击“删除”按钮，会删除当前行。

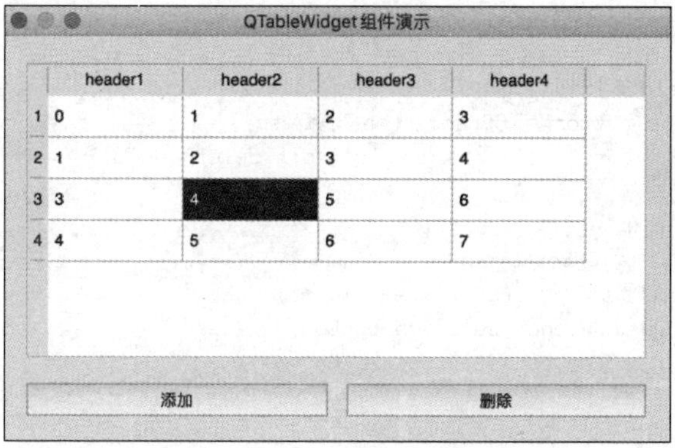

图 3-7 表格组件

3.8 树形组件(QTreeWidget)

QTreeWidget是PyQt6中的一个树形组件,用于显示树形结构的数据。QTreeWidget类根据预设的模型显示树中的数据。QTreeWidget使用类似于QListView类的方式提供一种典型的基于item的树形交互类,该类基于QT的"模型/视图"结构,提供了默认的模型来支撑item的显示,这些item类为QTreeWidgetItem类。如果不需要灵活的"模型/视图"框架,可以使用QTreeWidget来创建有层级关系的树形结构。如果把标准item模型结合QTreeView使用,可以得到更灵活的使用方法,从而把"数据"和"显示"分离开。QTreeWidget组件可以添加多列:使用setColumnCount方法设置列数,使用setHeaderLabels方法设置列标签。

下面的例子在窗口上放置一个QTreeWidget组件和两个按钮(Add按钮和Delete按钮)。QTreeWidget组件默认会随机添加一些节点。单击Add按钮,会在当前选中的节点添加一个子节点,单击Delete按钮,会删除当前选中的节点。

代码位置:src/gui/pyqt6/treewidget.py

```
import sys
from PyQt6.QtWidgets import *
from PyQt6.QtGui import QFont

class MainWindow(QWidget):
    def __init__(self):
        super().__init__()
        self.setWindowTitle("QTreeWidget 组件演示")
        # 创建树形组件
        self.tree_widget = QTreeWidget()
        self.tree_widget.setColumnCount(2)
        self.tree_widget.setHeaderLabels(["Name", "Value"])

        # 创建 Add 按钮
        self.add_button = QPushButton("Add")
        self.add_button.clicked.connect(self.add_node)

        # 创建 Delete 按钮
        self.delete_button = QPushButton("Delete")
        self.delete_button.clicked.connect(self.delete_node)

        # 创建水平布局
        self.layout = QHBoxLayout()
        self.layout.addWidget(self.tree_widget)
        self.layout.addWidget(self.add_button)
        self.layout.addWidget(self.delete_button)

        # 设置布局
        self.setLayout(self.layout)
```

```
        # 随机添加一些节点
        for i in range(10):
            item = QTreeWidgetItem([f"Node {i}", f"Value {i}"])
            self.tree_widget.addTopLevelItem(item)
    # 添加节点
    def add_node(self):
        # 获取当前选中的节点
        current_item = self.tree_widget.currentItem()
        if not current_item:
            return

        # 创建新的子节点
        new_item = QTreeWidgetItem(["New Node", "New Value"])
        current_item.addChild(new_item)
    # 删除节点
    def delete_node(self):
        # 获取当前选中的节点
        current_item = self.tree_widget.currentItem()
        if not current_item:
            return

        # 删除节点
        current_item.parent().removeChild(current_item)


if __name__ == '__main__':
    app = QApplication(sys.argv)
    app.setFont(QFont('Helvetica'))
    main_window = MainWindow()
    main_window.show()
    sys.exit(app.exec())
```

运行程序，会显示如图 3-8 所示的窗口，单击 Add 按钮，会在当前选中的节点下面添加子节点；单击 Delete 按钮，会将选中的节点（包括该节点的子节点）删除。

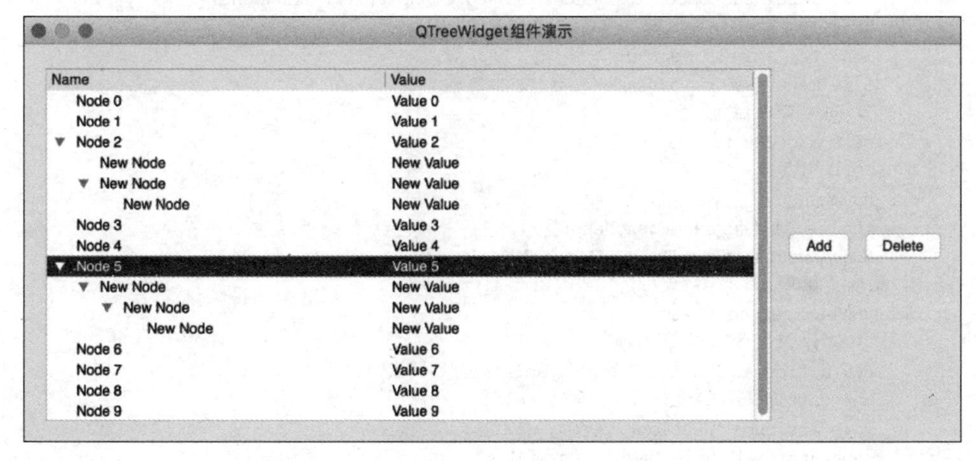

图 3-8　树形组件

3.9 菜单

PyQt6 支持的主要菜单类型是主菜单和弹出菜单。其中，主菜单是应用程序的主要导航方式，通常包含文件、编辑、视图、帮助等菜单项。弹出菜单是在用户请求时显示的菜单，通常包含与当前上下文相关的操作，一般在组件上右击鼠标，弹出菜单就会显示出来。

要实现这两种菜单，可以使用 QMenuBar 和 QMenu 类。QMenuBar 类提供了一个水平菜单，可以在其中添加 QMenu 对象。QMenu 类提供了一个垂直菜单，可以在其中添加 QAction 对象。

下面的例子在窗口放置一个标签组件，然后创建一个主菜单，菜单项包括新建、打开、保存、分割线、退出。单击"退出"菜单项，会退出程序；单击其他菜单项，会将菜单项文本显示在标签组件中。右击窗口或标签，会显示与主菜单一模一样的弹出菜单。菜单项的动作也完全相同。

代码位置：src/gui/pyqt6/menu_demo.py

```
import sys
from PyQt6.QtWidgets import *
from PyQt6.QtGui import *
from PyQt6.QtCore import *
class MainWindow(QMainWindow):
    def __init__(self):
        super().__init__()
        self.setGeometry(200,200,200,200)
        # 创建标签组件
        self.label = QLabel(self)
        self.label.setText("这是一个标签")
        self.label.setGeometry(50, 50, self.width(), 30)
        self.label.setContextMenuPolicy(Qt.ContextMenuPolicy.CustomContextMenu)
        self.label.customContextMenuRequested.connect(self.showMenu)
        # 创建主菜单
        menu_bar = self.menuBar()
        file_menu = menu_bar.addMenu("文件")
        # 向主菜单添加
        self.addMenuItem(file_menu)
    # 显示弹出菜单
    def showMenu(self, pos):
        menu = self.createPopupMenu()
        menu.exec(self.mapToGlobal(pos))
    # 添加菜单项
    def addMenuItem(self,menu):
        # 创建弹出菜单的菜单项
        new_action = QAction("新建", self)
        open_action = QAction("打开", self)
        save_action = QAction("保存", self)
        separator_action = QAction(self)
```

```
        separator_action.setSeparator(True)
        exit_action = QAction("退出", self)

        # 将菜单项添加到弹出菜单中
        menu.addAction(new_action)
        menu.addAction(open_action)
        menu.addAction(save_action)
        menu.addAction(separator_action)
        menu.addAction(exit_action)

        # 连接退出菜单项的信号和槽函数
        exit_action.triggered.connect(self.close)

        # 连接其他菜单项的信号和槽函数
        new_action.triggered.connect(lambda: self.label.setText("新建菜单项被单击"))
        open_action.triggered.connect(lambda: self.label.setText("打开菜单项被单击"))
        save_action.triggered.connect(lambda: self.label.setText("保存菜单项被单击"))
    # 创建弹出菜单
    def createPopupMenu(self):
        menu = QMenu(self)
        # 向弹出菜单添加菜单项
        self.addMenuItem(menu)
        return menu
    # 关闭应用程序
    def closeEvent(self, event):
        event.accept()

if __name__ == '__main__':
    app = QApplication(sys.argv)
    window = MainWindow()
    window.show()
    sys.exit(app.exec())
```

运行程序，会显示一个窗口。如果在 macOS 系统中，主菜单会显示在 macOS 的菜单栏上，如图 3-9 所示。如果在 Windows 系统中或 Linux 系统中，主菜单会直接显示在窗口上。

在窗口或标签组件上右击鼠标，会显示如图 3-10 所示的弹出菜单。

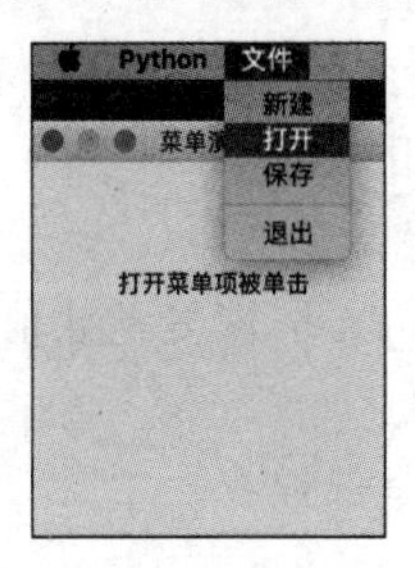

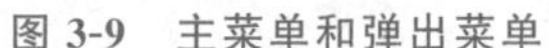
图 3-9　主菜单和弹出菜单

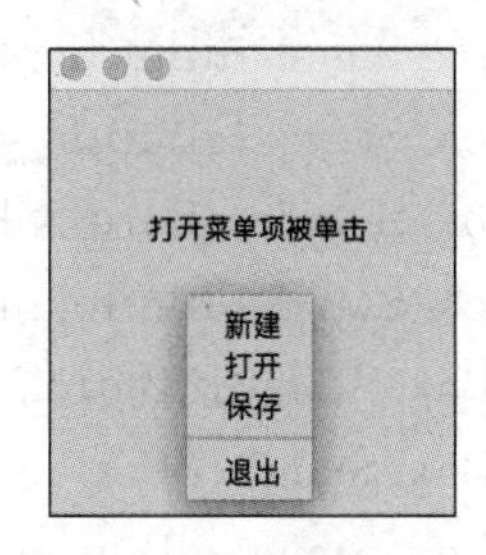

图 3-10　弹出菜单

在前面的代码中，使用 QMainWindow.createPopupMenu 方法创建窗口的弹出菜单。当主窗口接收到上下文菜单事件时，会自动调用此方法生成一个菜单，并返回这个菜单（Menu 对象)。通常会在 QMainWindow 的子类中重写 createPopupMenu 方法来创建弹出菜单。

另外,由于主菜单与弹出菜单完全相同,所以本例使用 addMenuItem 函数为主菜单和弹出菜单添加菜单项。

3.10 对话框

PyQt6 支持多种对话框类型,常用的对话框包括 QMessageBox、QInputDialog、QFileDialog、QColorDialog、QFontDialog、QPrintDialog 和 QProgressDialog 等。下面分别介绍这些对话框的功能和使用方法。

1. QMessageBox

QMessageBox 是最常用的对话框之一,可以用于显示消息、警告和错误等信息。使用 QMessageBox 的方法如下:

```
msgBox = QMessageBox()
msgBox.setIcon(QMessageBox.Information)
msgBox.setText("This is a message box")
msgBox.setWindowTitle("Message Box")
msgBox.setStandardButtons(QMessageBox.StandardButton.Ok | QMessageBox.StandardButton.Cancel)
msgBox.exec()
```

上述代码中,setIcon 方法用于设置图标,setText 方法用于设置文本,setWindowTitle 方法用于设置标题,setStandardButtons 方法用于设置消息对话框的按钮种类,exec 方法用于显示对话框。

setStandardButtons 方法可以设置的按钮种类如下。

(1) QMessageBox.StandardButton.Ok:确定。

(2) QMessageBox.StandardButton.Open:打开。

(3) QMessageBox.StandardButton.Save:保存。

(4) QMessageBox.StandardButton.Cancel:取消。

(5) QMessageBox.StandardButton.Close:关闭。

(6) QMessageBox.StandardButton.Discard:放弃。

(7) QMessageBox.StandardButton.Apply:应用。

(8) QMessageBox.StandardButton.Reset:重置。

(9) QMessageBox.StandardButton.RestoreDefaults:恢复默认值。

(10) QMessageBox.StandardButton.Help:帮助。

(11) QMessageBox.StandardButton.SaveAll:全部保存。

(12) QMessageBox.StandardButton.Yes:是。

(13) QMessageBox.StandardButton.YesToAll:全部是。

(14) QMessageBox.StandardButton.No:否。

(15) QMessageBox.StandardButton.NoToAll:全部否。

（16）QMessageBox. StandardButton. Abort：中止。

（17）QMessageBox. StandardButton. Retry：重试。

（18）QMessageBox. StandardButton. Ignore：忽略。

上述代码中，setStandardButtons 方法设置了两个按钮——OK 和 Cancel。这些按钮的作用是由按钮的角色决定的，例如，OK 按钮的角色是 AcceptRole，Cancel 按钮的角色是 RejectRole。如果用户单击了 OK 按钮，则返回 QMessageBox. Ok；如果用户单击了 Cancel 按钮，则返回 QMessageBox. Cancel。

2. QInputDialog

QInputDialog 可以用于获取用户输入的信息。使用 QInputDialog 的方法如下：

```
text, ok = QInputDialog.getText(None, "Input Dialog", "Enter your name:")
if ok:
    print(f"Your name is {text}")
```

上述代码中，getText 方法用于弹出一个输入对话框，第 1 个参数为父窗口，第 2 个参数为标题，第 3 个参数为提示信息。如果用户单击 OK 按钮，则返回输入的文本和 True；否则，返回空字符串和 False。

3. QFileDialog

QFileDialog 可以用于打开和保存文件。使用 QFileDialog 的方法如下：

```
filename, _ = QFileDialog.getOpenFileName(None, "Open File", "", "Text Files (*.txt);;All
Files (*)")
if filename:
    print(f"Filename is {filename}")
```

上述代码中，getOpenFileName 方法用于弹出一个打开文件对话框，第 1 个参数为父窗口，第 2 个参数为标题，第 3 个参数为默认目录，第 4 个参数为文件过滤器。如果用户选择了文件，则返回文件名和 True；否则，返回空字符串和 False。

4. QColorDialog

QColorDialog 可以用于选择颜色。使用 QColorDialog 的方法如下：

```
color = QColorDialog.getColor()
if color.isValid():
    print(f"Selected color: {color.name()}")
```

上述代码中，getColor 方法用于弹出一个颜色选择对话框。如果用户选择了颜色，则返回颜色对象；否则，返回无效的颜色对象。

5. QFontDialog

QFontDialog 可以用于选择字体。使用 QFontDialog 的方法如下：

```
font, ok = QFontDialog.getFont()
if ok:
    print(f"Selected font: {font.family()}, {font.pointSize()}pt")
```

上述代码中，getFont 方法用于弹出一个字体选择对话框。如果用户选择了字体，则返回字体对象和 True；否则，返回默认字体对象和 False。

6. QPrintDialog

QPrintDialog 类提供了一个打印对话框，用于选择打印机和打印选项。它的构造方法原型如下：

```
QPrintDialog(parent: QWidget = None, flags: Union[Qt.WindowFlags, Qt.WindowType] =
Qt.WindowFlags())
```

其中，parent 参数表示可选的 QWidget 对象，flags 参数表示可选的窗口标志。使用 QPrintDialog 类的方法如下：

```
printer = QPrinter(QPrinter.HighResolution)
dialog = QPrintDialog(printer)
if dialog.exec_() == QDialog.Accepted:
    # 打印文档
```

7. QProgressDialog

QProgressDialog 类提供了一个进度对话框，用于显示长时间运行的操作的进度。它的构造方法如下：

```
QProgressDialog(labelText: str, cancelButton: Union[QWidget, NoneType] = None, minimum:
int = 0, maximum: int = 100, parent: QWidget = None, flags: Union[Qt.WindowFlags,
Qt.WindowType] = Qt.WindowFlags())
```

其中，labelText 参数是进度对话框中显示的文本；cancelButton 参数是可选的 QWidget 对象，用于取消操作；minimum 和 maximum 参数分别是进度条的最小值和最大值；parent 参数是可选的 QWidget 对象；flags 参数是可选的窗口标志。使用 QProgressDialog 类的方法如下：

```
progress_dialog = QProgressDialog("Copying files...", "Cancel", 0, len(files), self)
progress_dialog.setWindowModality(Qt.WindowModal)
for i, file in enumerate(files):
    if progress_dialog.wasCanceled():
        break
    progress_dialog.setValue(i)
    # 复制文件
progress_dialog.close()
```

下面的例子完整地演示了这 7 种对话框的使用方法，单击相应的按钮，会有对应的对话框弹出，选择后，会在按钮下方的标签组件中看到选择的结果。

代码位置：src/gui/pyqt6/dialogs.py

```
import sys
from PyQt6.QtWidgets import *
```

```
from PyQt6.QtPrintSupport import QPrintDialog
class Example(QWidget):
    def __init__(self):
        super().__init__()

        self.initUI()

    def initUI(self):
        vbox = QVBoxLayout()

        # 添加4个按钮
        btn1 = QPushButton('QMessageBox', self)
        btn2 = QPushButton('QInputDialog', self)
        btn3 = QPushButton('QFileDialog', self)
        btn4 = QPushButton('QColorDialog', self)
        btn5 = QPushButton('QFontDialog', self)
        btn6 = QPushButton('QPrintDialog', self)
        btn7 = QPushButton('QProgressDialog', self)
        # 添加4个标签
        self.label1 = QLabel(self)
        self.label2 = QLabel(self)
        self.label3 = QLabel(self)
        self.label4 = QLabel(self)
        self.label5 = QLabel(self)
        self.label6 = QLabel(self)
        # 将4个标签添加到垂直布局中
        vbox.addWidget(btn1)
        vbox.addWidget(self.label1)
        vbox.addWidget(btn2)
        vbox.addWidget(self.label2)
        vbox.addWidget(btn3)
        vbox.addWidget(self.label3)
        vbox.addWidget(btn4)
        vbox.addWidget(self.label4)
        vbox.addWidget(btn5)
        vbox.addWidget(self.label5)
        vbox.addWidget(btn6)
        vbox.addWidget(self.label6)
        vbox.addWidget(btn7)

        # 连接4个按钮到槽函数
        btn1.clicked.connect(lambda: self.showMessageBox("messagebox"))
        btn2.clicked.connect(lambda: self.showInputDialog())
        btn3.clicked.connect(lambda: self.showOpenFileDialog())
        btn4.clicked.connect(lambda: self.showColorDialog())
        btn5.clicked.connect(lambda: self.showFontDialog())
        btn6.clicked.connect(lambda: self.showPrintDialog())
        btn7.clicked.connect(lambda: self.showProgressDialog())
        self.setLayout(vbox)
    # 显示消息对话框
    def showMessageBox(self, text):
```

```
        sender = self.sender()
        msgBox = QMessageBox()
        msgBox.setWindowTitle("Message Box")

        msgBox.setText(f"The {sender.text()} button has been pressed.")
        msgBox.setInformativeText(f"You selected {text}")
        msgBox.setStandardButtons(QMessageBox.StandardButton.Ok | QMessageBox.StandardButton.Cancel)
        msgBox.setDefaultButton(QMessageBox.StandardButton.Ok)
        ret = msgBox.exec()
        if ret == QMessageBox.StandardButton.Ok:
            self.label1.setText("ok")
        else:
            self.label1.setText("cancel")
    # 显示输入对话框
    def showInputDialog(self):
        ret = QInputDialog.getText(self, 'Input Dialog', 'Enter your name:')[0]
        self.label2.setText(ret)
    # 显示打开文件对话框
    def showOpenFileDialog(self):
        ret = QFileDialog.getOpenFileName(self)[0]
        self.label3.setText(ret)
    # 显示颜色对话框
    def showColorDialog(self):
        col = QColorDialog.getColor()
        if col.isValid():
            self.label4.setStyleSheet(f"background-color: {col.name()}")
    # 显示字体对话框
    def showFontDialog(self):
        font, okPressed = QFontDialog.getFont()
        if okPressed:
            self.label5.setText(font.toString())
    # 显示打印对话框
    def showPrintDialog(self):
        printDialog = QPrintDialog()
        if printDialog.exec() == QDialog.DialogCode.Accepted:
            self.label6.setText("Success")
    # 显示进度条对话框
    def showProgressDialog(self):
            progressDialog = QProgressDialog(self)
            progressDialog.setLabelText("Copying files...")
            progressDialog.setRange(0, 100)
            progressDialog.setValue(47)
            progressDialog.show()
if __name__ == '__main__':
    app = QApplication(sys.argv)
    ex = Example()
    ex.show()
    sys.exit(app.exec())
```

运行程序，会显示如图 3-11 所示的窗口。如果单击某一个按钮，会有相应的对话框弹出，完成选择（或输入）后，就会在对应按钮下方看到相应的内容。

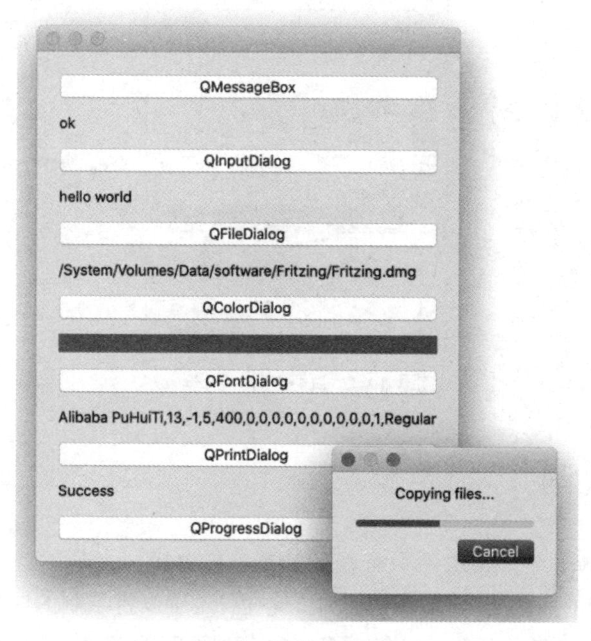

图 3-11　对话框示例

这 7 种对话框在 macOS、Windows 和 Linux 下的显示效果并不相同，但其功能是一样的。例如，图 3-12 是 macOS 的"打开文件"对话框。图 3-13 是 macOS 的"选择颜色"对话框。

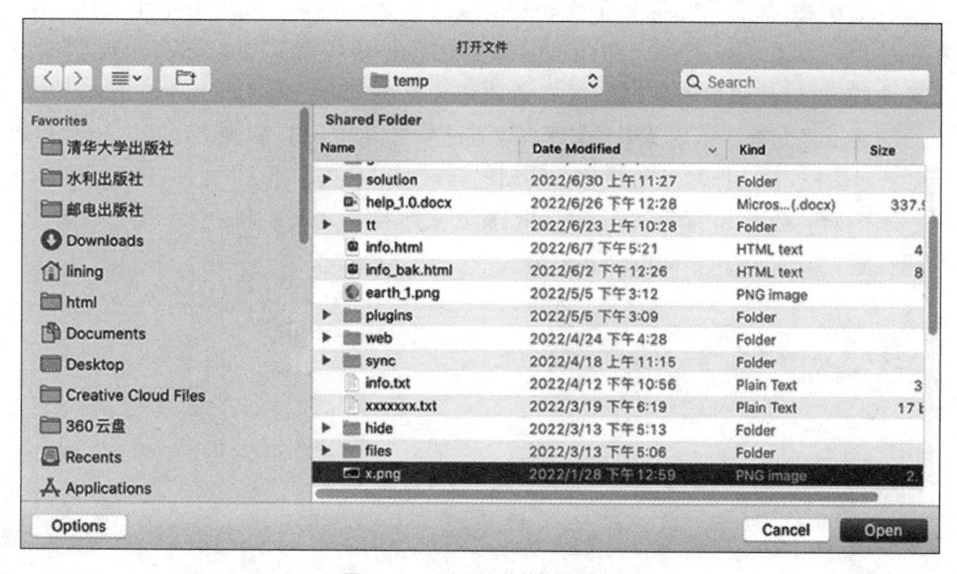

图 3-12　"打开文件"对话框

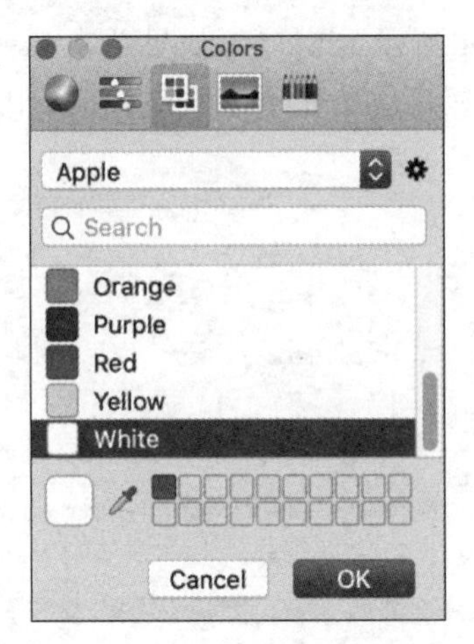

图 3-13 “选择颜色”对话框

3.11 自由绘画

本节会使用 Canvas 组件实现一个有趣的功能：自由绘画。基本功能是可以通过鼠标在窗口上画出任意平滑的曲线,并可以设置曲线的颜色,还可以将绘制的曲线保存成图像文件。

可以使用 PyQt6 的 QPainter 和 QPen 类来实现绘图功能。QPainter 类用于在 QWidget 组件上执行绘图操作,其功能类似于一个绘图工具,为大部分图形界面提供了高度优化的函数,使 QPainter 类可以绘制从简单的直线到复杂的图形等。QPen 类则用于设置画笔的颜色、宽度等属性。使用 QColorDialog 类来弹出“选择颜色”对话框,以设置画笔的颜色。可以在 QWidget 组件上重载 paintEvent 函数,并在该函数中使用 QPainter 类进行绘制。使用 mousePressEvent 和 mouseMoveEvent 函数来实现鼠标自由绘制线条。要实现平滑曲线,可以使用贝塞尔曲线或样条曲线等算法。

下面的例子将完整地实现这个绘图程序,通过单击窗口下方的“画笔颜色”按钮,可以弹出“选择颜色”对话框,并选择画笔的颜色。移动鼠标就可以在按钮下方的区域自由绘制曲线。单击“保存图像”按钮,会弹出“保存文件”对话框,输入文件名,就能将绘制的图形保存成图像文件。

代码位置：src/gui/pyqt6/drawing.py

```
import sys
from PyQt6.QtWidgets import *
from PyQt6.QtGui import *
from PyQt6.QtCore import *

class Window(QWidget):
    def __init__(self):
        super().__init__()
        self.setWindowTitle("画图程序")
        self.setGeometry(100, 100, 500, 500)
```

```
        self.setFixedSize(500, 500)
        layout = QVBoxLayout()
        self.setLayout(layout)
        self.pen_color = Qt.GlobalColor.black
        self.pen_width = 3
        self.canvas = QLabel()
        layout.addWidget(self.canvas)
        pixmap = QPixmap(500, 450)
        pixmap.fill(Qt.GlobalColor.white)
        self.canvas.setPixmap(pixmap)
        color_button = QPushButton("画笔颜色")
        color_button.clicked.connect(self.select_color)
        layout.addWidget(color_button, alignment = Qt.AlignmentFlag.AlignHCenter)

        save_button = QPushButton("保存图像")
        save_button.clicked.connect(self.save_image)
        layout.addWidget(save_button, alignment = Qt.AlignmentFlag.AlignHCenter)
        self.last_x, self.last_y = None, None
    # 选择颜色
    def select_color(self):
        color = QColorDialog.getColor(initial = self.pen_color)
        if color.isValid():
            self.pen_color = color
    # 鼠标移动时触发
    def mouseMoveEvent(self, e):
        if self.last_x is None:
            self.last_x = e.position().x()
            self.last_y = e.position().y()
            return
        pixmap = self.canvas.pixmap().copy()
        painter = QPainter(pixmap)
        pen = QPen(self.pen_color, self.pen_width, Qt.PenStyle.SolidLine, Qt.PenCapStyle.RoundCap,
                Qt.PenJoinStyle.RoundJoin)
        painter.setPen(pen)
        painter.drawLine(int(self.last_x - 15), int(self.last_y ), int(e.position().x() - 15),
int(e.position().y()))
        painter.end()
        self.canvas.setPixmap(pixmap)
        self.last_x = e.position().x()
        self.last_y = e.position().y()

    def mouseReleaseEvent(self, e):
        self.last_x = None
        self.last_y = None
    def save_image(self):
        file_name, _ = QFileDialog.getSaveFileName(self, "保存图像", "", "PNG Image ( * .png)")
        if file_name:
            self.canvas.pixmap().save(file_name)
app = QApplication(sys.argv)
window = Window()
window.show()
app.exec()
```

运行程序，在显示的窗口上绘制一些曲线，并设置画笔的颜色，效果如图 3-14 所示。

图 3-14　画图程序

3.12　图像旋转器

本节会通过 PyQt6 实现一个可以打开图像、旋转图像和保存旋转结果的项目。实现这个项目涉及如下 4 种技术。

- 打开图像；
- 显示图像；
- 旋转图像；
- 保存图像。

这 4 种技术可以完全通过 PyQt6 提供的 API 实现。

1. 打开图像

使用 QPixmap 对象可以打开图像文件，代码如下：

```
pixmap = QtGui.QPixmap('/resources/file.png')
```

2. 显示图像

可以使用 QLabel 组件显示图像，通过 QLabel.setPixmap 方法为标签组件指定 QPixmap 对象，代码如下：

```
image_label = QtWidgets.QLabel(self)
image_label.setPixmap(self.pixmap)
```

3. 旋转图像

使用 QTransform. rotate 方法可以设置图像的旋转角度。如果 rotate 方法的参数值是正数，为顺时针旋转；如果为负数，则为逆时针旋转。其实 QTransform. rotate 方法只是设置旋转角度，需要调用 QPixmap. transformed 方法，并传入 QTransform 对象，才会通过 QPixmap. transformed 方法返回旋转后的图像，最后再将旋转后的图像重新显示在 QLabel 组件上，代码如下：

```
# 顺时针旋转 40 度
transform = QtGui.QTransform().rotate(40)
pixmap = pixmap.transformed(transform)
image_label.setPixmap(pixmap)
```

4. 保存图像

通过 QPixmap. save 方法可以保存图像，代码如下：

```
pixmap = image_label.pixmap()
pixmap.save('/resources/myimage.png')
```

下面是这个例子的完整代码，单击"打开图像"按钮会弹出"打开图像"对话框，选择图像文件后，会在窗口下方显示该图像，如图 3-15 所示。单击"逆时针旋转"按钮，会弹出一个"输入文本"对话框，输入旋转角度后，图像会向逆时针旋转一定角度，如图 3-16 所示。"顺时针旋转"按钮也有类似的操作。最后，单击"保存图像"按钮，会弹出"保存图像"对话框，输入文件名后，会将旋转后的图像保存为新的图像文件。读者可以打开旋转后的图像，效果如图 3-17 所示。

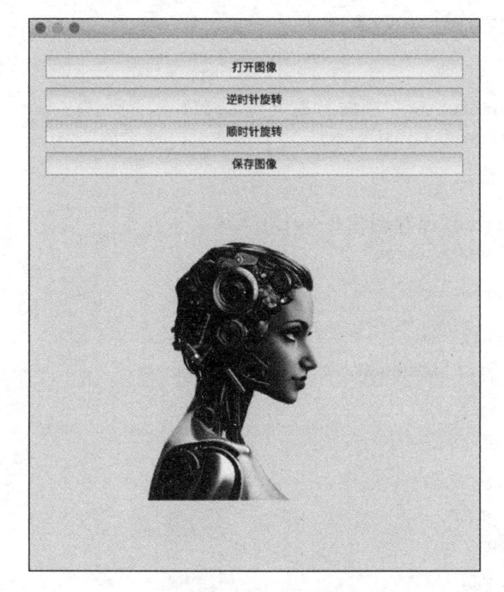

图 3-15　打开图像

图 3-16　逆时针旋转图像

图 3-17　旋转后的图像

代码位置：src/gui/pyqt6/rotate_image. py

```
import sys
from PyQt6 import QtWidgets, QtGui, QtCore
from PyQt6.QtWidgets import QFileDialog

class Window(QtWidgets.QWidget):
    def __init__(self):
        super().__init__()
        # 设置窗口大小
        self.resize(500, 500)

        # 创建打开图像按钮
        self.open_button = QtWidgets.QPushButton('打开图像', self)
        self.open_button.clicked.connect(self.open_image)

        # 创建逆时针旋转按钮
        self.rotate_ccw_button = QtWidgets.QPushButton('逆时针旋转', self)
        self.rotate_ccw_button.clicked.connect(self.rotate_ccw)

        # 创建顺时针旋转按钮
        self.rotate_cw_button = QtWidgets.QPushButton('顺时针旋转', self)
        self.rotate_cw_button.clicked.connect(self.rotate_cw)

        # 创建保存图像按钮
        self.save_button = QtWidgets.QPushButton('保存图像', self)
        self.save_button.clicked.connect(self.save_image)

        # 创建用于显示图像的组件
        self.image_label = QtWidgets.QLabel(self)
        self.image_label.setAlignment(QtCore.Qt.AlignmentFlag.AlignCenter)

        # 创建布局并添加组件
        layout = QtWidgets.QVBoxLayout(self)
        layout.addWidget(self.open_button)
        layout.addWidget(self.rotate_ccw_button)
        layout.addWidget(self.rotate_cw_button)
        layout.addWidget(self.save_button)
        layout.addWidget(self.image_label)
```

```
    def open_image(self):
        # 打开文件对话框选择图像文件
        file_name, _ = QFileDialog.getOpenFileName(self, '打开图像', '', '图像文件 (*.png
*.jpg *.jpeg *.bmp)')

        if file_name:
            # 加载并显示图像
            self.pixmap = QtGui.QPixmap(file_name)
            self.image_label.setPixmap(self.pixmap)

    def rotate_ccw(self):
        # 弹出输入对话框获取旋转角度
        angle, ok = QtWidgets.QInputDialog.getInt(self, '逆时针旋转', '输入旋转角度(度)')
        if ok:
            # 逆时针旋转图像并显示结果
            transform = QtGui.QTransform().rotate(-angle)
            pixmap = self.pixmap.transformed(transform)
            self.image_label.setPixmap(pixmap)
    def rotate_cw(self):
        # 弹出输入对话框获取旋转角度
        angle, ok = QtWidgets.QInputDialog.getInt(self, '顺时针旋转', '输入旋转角度(度)')
        if ok:
            # 顺时针旋转图像并显示结果
            transform = QtGui.QTransform().rotate(angle)
            pixmap = self.pixmap.transformed(transform)
            self.image_label.setPixmap(pixmap)
    def save_image(self):
        # 打开保存文件对话框选择保存位置
        file_name, _ = QFileDialog.getSaveFileName(self, '保存图像', '', 'PNG 图像
(*.png);;JPEG 图像 (*.jpg *.jpeg);;BMP 图像 (*.bmp)')
        if file_name:
            # 保存图像
            pixmap = self.image_label.pixmap()
            pixmap.save(file_name)
if __name__ == '__main__':
    app = QtWidgets.QApplication(sys.argv)
    window = Window()
    window.show()
    sys.exit(app.exec())
```

3.13 点对点聊天

点对点聊天的关键点就是建立两端的通信，Python 通过 Socket 在两台机器之间建立连接和互相传递文本数据的基本步骤如下。

(1) 一台机器作为服务器端，创建一个 Socket 对象，绑定一个 IP 地址和端口号，然后调用 listen 方法开始监听客户端的连接请求。

示例代码如下：

```
s = socket.socket()                  # 创建 socket 对象
host = socket.gethostname()          # 获取本机名称
port = 12345                         # 设置端口号
s.bind((host, port))                 # 绑定 IP 地址和端口号
s.listen(1)                          # 开始监听客户端连接请求，最多允许一个连接
```

(2) 另一台机器作为客户端，创建一个 Socket 对象，指定服务器端的 IP 地址和端口号，然后调用 connect 方法尝试连接服务器。

示例代码如下：

```
s = socket.socket()                  # 创建 socket 对象
host = '192.168.1.100'               # 设置服务器端的 IP 地址
port = 12345                         # 设置服务器端的端口号
s.connect((host, port))              # 尝试连接服务器
```

(3) 如果连接成功，服务器端的 Socket 对象会返回一个新的 Socket 对象，用于与客户端进行通信。客户端的 Socket 对象也可以与服务器端的新 Socket 对象进行通信。

(4) 通信过程中，可以使用 send 和 recv 方法发送和接收文本数据。也可以使用 sendall 和 makefile 方法发送和接收大量数据。

发送数据示例代码如下：

```
s.send('hello world')                # 将内容编码后发送给客户端
```

接收数据示例代码如下：

```
while True:                          # 循环接收消息
    data = s.recv(1024)              # 接收客户端发送的数据，最多 1024 字节
    if data:                         # 如果接收到数据
        s = data.decode()            # 在文本框中显示客户端发送的消息
        print(s)
    else:                            # 如果没有接收到数据
        break                        # 跳出循环
```

(5) 通信结束后，可以使用 close 方法关闭 Socket 对象。

示例代码如下：

```
s.close()                    #关闭 socket 对象
```

下面的例子会实现一个点对点的聊天程序，在窗口上方大部分区域是一个列表组件，用于显示聊天记录和状态信息。最下方从左到右分别是文本输入框、"发送"按钮和"连接"按钮。单击"连接"按钮，会弹出 IP 输入框，输入 IP 后，如果连接成功，会在另一台机器上同样程序的列表组件一开始显示连接成功信息。如果两台机器的点对点聊天程序连接成功，可以在文本输入框中要发送的内容，然后单击"发送"按钮，将输入的内容发送到另一台机器的聊天程序中，并在列表中显示，效果如图 3-18 所示。

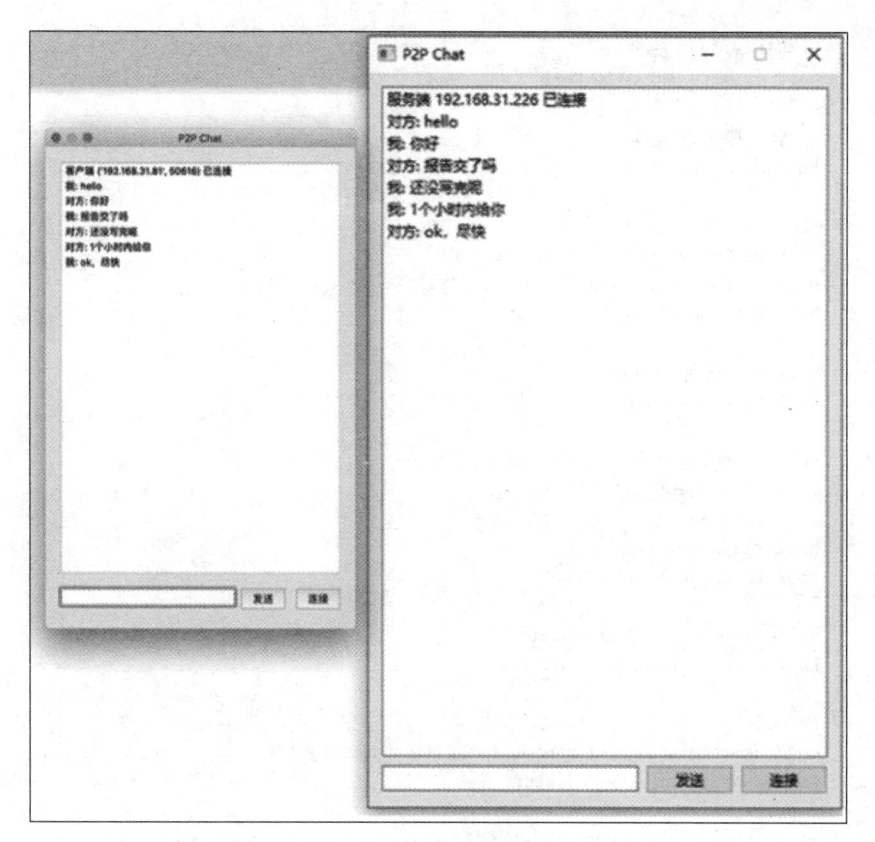

图 3-18　点对点聊天

代码位置：src/gui/pyqt6/p2pchat. py

```
import sys
import socket
from PyQt6.QtWidgets import *
from PyQt6.QtNetwork import QTcpServer, QTcpSocket
import threading
class ChatWindow(QWidget):
    def __init__(self):
        super().__init__()
        self.initUI()
        # 创建服务端 socket
        self.server_socket = socket.socket(socket.AF_INET, socket.SOCK_STREAM)
        # 获取本机 ip 地址
        self.host_ip = socket.gethostbyname(socket.gethostname())
        # 设置通信端口号
        self.port = 8888
        # 绑定 ip 地址和端口号
        self.server_socket.bind((self.host_ip, self.port))
        # 开始监听客户端连接请求
        self.server_socket.listen()
```

```
        # 创建客户端 socket
        self.client_socket = None

        # 启动服务端线程
        threading.Thread(target = self.start_server).start()

    def initUI(self):
        self.setGeometry(300, 300, 400, 700)
        self.setFixedSize(400, 600)
        self.setWindowTitle('P2P Chat')

        vbox = QVBoxLayout()
        self.setLayout(vbox)

        self.listWidget = QListWidget()
        vbox.addWidget(self.listWidget)

        hbox = QHBoxLayout()
        vbox.addLayout(hbox)

        self.lineEdit = QLineEdit()
        hbox.addWidget(self.lineEdit)

        connectButton = QPushButton('发送')
        connectButton.clicked.connect(self.send_message)
        hbox.addWidget(connectButton)

        sendButton = QPushButton('连接')
        sendButton.clicked.connect(self.connect_to_server)
        hbox.addWidget(sendButton)
    def start_server(self):
        # 等待客户端连接
        self.client_socket, address = self.server_socket.accept()
        # 显示客户端地址
        self.listWidget.addItem( f"客户端 {address} 已连接")
        # 接收客户端消息
        self.receive_message()

    def connect_to_server(self):
        ip, ok = QInputDialog.getText(self, '连接', '请输入服务端的 ip 地址')
        if ok:
            try:
                # 创建客户端 socket
                self.client_socket = socket.socket(socket.AF_INET, socket.SOCK_STREAM)
                # 连接到服务端 socket
                self.client_socket.connect((ip, self.port))
                # 显示服务端地址
                self.listWidget.addItem(f"服务端 {ip} 已连接")
                # 接收服务端消息
                threading.Thread(target = self.receive_message).start()
```

```
            except:
                # 显示连接失败的信息
                self.listWidget.addItem(f"无法连接到 {ip}")
    def send_message(self):
        # 获取文本输入框中的文本
        message = self.lineEdit.text()
        # 如果文本不为空
        if message:
            try:
                # 通过 socket 发送文本给对方
                self.client_socket.send(message.encode('utf-8'))
                # 在聊天记录中显示自己发送的消息
                self.listWidget.addItem( f"我：{message}")
                # 清空文本输入框中的文本
                self.lineEdit.clear()
            except:
                # 显示发送失败的信息
                self.listWidget.addItem(f"无法发送消息")
    def receive_message(self):
        while True:
            try:
                # 从 socket 中接收对方发送的消息
                message = self.client_socket.recv(1024).decode()
                # 如果消息不为空
                if message:
                    # 在聊天记录中显示对方发送的消息
                    self.listWidget.addItem(f"对方：{message}")
            except:
                # 显示接收失败的信息
                self.listWidget.addItem(f"无法接收消息")
                break
if __name__ == '__main__':
    app = QApplication(sys.argv)
    chatWindow = ChatWindow()
    chatWindow.show()
    sys.exit(app.exec())
```

本例需要在两台机器上运行，在其中一台机器上单击“连接”按钮，会弹出输入 IP 对话框；输入 IP 后，如果 IP 是正确的，会成功连接到另一台机器运行的点对点聊天程序，然后就可以进行聊天了。

3.14　小结

PyQt6 是目前最流行的 Python GUI 工具包，而且功能相当强大。PyQt6 中不仅提供了与 GUI 相关的 API，还提供了很多非 GUI 的 API。例如，QtMultimedia 提供了与多媒体相关的 API；QtSql 提供了与数据库相关的 API；QtWebSockets 提供了与 WebSocket 相关的 API。在本书后面的部分，还会有多处使用 PyQt6 以及其他第三方库创建各种有趣的应用。因此，学好 PyQt6 是能否顺利理解这些案例的基础。

第 4 章

代码魔法：释放 ChatGPT 的“神力”

阿拉丁神灯的故事相信大家都知道，尤其是那盏神灯！不过现在有了 ChatGPT，这让每个人都可能成为阿拉丁。

本章将会向读者展示 ChatGPT 的魔法之一——生成代码。就光这一项技能，足以让世人震惊。当然，如果你完全融入 ChatGPT 的世界，那么魔法将会伴随你终生！

4.1 走近 ChatGPT

本节主要介绍了 ChatGPT 的相关内容，包括 ChatGPT 的发展历程、涉及的技术，以及与 ChatGPT 相关的产品等。通过本节的内容，读者可以大体了解什么是 ChatGPT，以及 ChatGPT 与程序员的关系。

4.1.1 AIGC 概述

AIGC（AI-Generated Content，AI 生成内容）是指基于生成对抗网络（GAN）、大型预训练模型等人工智能技术的方法，通过对已有数据进行学习和模式识别，以适当的泛化能力生成相关内容的技术。AIGC 技术可以用于生成各种类型的内容，如文字、图像、音频等。

AIGC 的目标是超越传统的弱人工智能系统——这些系统通常专注于解决特定任务或处理特定领域的问题。相反地，AIGC 旨在实现一种通用智能，能够在多个领域中学习、推理和执行任务，类似于人类的能力。

AIGC 技术的应用领域非常广泛，包括游戏开发、数据分析、计算机图形学、自动控制等。一些使用 AIGC 技术的产品或应用如下。

（1）自动编写代码：是指利用人工智能技术，根据用户的需求或描述，自动生成相应的代码。自动编写代码可以帮助程序员提高编码效率和质量，减少错误和重复工作，以及学习新的编程技能。自动编写代码的主要方法是使用生成式 AI 技术，如生成对抗网络、变分自编码器（VAE）和自回归模型（Autoregressive Model）等。这些技术可以在大型代码库上进行训练，并使用机器学习算法生成与训练数据相似的新代码。与自动编写代码相关的特性包括代码生成、代码优化、代码注释、代码转换等。

（2）游戏开发：AIGC 技术可以用于生成游戏中的角色、场景、任务、剧情等内容，以提高游戏的丰富性和可玩性。例如，Unity Machine Learning Agents 是一个人工智能工具包，可以用于开发具有智能性的游戏和虚拟环境。

（3）数据分析：AIGC 技术可以用于生成数据集、数据报告、数据可视化等内容，提高数据的质量和价值。例如，OpenAI Codex 是一个可以根据自然语言描述生成代码的程序，可以用于数据分析和处理。

（4）计算机图形学：AIGC 技术可以用于生成图像、视频、动画等内容，提高图形的美观和真实性。例如，Stable Diffusion 是一个可以根据文字提示和风格类型生成图像的平台。

（5）自动控制：AIGC 技术可以用于生成控制策略、控制信号、控制系统等内容，提高控制的效率和性能。例如，AlphaGo 是一个可以下围棋的人工智能程序，它使用了深度学习和强化学习等 AIGC 技术。

AIGC 技术具有一些明显的优势和不足，概述如下。

1. 优势

（1）自动化和效率：AIGC 技术能够自动生成大量内容，可以提高生产效率。相对于传统的人工创作方式，AIGC 可以在短时间内生成大量内容，节省了人力资源和时间成本。

（2）创新和灵感：AIGC 技术能够生成新颖和有趣的内容，可以提高创新性。AIGC 可以根据不同的条件或指导生成与之相关的内容，为用户提供更多选择、更多灵感和更多可能性。

（3）个性化和定制化：AIGC 技术能够根据用户的喜好和需求生成个性化和定制化的内容，可以提高满意度。AIGC 可以根据用户输入的关键词、描述或样本生成与之相匹配的内容，并根据用户对中间结果的反馈进行调整。

2. 不足

（1）数据质量和隐私：AIGC 技术依赖于大量数据进行训练和生成，这可能导致数据质量和隐私方面的问题。数据质量方面，如果训练数据存在噪声、偏差或不完整等问题，则可能影响生成内容的质量和准确性。数据隐私方面，如果训练数据涉及个人或机构的敏感信息，则可能存在泄露或滥用的风险。

（2）原创性和创新性：AIGC 技术基于现有的数据信息进行内容生产，因此输出的内容容易缺乏原创性和创新性。AIGC 技术很难生成超越现有数据范围的、新颖而有趣的内容，也很难反映出人类的情感和个性。

（3）版权和伦理：AIGC 技术生成的内容可能涉及版权和伦理方面的问题。版权方面，如果 AIGC 技术生成的内容侵犯了他人的版权，或者与他人的作品相似，则可能引起法律纠纷。伦理方面，如果 AIGC 技术生成的内容违反了社会道德或公序良俗，则可能引发争议。

4.1.2 目前有哪些 AIGC 的落地案例

随着 ChatGPT 的问世，国内外在短时间内涌现出大量的 AIGC 落地案例。

（1）ChatGPT：ChatGPT 是由 OpenAI 公司开发的一款人工智能聊天机器人，能够与人类进行自然对话，并根据聊天的上下文进行互动。ChatGPT 的英文全称是 Chat Generative Pre-trained Transformer，意思是聊天生成预训练变换器。ChatGPT 的优点是它能够生成流畅和有逻辑的对话，承认错误，拒绝不恰当的请求等。ChatGPT 还能够根据自然语言描述生成代码、邮件、视频脚本、文案、译文、论文等内容。

(2) New Bing：微软公司推出的一款新型搜索引擎，它可以根据用户用自然语言输入的问题，得出完整的答案。New Bing 不仅可以提供网页搜索结果，还可以提供引用、聊天和创作等功能。

(3) Claude：由 Anthropic 公司开发的一款人工智能平台，可以执行各种对话和文本处理任务，同时保持高度的可靠性和可预测性。Claude 可以根据用户输入的关键词或主题，自动生成相关的文章或段落。Claude 还可以根据用户反馈进行自我学习和优化，提高生成内容的质量和相关性。

(4) Bard：由谷歌公司开发的一款实验性的人工智能服务，可以让用户与生成式 AI 进行协作。Bard 可以帮助用户提高生产力、加速想象和激发好奇心。Bard 可以根据用户输入的文字提示或样本，自动生成相关的代码、邮件、视频脚本、文案、译文、论文等内容。Bard 还可以根据用户反馈进行调整和优化，提高生成内容的质量和满意度。

(5) 文心一言：由百度公司开发的一款人工智能写作平台，能够根据用户输入的关键词或主题，自动生成相关的文章或段落。百度文心一言的英文全称是 Baidu Wenxin Yiyuan，意译为 Baidu Heart of Writing One Sentence。百度文心一言的优点是能够快速地生成各种类型和风格的文本内容，如新闻、故事、诗歌、广告等，并且能适应多种语言和领域。

4.1.3 什么是 ChatGPT

ChatGPT 是一款人工智能聊天机器人，由 OpenAI 公司开发和发布。它可以与用户进行自然对话，并根据聊天的上下文进行互动。ChatGPT 的创始人是 OpenAI 公司的 CEO 和联合创始人 Sam Altman。Sam Altman 是一位知名的技术企业家和投资者，曾经担任 Y Combinator 的总裁，并参与了多个知名的科技项目，如 Airbnb、Dropbox、Stripe 等。Sam Altman 于 2015 年与 Elon Musk、Peter Thiel、Ilya Sutskever 等人共同创立了 OpenAI 公司，这是一家致力于推进人类进步的人工智能研究和部署的公司。

ChatGPT 的发展历程可以追溯到 OpenAI 早期的语言模型项目，如 GPT、GPT-2 和 GPT-3 等。这些语言模型都是基于大规模的文本数据进行训练，能够生成与训练数据相似的新文本。ChatGPT 在 GPT-3.5 和 GPT-4 的基础上进行了微调，以适应对话应用的需求。ChatGPT 使用了监督学习和强化学习等技术，利用人类反馈来提高模型的性能和安全性。

ChatGPT 于 2022 年 11 月 30 日正式发布，没有进行任何宣传，但很快在社交媒体上引起了广泛关注和讨论。在发布后的 5 天内，ChatGPT 就吸引了超过一百万的用户，并展示了它在各种领域的应用价值，如写作、编程、学习等。2023 年 1 月，OpenAI 公司与微软公司扩大了长期合作关系，并宣布了数十亿美元的投资计划，以加速全球范围内的人工智能领域的突破。2023年2月1日，OpenAI公司推出了ChatGPT Plus，这是一种付费订阅计划，可以为用户提供更快速、更安全、更有用的回复。

ChatGPT Plus是基于GPT-4模型的服务，相比免费版的ChatGPT（基于GPT-3.5模型），它具有以下优势。

(1) 更高的准确性：GPT-4模型具有更广泛的常识和问题解决能力，可以更准确地回答复杂和困难的问题。

(2) 更高的创造性：GPT-4模型具有更强大的生成能力和协作能力，可以更好地生成、编辑和迭代各种创意和技术写作任务，如创作歌曲、编写剧本或学习用户的写作风格。

(3) 更高的安全性：OpenAI公司花费了6个月时间来提高GPT-4模型的安全性和一致性，比GPT-3.5模型更不容易产生不良或不合适的内容，并且更能够生成符合事实的回复。

4.1.4　ChatGPT vs New Bing

微软公司的New Bing也是基于GPT-4模型的，但有别于ChatGPT Plus，它们的主要差异如下。

(1) 功能和定位：ChatGPT是一个人工智能聊天机器人，主要提供基于GPT-4.0的智能聊天体验。ChatGPT可以与用户进行自然对话，并根据聊天的上下文进行互动。ChatGPT还可以根据用户输入的文字提示或样本，自动生成相关的代码、邮件、视频脚本、文案、译文、论文等内容。New Bing则是一个新型搜索引擎，可以让用户直接输入自然语言的问题，并给出完整的答案。New Bing不仅可以提供网页搜索结果，还可以提供引用、聊天和创作等功能。New Bing还可以根据用户输入的关键词或主题，自动生成相关的文章或段落。

(2) 版本和性能：ChatGPT使用了OpenAI公司最新发布的GPT-4.0模型，这是目前最先进的语言模型之一。GPT-4.0模型具有更广泛的常识和问题解决能力，能够生成更准确和更具创造性的内容。New Bing则使用了一个测试版本的GPT-4.0模型，这是一个尚未正式发布的版本。测试版本的GPT-4.0模型可能存在一些不稳定或不完善的地方，导致生成内容的质量和准确性有所下降。经过测试，单从代码生成来看，New Bing在生成复杂代码时，的确错误比较多，甚至还不如ChatGPT免费版。

(3) 数据和安全：ChatGPT目前还不能实时地从网络上获取数据[①]，只能依赖模型中已经存储的数据进行生成。这使得ChatGPT在实时性较弱的场景下具有劣势。New Bing则可以实时地从网络上获取数据，并为生成内容提供来源和引用。这使得New Bing在实时性较强的场景下具有优势。另外，ChatGPT花费了6个月时间来提高模型的安全性和一

---

① 在2023年5月，OpenAI为ChatGPT Plus版本推出了插件功能，包括可以联网的插件，使得ChatGPT Plus可以获得最新的数据，但这仍然属于补丁形式的解决方案。在未来，ChatGPT Plus应该会像New Bing一样，可以实时从网络获取最新的数据。

致性，使得它比以前的版本更不容易产生不良或不合适的内容，并且更能够生成符合事实的回复。New Bing 则没有明确说明它对模型安全性和一致性方面做了哪些改进或措施。

总之，ChatGPT 和 New Bing 都是基于生成式 AI 技术的产品或服务，都可以根据用户输入的自然语言，生成相关的回复或内容，但是它们在功能和定位、版本和性能、数据和安全等方面有着明显的差异。

4.1.5 ChatGPT Plus

ChatGPT Plus 是 ChatGPT 的收费版本，据说 ChatGPT Plus 解决问题的能力已经达到了博士水准，而且基于全人类已经公开的知识，所以 ChatGPT Plus 的知识非常渊博，它还可以 24 小时不间断为你提供服务，那么你知道 ChatGPT Plus 有哪些主要的功能吗？

ChatGPT Plus 的功能包括以下几方面。

(1) 编程：ChatGPT Plus 可以根据用户输入的自然语言描述或样本，自动生成相关代码，如 Python、Java、C++等。ChatGPT Plus 还可以根据用户反馈进行调整和优化，提高生成代码的质量和性能。ChatGPT Plus 可以帮助用户提高编程效率和质量，减少错误和重复工作，以及学习新的编程技能。经过积累 ChatGPT Plus 的使用经验，用户还可以解锁更多新技能。例如，有一段 Python 的代码，要转换成功能完全相同的 Java 和 Go 代码，或者给出一段 Rust 语言的代码，想知道这段代码可能存在什么缺陷，ChatGPT Plus 大多能给出满意的答案。

(2) 写作：曾几何时，极少数人才能成为作家，写小说、散文并不容易，也只有少数人可以做到，不过 ChatGPT Plus 使"人人成为作家"成为可能。ChatGPT Plus 可以根据用户输入的关键词或主题，自动生成相关的文章或段落，如新闻、故事、诗歌、广告等。ChatGPT Plus 还可以根据用户反馈进行调整和优化，提高生成文本的质量和适应性。ChatGPT Plus 可以帮助用户提高写作效率和创造力，节省时间和精力，以及激发灵感，甚至可以用 ChatGPT Plus 改写文章，以及审核文章，看看哪里有错别字或者不合适的描述。ChatGPT Plus 不是简单、机械地根据文字本身去审核，而是基于对语义甚至语境的理解去审核，所以效果比普通 AI 审核更好。

(3) 音乐：ChatGPT Plus 可以根据用户输入的音乐风格或样本，自动生成相关的音乐作品。ChatGPT Plus 还可以根据用户反馈进行调整和优化，提高生成音乐的质量和满意度。ChatGPT Plus 可以帮助用户生成新颖和有趣的音乐，将为音乐产业的发展带来新的机遇和挑战。

(4) 视频：ChatGPT Plus 可以根据用户输入的视频类型或样本，自动生成相关的视频内容，如电影、动画、纪录片等。ChatGPT Plus 还可以根据用户反馈进行调整和优化，提高生成视频的质量和真实性。ChatGPT Plus 可以帮助用户生成新颖和有趣的视频，将为视频产业的发展带来新的机遇和挑战。

(5) 图像：ChatGPT Plus 可以根据用户输入的图像类型或样本，自动生成相关的图像内容，如人物、风景、动物等。ChatGPT Plus 还可以根据用户反馈进行调整和优化，提高生成图像的质量和美观性。ChatGPT Plus 可以帮助用户创造新颖和有趣的图像，并为图像产业的发展带来新的机遇和挑战。

(6) 支持插件：ChatGPT Plus 支持与其他平台或服务进行集成，如微软公司的 Office、谷歌公司的 Docs、Slack 等。这些插件可以让用户在使用这些平台或服务时，方便地调用 ChatGPT Plus 来生成或编辑内容。这些插件可以提高用户在各个领域的效率和生产力。

(7) ChatGPT 可以在任何浏览器中使用，而 New Bing 只能在微软公司的 Edge 浏览器中使用。

4.1.6 有了 ChatGPT，程序员真的会失业吗

自从 ChatGPT 发布以来，关于“ChatGPT 会造成失业率升高”的声音一直不绝于耳。不过，ChatGPT 在大多数领域，的确是真的很酷啊！以编程为例，如果用户描述得当，ChatGPT 会为我们准确生成各种语言的源代码，的确可以加快开发的速度，但这些代码仍然需要人工审核以及人工调优，所以用 ChatGPT 编程的人本身就要是编程高手，对于某些能力很强的程序员来说，他并不会因为 ChatGPT 而失业，反而会让自己更强大。

不过，ChatGPT 的出现肯定会导致另外一个问题：仍然处于初级阶段和刚大学毕业的程序员可能会找不到工作。在没有 ChatGPT 的时候，一个项目组可能需要有一两个高手，以及若干名初级和中级的程序员，编一些难度不大但比较费时的代码。这类工作通常是由这些人来做的，而那些高手通常编写比较有难度的代码，以及审核这些初级和中级程序员写的代码。现在有了 ChatGPT，那些基础的代码完全可以交给 ChatGPT 来做，高级程序员则可以从事审核代码，以及编写更复杂代码的工作。在这个场景中，就不再需要初级和中级程序员了。所以，在未来，有可能高级程序员会利用 ChatGPT 以及其他 AIGC 产品大幅度提升自己的工作效率，而那些初级和中级程序的存在就显得没那么必要了，至少不再需要那么多人了。

同时，ChatGPT 也同样会产生大量新的工作岗位，如 ChatGPT 擅长代码自动补全、代码格式化等辅助性工作，但稍复杂的如程序设计、系统架构、问题诊断等工作仍然需要程序员完成。ChatGPT 生成的代码质量无法保证，还无法处理复杂的业务逻辑，所以生成的代码通常需要程序员核查与修订，然后才能使用。程序员的工作会从创造性转向验证性，成为 AI 的监督者。新的 AI 技术也会不断产生新的工作岗位，如 AI 架构师、数据科学家、AI 安全工程师等，这需要相关程序员与专家来担任。

尽管 ChatGPT 会创造更多就业岗位，但这些岗位基本上都要依赖 ChatGPT 来完成，就像现在的电脑一样，不管是做什么工作，都要使用电脑。如果现在有人还不会使用电脑，那基本上大部分工作都不适合他。

4.2 注册和登录 ChatGPT

第一次使用 ChatGPT 时，需要打开网址 **https://chat.openai.com**，并注册 ChatGPT 账

户。进到该页面后,会看到如图 4-1 所示的内容。

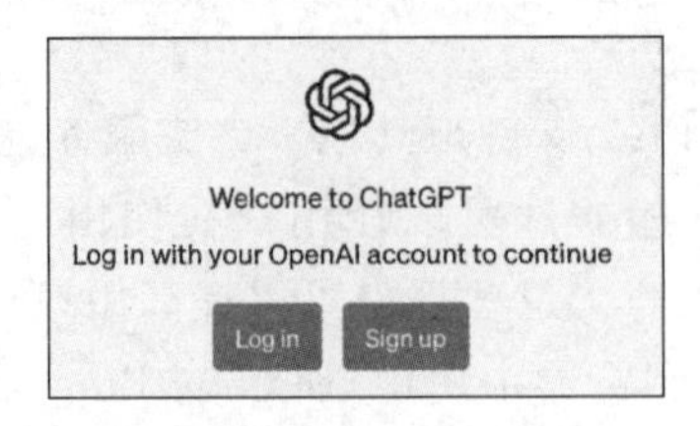

图 4-1　ChatGPT 的欢迎页面

单击 Sign up 按钮进入注册页面,如图 4-2 所示。在文本框中输入 Email,或使用 Gmail、微软账户、苹果账户进行注册,推荐使用 Gmail。

创建账户后,单击 Continue 按钮,会显示如图 4-3 所示的页面,要求输入姓名和生日,如图 4-3 所示。

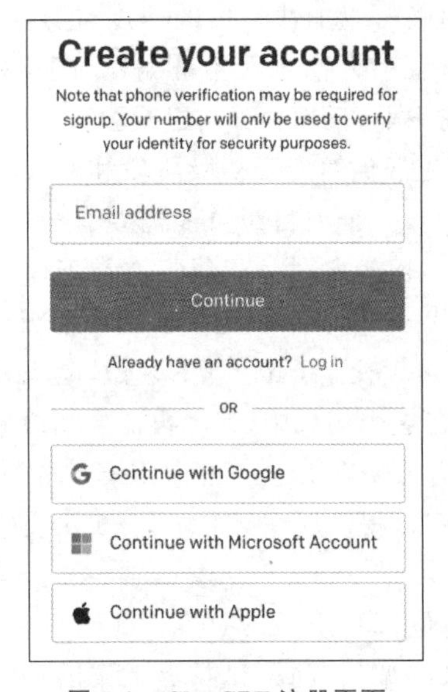

图 4-2　ChatGPT 注册页面

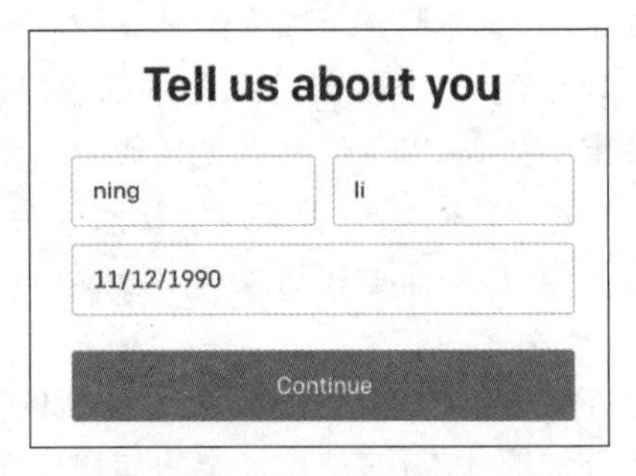

图 4-3　个人信息页

单击 Continue 按钮,进入下一个页面,如图 4-4 所示。在该页面输入一个用于接收验证码的手机号,输入之后单击 Send code 按钮进入下一个页面。

如果手机成功接收到短信,那么在如图 4-5 所示的页面中输入 6 位验证码。

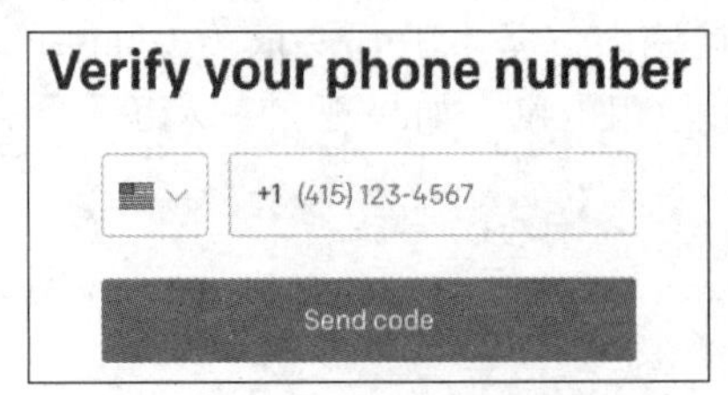

图 4-4　输入手机号

图 4-5　输入验证码

如果验证码通过，就会直接进入 ChatGPT 的聊天首页，如图 4-6 所示。现在可以和 ChatGPT 打个招呼了。

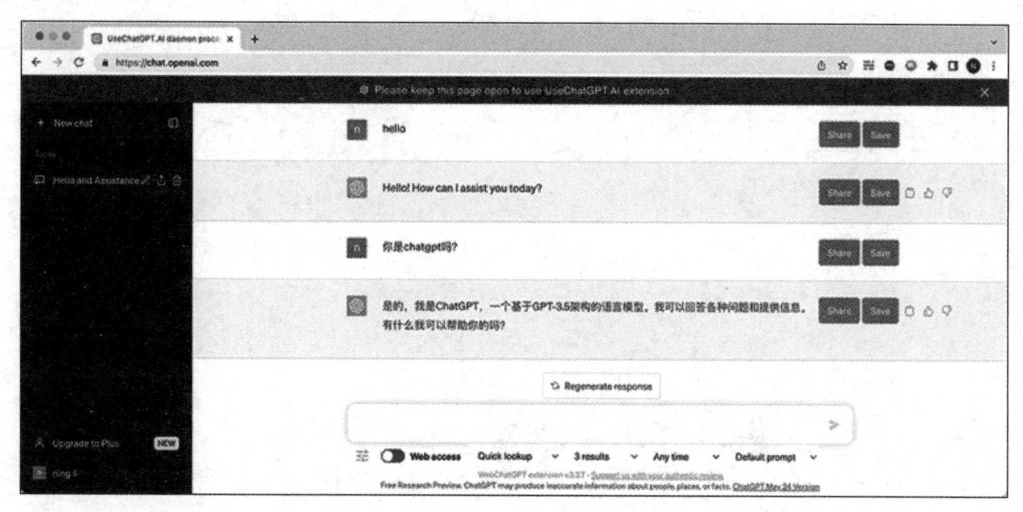

图 4-6　ChatGPT 的聊天页面

到现在为止，我们已经完成了 ChatGPT 的注册，下回再使用 ChatGPT，除非清空浏览器的 Cookie 或退出 ChatGPT 账户，否则会直接接入图 4-6 所示的聊天页面。在注册和使用 ChatGPT 的过程中，可能会涉及 IP、电话号、信用卡等问题。

4.3　让 ChatGPT 帮你写程序

对于程序员来说，最想尝试的可能就是让 ChatGPT 帮忙写程序，那么现在就来试试吧！在 ChatGPT 下方的文本框中输入下面的内容：

用 Python 编写一个堆排序程序，并给出测试案例

等 1～2s，ChatGPT 就会给出相关的代码，如图 4-7 所示。

ChatGPT 生成的完整代码（单击代码区域右上角的 Copy code 按钮，即可复制生成的代码到剪贴板）如下：

```
def heapify(arr, n, i):
    largest = i
    left = 2 * i + 1
    right = 2 * i + 2

    if left < n and arr[i] < arr[left]:
        largest = left

    if right < n and arr[largest] < arr[right]:
        largest = right
```

```
    if largest != i:
        arr[i], arr[largest] = arr[largest], arr[i]
        heapify(arr, n, largest)

def heapSort(arr):
    n = len(arr)

    for i in range(n // 2 - 1, -1, -1):
        heapify(arr, n, i)

    for i in range(n - 1, 0, -1):
        arr[i], arr[0] = arr[0], arr[i]
        heapify(arr, i, 0)

# 测试案例
arr1 = [4, 10, 3, 5, 1]
heapSort(arr1)
print("排序结果:", arr1)                # 输出: [1, 3, 4, 5, 10]

arr2 = [7, 2, 9, 1, 6]
heapSort(arr2)
print("排序结果:", arr2)                # 输出: [1, 2, 6, 7, 9]

arr3 = [5, 8, 2, 1, 0]
heapSort(arr3)
print("排序结果:", arr3)                # 输出: [0, 1, 2, 5, 8]
```

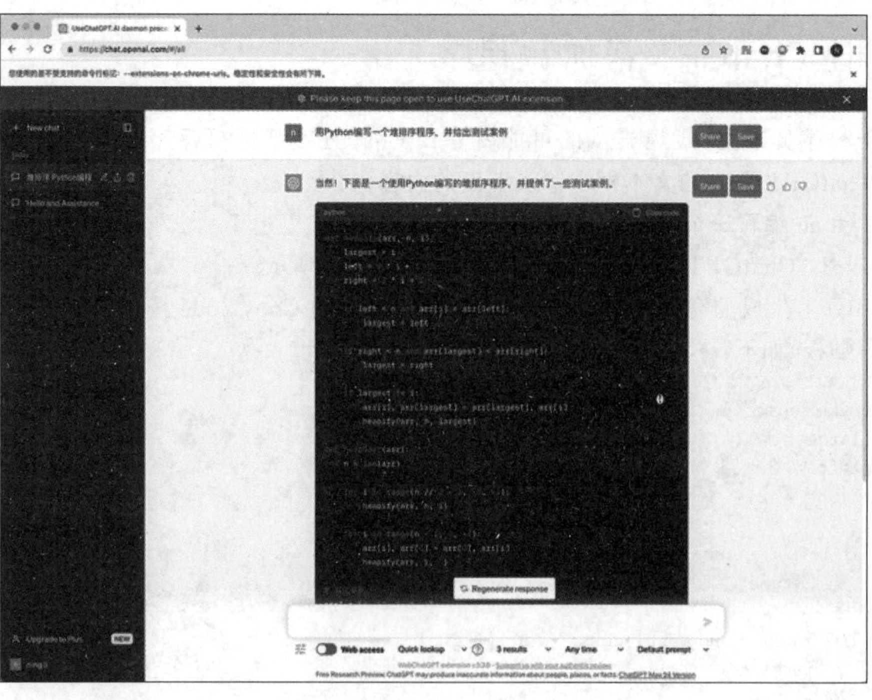

图 4-7　ChatGPT 编写 Python 代码

用Python执行这段代码，能成功地将测试用例中的3个列表中的元素从小到大进行排序，输出的结果如下：

```
排序结果：[1, 3, 4, 5, 10]
排序结果：[1, 2, 6, 7, 9]
排序结果：[0, 1, 2, 5, 8]
```

4.4　聊天机器人

代码位置：src/chatgpt/chatbot.py

4.3节介绍了如何让ChatGPT编写Python程序，不过这只是将ChatGPT作为工具使用，实际上ChatGPT还有一种运行方式，那就是ChatGPT API。通过ChatGPT API，用户可以将ChatGPT嵌入绝大多数编程语言中，例如Python、Java、C++、JavaScript、Go等。本节就使用Python和PyQt6，并利用ChatGPT API实现一款聊天机器人，并且使之可以记录聊天记录，效果如图4-8所示。

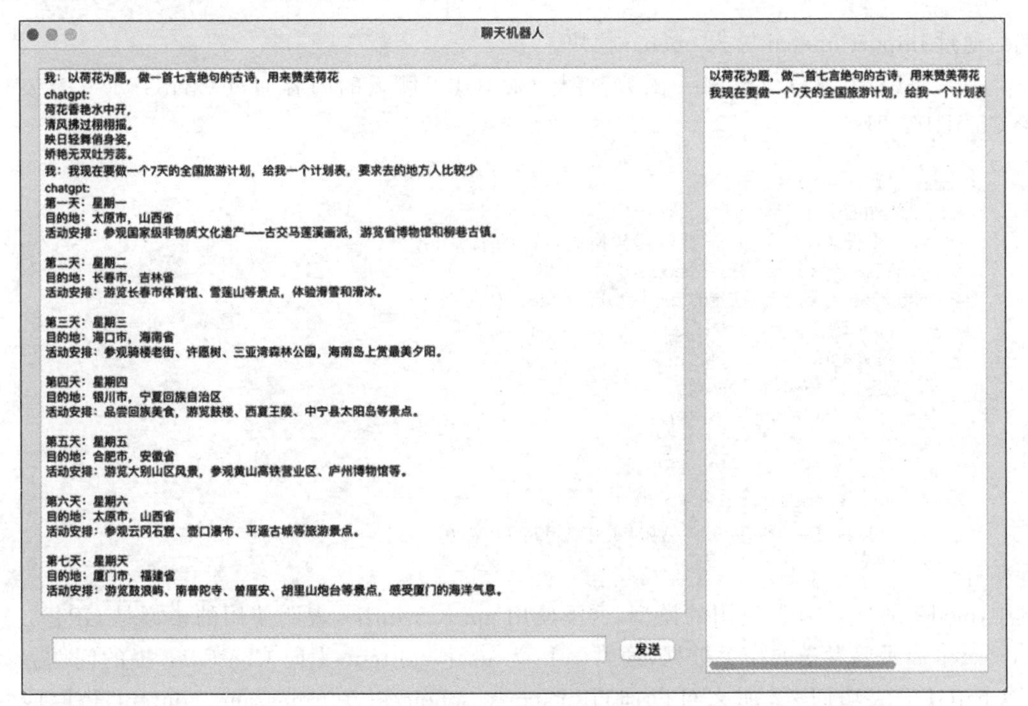

图4-8　聊天机器人

在如图4-8所示的聊天机器人界面中，"我"让聊天机器人做了一首诗，并且制订了一个7天的旅游计划，当然，这只是粗略的计划，通常需要与ChatGPT沟通几轮，才能得到满意的结果。在聊天机器人界面中，左侧文本框中显示的是聊天记录，单击具体的某一条聊天记录，会将当前记录的文本显示在右侧的聊天文本框中。

其实，这个聊天机器人的UI部分就是使用ChatGPT完成的，读者只需要用下面的文本描述，ChatGPT就可以生成一个基本令人满意的界面代码。如果一次不满意，可以让ChatGPT多生成几遍，然后再自己微调一下。

用**Python**和**PyQt6**编写程序，创建一个尺寸为**1024×650**的窗口（窗口尺寸固定，不可改变）。将窗口分为左右两个区域，右侧区域占用**300**个像素，其余宽度都给左侧区域。在右侧区域放一个列表组件，让列表组件充满整个右侧区域。在左侧区域分为上下两部分，下部分左侧是一个文本输入框，右侧是一个按钮，文本是"发送"。下部分的高度是**40**像素，其余部分都给上部分。上部分放置一个列表组件。单击按钮，将文本输入框中的文本显示到上部分的列表组件中，并在右侧的列表中也添加文本输入框中的文本。让程序中的所有组件全部可以全局访问。

读者如果要想看完整的实现代码，可以参考chatbot.py文件的内容。

聊天机器人的核心是通过ChatGPT API与ChatGPT交互，所以需要首先使用下面的命令安装openai模块。

```
pip3 install openai
```

然后通过import openai导入openai模块。

最后，只需要编写sendMsg函数，将与ChatGPT聊天的内容通过ChatGPT API发送给ChatGPT即可。

```
# text 是聊天的文本
def sendMsg(text):
    # 必须设置 API Key,需要将其替换成自己的 API Key
    openai.api_key = "sk-xxxxxx"
    response = openai.ChatCompletion.create(
        model="gpt-3.5-turbo",
        messages=[
            {"role": "user",
             "content": text},
        ]
    )
    if len(response.choices) > 0:
        return response.choices[0].message.content
    return ''
```

其中，model是ChatGPT使用的模型，这里使用gpt-3.5-turbo，表明使用的模型是GPT-3.5。messages表示要发送的相关数据，通常role为user，content为向ChatGPT提的问题。如果ChatGPT成功回复，那么可以通过response.choices[0].message.content获取回复内容。

注意，使用ChatGPT API之前，要先获得API Key。API Key是一个以sk为前缀的字符串。读者可以到下面的页面去申请API Key，当然，首先要有一个ChatGPT账户。

```
https://platform.openai.com/account/api-keys
```

进入 API Key 申请页面后，单击 Create new secret key 按钮，可以申请任意多个 API Key，如图 4-9 所示。

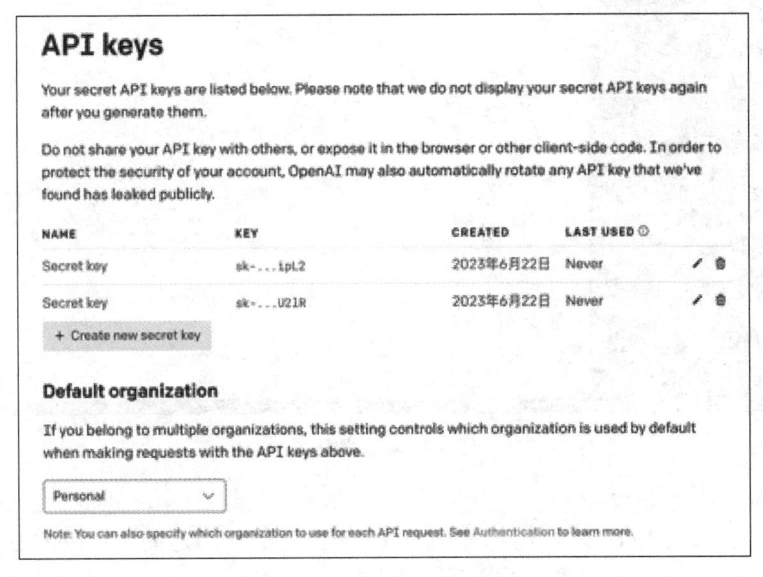

图 4-9　申请 API Keys

申请完 API Key 后，用 API Key 设置 openai. api_key。请勿将 API Key 泄露给别人。另外，使用 ChatGPT API 是需要花钱的，每 1000 个 token① 花费 0.002 美元。所以如果别人得到了你的 API Key，就相当于使用你自己的钱。当然，万一泄漏了 API Key 也不要紧，只需要删除旧的 API Key，创建新的 API Key 即可，这样旧的 API Key 就作废了。

如果读者要利用 ChatGPT API 开发应用，可以自己做一个服务端程序，再将 ChatGPT API 包装一层，将 API Key 放到服务端，这样别人就很难拿到你的 API Key 了。

4.5　编程魔匣

代码位置：src/chatgpt/coder. py

这是另外一个集成 ChatGPT API 的项目，通过这个项目，可以提取 ChatGPT 返回的代码部分，并执行这些代码，例如，在文本输入框输入“**用 Python 编写冒泡排序程序，并给出测试用例**”，然后单击“写程序”按钮，会生成相应的 Python 代码，并在文本框中显示，如图 4-10 所示。再单击“运行”按钮，会运行这段程序，并在终端显示输出结果。

这个项目的实现方式与聊天机器人类似，其 UI 部分的代码完全使用 ChatGPT 生成。运行代码通过 exec 函数动态运行了 Python 的代码。这里需要着重讲的是如何提取

---

① token 是用于自然语言处理的词的片段，它是生成文本的基本单位。不同的语言和分词方式可能会导致 token 和字符的映射关系不同。一般来说，英文中一个 token 通常对应约 4 个字符，而中文中的一个汉字大致是 2～2.5 个 token。例如，英文单词 red 是一个 token，对应 3 个字符；中文词语“一心一意”是 4 个汉字，对应 6 个 token。

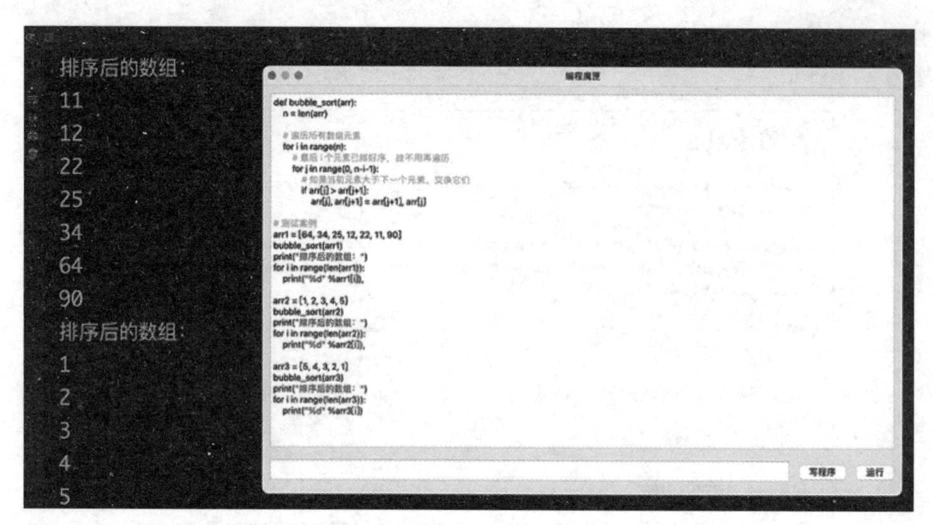

图 4-10　编程魔匣

ChatGPT 响应文本中的代码。

ChatGPT 返回的 Python 代码部分会放在```python 和```之间，python 是可选的，有时并不带 python(可能是 ChatGPT API 的一个 bug)，直接就是```code```。所以，只需要使用正则表达式提取返回内容中所有```code```中的 code，并将这些 code 首尾相接，组成一个大字符串，并返回即可。下面是 ChatGPT 的一个典型返回结果，里面包含了两对```code```。

```
"这是一些文字\n```python\nprint('Hello, world!')\nprint('Hello, world!')```这是一些其他文```\nprint('Hello, world!')\nprint('Hello, world!')```字"
```

可以通过 extract_python_code 函数将返回结果中的 Python 代码提取出来，代码如下：

```
# api_response 是 ChatGPT API 的返回结果
def extract_python_code(api_response):
    pattern = r"```\s*(?:python\s*)?([^`]*)```"
    matches = re.findall(pattern, api_response)
    extracted_content = ''.join(matches)
    return extracted_content
```

4.6 小结

尽管本章只是向大家展示了 ChatGPT 的极小的一部分功能，不过应该足以引发大家的好奇心。ChatGPT 到底能为我们带来什么呢？ChatGPT 会将人类的科技带向何方呢？当然，对于这些问题，ChatGPT 和笔者都无法准确回答，只有靠广大读者自己在深入使用 ChatGPT 后，得到令自己满意的答案了。不管答案是什么，可以肯定的是，有了 ChatGPT 等 AIGC 应用，未来的世界一定与现在有很大差异，至于是怎样的差异，那就“仁者见仁，智者见智”了。

第 5 章

有趣的 GUI 技术

有很多特殊的应用，在初学者看来，简直就和魔法一样。例如，在屏幕上显示一只青蛙或者一只怪兽，用鼠标还可以来回拖动。在屏幕的任何位置绘制曲线，随时可以清除这些曲线，或者在系统托盘添加图标，弹出对话气泡等。这些看似很复杂，其实用 Python 实现起来相当简单，这是因为 Python 有大量第三方模块，通过这些模块，只需要几行代码就可以实现这些操作。本章将通过大量完整的例子演示如何实现这些看似复杂，其实相当简单的功能。

5.1 特殊窗口

在很多场景中，往往需要实现各种特殊的窗口形态，例如，非矩形的窗口（称为异形窗口）、半透明窗口等。本节将介绍如何实现这些特殊窗口。

5.1.1 使用 Canvas 实现五角星窗口

窗口通常都是矩形的，但在很多应用中，尤其是游戏，窗口是不规则的，例如，圆形、椭圆形、三角形、五角形，甚至是一个怪兽的形态（如有些游戏程序），其实这些仍然是窗口，只不过通过掩模（mask）技术将某些部分变得透明，因此，用户看到的窗口就变成了不规则的形状。

在计算机科学中，掩模（mask）或位掩码（bitmask）是用于位运算的数据，特别是在位域中。使用掩模可以在一个字节的多个位上设置开或关，或者在一次位运算中将开和关反转。

在计算机图形学中，掩模是用于隐藏或显示另一图像的部分的数字图像。掩模可以用于创建特殊效果或选择图像的区域进行编辑。掩模可以从零开始在图像编辑器中创建，也可以基于现有图像生成。例如，你可以使用一张照片作为掩模，来显示或隐藏另一张照片的部分，如果对窗口使用掩模，就会让窗口变成异形窗口。

本节会使用 Canvas 实现五角星形状的异形窗口，也就是说，运行程序后，窗口会变成一个红色的五角星，其他部分是透明的，效果如图 5-1 所示。使用鼠标拖曳即可移动该窗口。

从图 5-1 所示的五角星可以看出,运行程序,只会显示一个五角星,其他部分是透明的,可以看到后面的 Python 文件目录。

这个五角星是在 Canvas 中绘制的,所以需要先了解如何绘制五角星。绘制五角星需要使用如下几组数据。

(1) 五角星的中心点坐标。

(2) 五角星内切圆半径和外切圆半径。

(3) 五角星 10 个顶点的坐标。

(4) 五角星的旋转角度。

在这些数据中,(1)、(2)和(4)是直接指定的,而(3)可以通过计算获得。本节绘制的五角星是正五角星①,所以这里只讨论正五角星。五角星以及内切圆和外切圆如图 5-2 所示。其中,A 到 J 一共 10 个字母,分别表示五角星的 10 个顶点。现在计算顶点 B 的坐标,其他顶点的计算方法类似。

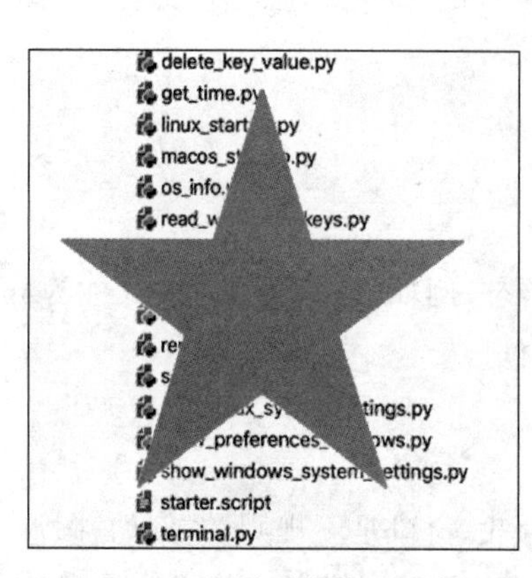

图 5-1 五角星形状的异形窗口

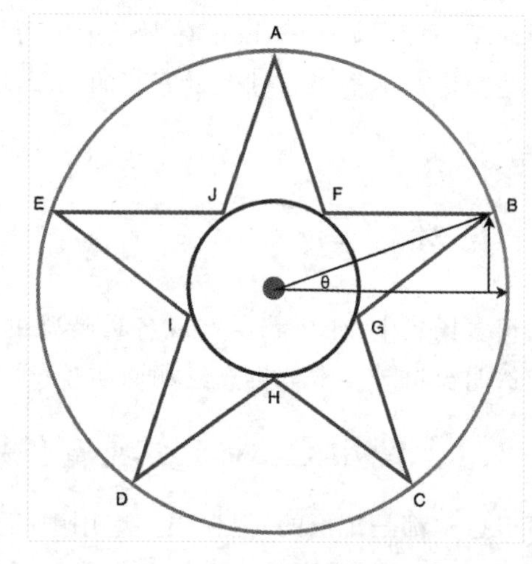

图 5-2 五角星顶点坐标的计算

假设五角星中心点的坐标是(centerX,centerY),顶点 B 与中心点的连线与水平线的夹角是 θ,外切圆半径是 r,那么 B 点的坐标如下:

```
(centerX + r * cos(θ),centerY - r * sin(θ))
```

按类似的方法计算完 10 个顶点,就可以绘制 10 个点的多边形,最终形成一个五角星。

要想让窗口完全变成五角星,需要使用下面的代码将窗口的背景设置为透明,而且需要将窗口设置为无边框。

① 正五角星是一个由五条对角线构成的正五边形的内接星形。它由 5 个相等的等腰三角形组成,每个三角形的顶点是正五边形的一个顶点。正五角星的每个内角是 36°,每个外角是 72°。正五角星有很多数学和几何性质,例如,它的对角线之比是黄金比。

```
# 设置窗口的背景为透明
self.setAttribute(Qt.WidgetAttribute.WA_TranslucentBackground)
# 设置窗口的边框为无边框
self.setWindowFlag(Qt.WindowType.FramelessWindowHint)
```

五角星会将窗口的标题栏隐藏，这样将无法拖动窗口，所以需要使用下面的步骤，用鼠标可以通过拖动五角星来移动窗口。

(1) 在 QWidget 的 mousePressEvent 方法中，检测鼠标左键是否按下，并记录下鼠标的位置。

(2) 在 QWidget 的 mouseMoveEvent 方法中，检测鼠标是否移动，并计算移动的距离，然后用 move 方法来移动窗口。

(3) 在 QWidget 的 mouseReleaseEvent 方法中，检测鼠标左键是否松开，并重置鼠标位置为 None。

下面的例子完整地演示了如何使用 PyQt6 实现一个五角星窗口，并通过鼠标拖动五角星移动窗口。

代码位置：src/interesting_gui/pyqt6/star_window_canvas.py

```
from PyQt6.QtWidgets import QApplication, QWidget
from PyQt6.QtGui import QPainter, QPen, QBrush, QColor
from PyQt6.QtCore import Qt, QPoint
import sys
import math
# 定义一个自定义的窗口类，继承自 QWidget
class StarWindow(QWidget):
    # 初始化方法
    def __init__(self):
        # 调用父类的初始化方法
        super().__init__()
        # 设置窗口的标题和尺寸
        self.setWindowTitle("红色正五角星")
        self.resize(300, 300)
        # 设置窗口的背景为透明
        self.setAttribute(Qt.WidgetAttribute.WA_TranslucentBackground)
        # 设置窗口的边框为无边框
        self.setWindowFlag(Qt.WindowType.FramelessWindowHint)
        # 初始化鼠标位置和偏移量为 None
        self.mouse_pos = None
        self.offset = None
    # 重写绘图事件方法
    def paintEvent(self, event):
        # 创建一个画笔对象，设置颜色为红色，宽度为 2 像素，样式为实线
        pen = QPen(QColor(255, 0, 0), 2, Qt.PenStyle.SolidLine)
        # 创建一个画刷对象，设置颜色为红色，样式为实心填充
        brush = QBrush(QColor(255, 0, 0), Qt.BrushStyle.SolidPattern)
        # 创建一个绘图对象，传入 self 作为参数
        painter = QPainter(self)
```

```
        # 设置画笔和画刷
        painter.setPen(pen)
        painter.setBrush(brush)
        # 获取窗口的宽度和高度
        width = self.width()
        height = self.height()
        # 计算五角星的外接圆半径,取宽度和高度中较小的一半减去 10 像素作为边距
        radius = min(width, height) / 2 - 10
        # 计算五角星的内接圆半径,根据正五角星的性质,内接圆半径是外接圆半径的 0.382 倍
        inner_radius = radius * 0.382
        # 计算五角星的中心点,即窗口的中心点
        center = QPoint(int(width / 2), int(height / 2))
        # 创建一个空列表,用于存储五角星的顶点坐标
        points = []
        # 循环 5 次,每次计算一个顶点坐标,并添加到列表中
        for i in range(5):
            # 计算当前顶点对应的角度,单位是弧度,注意要减去 90 度,使得第一个顶点在正上方
            angle = (i * 72 - 90) / 180 * math.pi
            # 计算当前顶点的横坐标和纵坐标,根据三角函数公式,横坐标等于中心点横坐标加
# 上外接圆半径乘以角度的余弦值,纵坐标等于中心点纵坐标加上外接圆半径乘以角度的正弦值
            x = center.x() + radius * math.cos(angle)
            y = center.y() + radius * math.sin(angle)
            # 创建一个 QPoint 对象,表示当前顶点坐标,并添加到列表中
            points.append(QPoint(int(x), int(y)))
            # 计算下一个顶点对应的角度,单位是弧度,注意要加上 36 度,使得每两个相邻的顶
            # 点之间有一个内角为 36 度的凹角
            next_angle = (i * 72 + 36 - 90) / 180 * math.pi
            # 计算下一个顶点的横坐标和纵坐标,根据三角函数公式,横坐标等于中心点横坐标
# 加上内接圆半径乘以角度的余弦值,纵坐标等于中心点纵坐标加上内接圆半径乘以角度的正弦值
            next_x = center.x() + inner_radius * math.cos(next_angle)
            next_y = center.y() + inner_radius * math.sin(next_angle)
            # 创建一个 QPoint 对象,表示下一个顶点坐标,并添加到列表中
            points.append(QPoint(int(next_x), int(next_y)))
            # 使用绘图对象的 drawPolygon 方法,传入列表作为参数,绘制一个多边形,即五角星
        print(len(points))
        painter.drawPolygon( * points)

        # 重写鼠标按下事件方法
    def mousePressEvent(self, event):
        # 如果鼠标左键被按下
        if event.button() == Qt.MouseButton.LeftButton:
            # 获取鼠标当前的位置,并赋值给 mouse_pos 属性
            self.mouse_pos = event.globalPosition()
            # 获取窗口当前的位置,并赋值给 offset 属性
            self.offset = self.pos()

    # 重写鼠标移动事件方法
    def mouseMoveEvent(self, event):
        # 如果鼠标左键被按下,并且 mouse_pos 和 offset 属性不为 None
        if event.buttons() == Qt.MouseButton.LeftButton and self.mouse_pos is not None and
self.offset is not None:
```

```
            # 计算鼠标移动的距离,等于鼠标当前的位置减去 mouse_pos 属性
            delta = event.globalPosition() - self.mouse_pos
            # 将 delta 转换为 QPoint 类型,使用 QPoint 的构造函数,传入 delta 的 x()和 y()作为参数
            delta = QPoint(int(delta.x()), int(delta.y()))
            # 计算窗口移动后的位置,等于 offset 属性加上 delta
            new_pos = self.offset + delta
            # 设置窗口的位置为 new_pos
            self.move(new_pos)

    # 重写鼠标松开事件方法
    def mouseReleaseEvent(self, event):
        # 如果鼠标左键被松开
        if event.button() == Qt.MouseButton.LeftButton:
            # 将 mouse_pos 和 offset 属性重置为 None
            self.mouse_pos = None
            self.offset = None

    # 创建一个应用对象,传入 sys.argv 作为参数
app = QApplication(sys.argv)
# 创建一个窗口对象
window = StarWindow()
# 显示窗口
window.show()
# 进入应用的主循环
sys.exit(app.exec())
```

运行程序,就会看到如图 5-1 所示的五角星窗口。

5.1.2　使用透明 png 图像实现美女机器人窗口

尽管使用 Canvas 可以实现异形窗口,但对于更复杂的异形窗口,使用 Canvas 就很麻烦,尤其是人物、机械装置这些几乎不可能通过 Canvas 来绘制的效果。因此,需要直接使用透明 png 图像实现异形窗口,如图 5-3 所示为美女机器人窗口。使用鼠标拖动美女机器人,就可以移动该窗口。

图 5-3　美女机器人窗口

本节的例子除了要显示 png 图像外,其他效果的实现方式与 5.1.1 节的例子完全相同。下面讲一下如何处理 png 图像。

可以使用 QLabel 显示 png 图像,所以创建一个从 QLabel 派生的类作为窗口类。然后使用 QPixmap 装载 png 图像,并使用 QLabel.setPixmap 方法在 QLabel 组件中显示图像。最后,使用 QLabel.setMask 设置窗口形状跟随图像不透明部分,从而让窗口的形状呈现出与 png 图像中不透明的部分完全一样的效

果。代码如下：

```
# 加载 png 图像
self.pixmap = QPixmap("images/robot.png")
# 设置标签大小和图像大小一致
self.resize(self.pixmap.size())
# 设置标签显示图像
self.setPixmap(self.pixmap)
# 设置窗口形状跟随图像不透明部分
self.setMask(self.pixmap.mask())
```

下面的例子演示了如何装载 png 图像，如何设置掩模，如何通过鼠标拖动窗口的完整实现过程。

代码位置：src/interesting_gui/pyqt6/image_transparent_window.py

```
from PyQt6.QtWidgets import QApplication, QLabel
from PyQt6.QtGui import QPixmap
from PyQt6.QtCore import Qt

class ImageTransparentWindow(QLabel):
    def __init__(self, parent = None):
        super().__init__(parent)
        # 设置窗口无边框和半透明
        self.setWindowFlags(Qt.WindowType.FramelessWindowHint)
        self.setWindowOpacity(0.99)
        # 加载 png 图像
        self.pixmap = QPixmap("images/robot.png")
        # 设置标签大小和图像大小一致
        self.resize(self.pixmap.size())
        # 设置标签显示图像
        self.setPixmap(self.pixmap)
        # 设置窗口形状跟随图像不透明部分
        self.setMask(self.pixmap.mask())
        # 初始化鼠标位置
        self.mouse_pos = None
    # 重写鼠标按下事件
    def mousePressEvent(self, event):
        # 如果是左键按下，记录当前鼠标位置
        if event.button() == Qt.MouseButton.LeftButton:
            self.mouse_pos = event.globalPosition()

    # 重写鼠标移动事件
    def mouseMoveEvent(self, event):
        # 如果鼠标位置已记录，计算鼠标移动的偏移量，并更新窗口位置
        if self.mouse_pos is not None:
            delta = event.globalPosition() - self.mouse_pos
            self.move(int(self.x() + delta.x()), int(self.y() + delta.y()))
            self.mouse_pos = event.globalPosition()
```

```
    # 重写鼠标释放事件
    def mouseReleaseEvent(self, event):
        # 如果是左键释放,清空鼠标位置记录
        if event.button() == Qt.MouseButton.LeftButton:
            self.mouse_pos = None

# 创建一个应用程序对象
app = QApplication([])
# 创建一个图像标签对象
win = ImageTransparentWindow()
# 显示透明图像
win.show()
# 运行应用程序循环
app.exec()
```

在运行程序之前,先要准备一个 png 图像文件,并将其命名为 robot.png。将这个图像文件放到 images 目录下,然后运行程序,界面上会立刻显示一个美女机器人。如果读者使用其他透明 png 图像,则会显示其他形态的异形窗口。

5.1.3 半透明窗口

通过 QWidget.SetWindowOpacity 方法可以设置窗口的透明度,通过 QWidget.setWindowFlag 方法可以隐藏窗口的标题栏和边框。将这两个方法组合起来使用,可以实现将组件放到半透明窗口上的效果。例如,图 5-4 在一个半透明窗口上放置了一个标签组件和一个按钮组件,而且隐藏了窗口的边框和标题栏。单击 close 按钮就能关闭窗口。

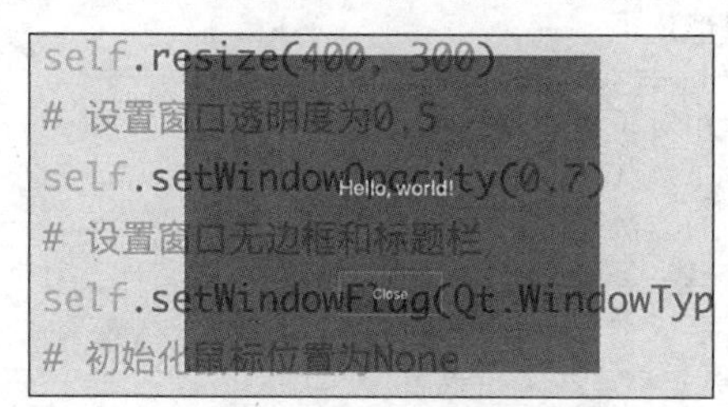

图 5-4 半透明窗口

下面的例子完整地演示了图 5-4 所示效果的实现方法。

代码位置:src/interesting_gui/pyqt6/translucent _window.py

```
from PyQt6.QtWidgets import QApplication, QWidget, QLabel, QPushButton
from PyQt6.QtCore import Qt
# 定义一个自定义的窗口类,继承自 QWidget
class MyWindow(QWidget):
    # 初始化方法
    def __init__(self):
        # 调用父类的初始化方法
        super().__init__()
        # 设置窗口大小为 400 * 300
```

```
        self.resize(400, 300)
        # 设置窗口透明度为 0.5
        self.setWindowOpacity(0.7)
        # 设置窗口无边框和标题栏
        self.setWindowFlag(Qt.WindowType.FramelessWindowHint)
        # 初始化鼠标位置为 None
        self.mousePos = None
        # 调用创建组件的方法
        self.createWidgets()

    # 创建组件的方法
    def createWidgets(self):
        # 创建一个标签,显示"Hello, world!"
        label = QLabel("Hello, world!", self)
        # 设置标签的字体大小为 20
        label.setStyleSheet("font-size: 20px;")
        # 设置标签的位置和大小
        label.setGeometry(150, 100, 200, 50)
        # 创建一个按钮,显示"Close"
        button = QPushButton("Close", self)
        # 设置按钮的位置和大小
        button.setGeometry(150, 200, 100, 50)
        # 绑定按钮的点击信号和关闭窗口的槽函数
        button.clicked.connect(self.close)
    # 重写鼠标按下事件的方法
    def mousePressEvent(self, event):
        # 如果鼠标左键被按下
        if event.button() == Qt.MouseButton.LeftButton:
            # 获取鼠标相对于窗口的位置
            self.mousePos = event.pos()
    # 重写鼠标移动事件的方法
    def mouseMoveEvent(self, event):
        # 如果鼠标左键被按下并且鼠标位置不为空
        if event.buttons() == Qt.MouseButton.LeftButton and self.mousePos:
            # 获取鼠标相对于屏幕的位置
            globalPos = event.globalPosition().toPoint()
            # 计算窗口应该移动到的位置
            windowPos = globalPos - self.mousePos
            # 移动窗口到新的位置
            self.move(windowPos)
# 创建一个应用对象
app = QApplication([])
# 创建一个窗口对象
window = MyWindow()
# 显示窗口
window.show()
# 进入应用的事件循环
app.exec()
```

5.2 在屏幕上绘制曲线

有很多画笔应用,可以在整个电脑屏幕上绘制曲线和各种图形,这种应用很适合在线教学或演示。例如,要讲解代码的编写过程,可以一边展示代码,一边在代码上绘制曲线、手写一些文字等,如图 5-5 所示。

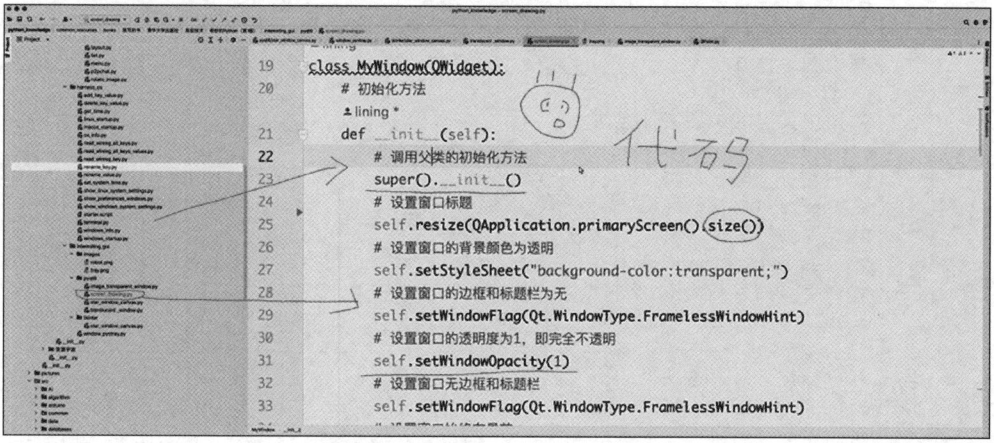

图 5-5 在屏幕上自由绘制曲线

实现这个功能的基本做法是让窗口充满整个屏幕,并且隐藏边框和标题栏,以及让窗口完全透明,这样就可以看到窗口下方的内容了。我们还可以直接在窗口上绘制曲线,放置组件,绘制各种简单和复杂的图形,放置图像等。相关内容已在前文有所涉及,下面看一个完整的例子,即如何实现在屏幕上绘制曲线。

代码位置:src/interesting_gui/pyqt6/ screen_drawing. py

```
from PyQt6.QtWidgets import QApplication, QWidget
from PyQt6.QtGui import QPainter, QPen, QColor
from PyQt6.QtCore import Qt
# 定义一个自定义的窗口类,继承自 QWidget
class MyWindow(QWidget):
    # 初始化方法
    def __init__(self):
        # 调用父类的初始化方法
        super().__init__()
        # 设置窗口标题
        self.resize(QApplication.primaryScreen().size())
        # 设置窗口的背景颜色为透明
        self.setStyleSheet("background-color:transparent;")
        # 设置窗口的边框和标题栏为无
        self.setWindowFlag(Qt.WindowType.FramelessWindowHint)
        # 设置窗口的透明度为 1,即完全不透明
        self.setWindowOpacity(1)
```

```
        # 设置窗口无边框和标题栏
        self.setWindowFlag(Qt.WindowType.FramelessWindowHint)
        # 设置窗口始终在最前
        self.setWindowFlag(Qt.WindowType.WindowStaysOnTopHint)
        # 创建一个画笔对象,设置颜色为红色,线宽为 3 像素,样式为实线
        self.pen = QPen(QColor("black"), 3, Qt.PenStyle.SolidLine)
        # 创建一个空列表,用于存储鼠标移动的点坐标
        self.points = []
        # 创建一个布尔变量,用于标记鼠标是否按下
        self.pressed = False
    # 重写绘图事件方法
    def paintEvent(self, event):
        # 调用父类的绘图事件方法
        super().paintEvent(event)
        # 创建一个画家对象,传入窗口作为参数
        painter = QPainter(self)
        # 设置画笔
        painter.setPen(self.pen)
        # 如果点列表不为空,绘制点之间的曲线
        if self.points:
            painter.drawPolyline( * self.points)
    # 重写鼠标按下事件方法
    def mousePressEvent(self, event):
        # 调用父类的鼠标按下事件方法
        super().mousePressEvent(event)
        # 如果鼠标左键被按下
        if event.button() == Qt.MouseButton.LeftButton:
            # 将布尔变量设为 True,表示鼠标按下状态
            self.pressed = True
            # 清空点列表,开始新的绘制
            self.points.clear()
            # 将鼠标当前位置添加到点列表中
            self.points.append(event.pos())
            # 更新窗口,触发绘图事件
            self.update()
    # 重写鼠标移动事件方法
    def mouseMoveEvent(self, event):
        # 调用父类的鼠标移动事件方法
        super().mouseMoveEvent(event)
        # 如果鼠标处于按下状态
        if self.pressed:
            # 将鼠标当前位置添加到点列表中
            self.points.append(event.pos())
            # 更新窗口,触发绘图事件
            self.update()

    # 重写鼠标释放事件方法
    def mouseReleaseEvent(self, event):
        # 调用父类的鼠标释放事件方法
        super().mouseReleaseEvent(event)
        # 如果鼠标左键被释放
```

```
        if event.button() == Qt.MouseButton.LeftButton:
            # 将布尔变量设为 False,表示鼠标释放状态
            self.pressed = False
    # 重写键盘按下事件方法
    def keyPressEvent(self, event):
        # 调用父类的键盘按下事件方法
        super().keyPressEvent(event)
        # 如果按下 Esc 键
        if event.key() == Qt.Key.Key_Escape:
            # 关闭窗口,退出程序
            self.close()
        elif event.key() == Qt.Key.Key_2:
            self.pen = QPen(QColor("red"), 3, Qt.PenStyle.SolidLine)
        elif event.key() == Qt.Key.Key_3:
            self.pen = QPen(QColor("blue"), 3, Qt.PenStyle.SolidLine)
        elif event.key() == Qt.Key.Key_4:
            self.pen = QPen(QColor("green"), 3, Qt.PenStyle.SolidLine)
# 创建一个应用对象
app = QApplication([])
# 创建一个窗口对象
window = MyWindow()
# 显示窗口
window.show()
# 进入应用的主循环
app.exec()
```

运行程序,默认可以在屏幕上绘制黑色曲线;按 2 键,可以绘制红色曲线;按 3 键,可以绘制蓝色曲线;按 4 键,可以绘制绿色曲线;按 Esc 键,关闭程序。

注意:本例只能在 macOS 上运行。

5.3 控制状态栏

状态栏一直是各类程序争夺的主阵地之一,有很多主流程序都会在状态栏添加 1 个或多个图标,以及添加图标弹出菜单、对话气泡等功能。本节将详细讲解如何 Python"攻占"这块主阵地。

5.3.1 在状态栏上添加图标

Windows、macOS 和 Linux 都有状态栏,而且都允许用户添加图标,只是添加图标的区域不同。**Windows** 称为通知区域,也就是任务栏右侧的部分,它包含了一些常用的图标和通知,如电量、Wi-Fi、音量、时钟和日历等。**macOS** 中称为菜单栏,在菜单栏左侧显示 macOS 菜单,右侧显示各种图标,单击这些图标后会触发不同的操作。**Linux** 右上角显示图标的区域的称呼可能因不同的桌面环境而有所不同,但一般可以称为状态栏或者通知区域。为了统一,后文统称为状态栏。

通常一个应用程序会对应一个图标,但也可以对应多个图标。使用 pystray 模块可以将图

标添加到状态栏上。如果没有安装 pystray 模块,可以使用下面的命令安装 pystray 模块。

```
pip3 install pystray
```

pystray 模块是跨平台的,可以用其将图标添加到 Windows 的通知区域、macOS 的菜单栏右侧以及 Linux 的通知区域。

使用 pystray 模块将图标和菜单添加到状态栏的流程大致如下。

(1) 导入 pystray 模块和 PIL 模块,用于创建图标和加载图像。

(2) 创建一个 pystray.Icon 对象,指定图标的名称、图像、标题和单击回调函数(这些不一定都指定,也可以指定一部分)。

(3) 创建一个 pystray.Menu 对象,指定菜单的各个项,每个项可以是一个 pystray.MenuItem 对象或者一个分隔符。

(4) 将菜单对象赋值给 pystray.Icon 对象的 menu 命名参数。

(5) 调用图标对象的 run 方法,启动图标的主循环。

在创建图标和菜单的过程中,涉及 pystray.Icon 类、pystray.Menu 类和 pystray.MenuItem 类,下面分别给出这 3 个类的构造方法原型以及参数函数。

1. pystray.Icon 类

该类用于创建图标对象,其构造方法原型如下:

```
pystray.Icon(name, icon = None, title = None, menu = None, action = None)
```

参数含义如下。

(1) name:图标的名称,必须是唯一的字符串。

(2) icon:图标的图像,可以是一个 PIL.Image 对象或者一个返回 PIL.Image 对象的函数。

(3) title:图标的标题,可以是一个字符串或者一个返回字符串的函数。

(4) menu:图标的菜单,可以是一个 pystray.Menu 对象或者一个返回 pystray.Menu 对象的函数。

(5) action:图标被单击时执行的回调函数,可以是一个无参数的函数或者一个返回无参数函数的函数。

2. pystray.Menu 类

该类用于创建菜单对象,其构造方法原型如下:

```
pystray.Menu( * items)
```

Menu 类的构造方法只有一个 items 参数,用于表示菜单中的菜单项,可以是 pystray.MenuItem 对象或者 pystray.SEPARATOR 常量。

3. pystray.MenuItem 类

该类用于创建菜单项对象,其构造方法原型如下:

```
pystray.MenuItem(text, action, checked = None, enabled = None, visible = None)
```

参数含义如下。

（1）text：菜单项的文本，可以是一个字符串或者一个返回字符串的函数。

（2）action：菜单项被单击时执行的回调函数，可以是一个无参数的函数或者一个返回无参数函数的函数。

（3）checked：菜单项是否被选中，可以是一个布尔值或者一个返回布尔值的函数。

（4）enabled：菜单项是否可用，可以是一个布尔值或者一个返回布尔值的函数。

（5）visible：菜单项是否可见，可以是一个布尔值或者一个返回布尔值的函数。

下面的例子完整地演示了如何使用 pystray 模块在状态栏添加一个菜单，以及相应菜单项的点击动作。本例的菜单中有两个菜单项——Hello 和“退出”。单击 Hello 菜单项会在终端输出 Hello 字符串，单击“退出”菜单项，会退出应用程序。

代码位置：src/interesting_gui/pystray_demo.py

```
from pystray import Icon, MenuItem, Menu
from PIL import Image
class MyTray:
    # 定义一个无参数的函数,用于弹出消息框
    def __init__(self, image):
        image = Image.open(image)

        menu = Menu(
                    MenuItem("Hello", lambda: print("Hello")),
                    MenuItem("退出", lambda: self.icon.stop())
               )
        self.icon = Icon(name='nameTray', title='titleTray', icon=image, menu=menu)
    def stopProgram(self, icon):
        self.icon.stop()
    def runProgram(self):
        self.icon.run()
if __name__ == '__main__':
    myTray = MyTray(image="images/tray.png")
    myTray.runProgram()
```

运行程序，会看到在状态栏上显示一个绿色的图标，在图标上右击鼠标，会弹出一个菜单，图 5-6 是 Windows 下的效果，图 5-7 是 macOS 下的效果，图 5-8 是 Ubuntu Linux 下的效果。

图 5-6　Windows 中通知区域图标和菜单

图 5-7　macOS 中菜单栏图标和菜单

图 5-8　Ubuntu Linux 中菜单栏图标和菜单

5.3.2 添加 Windows 10 风格的 Toast 消息框

使用 win10toast 模块可以添加 Windows 10 风格的 Toast 消息框。该模块只能在 Windows 10 上运行。读者可以使用下面的命令安装 win10toast 模块：

```
pip3 install win10toast
```

与 win10toast 对应的还有一个 win10toast_click 模块，该模块的功能与 win10toast 的功能类似，只是能响应 Toast 消息框的单击事件。win10toast_click 模块可以完全取代 win10toast 模块，所以推荐使用 win10toast_click 模块。读者可以使用下面的命令安装 win10toast_click 模块：

```
pip install win10toast - click
```

注意：在使用 win10toast_click 模块时，win10toast 与 click 之间使用下画线(_)连接，而安装 win10toast-click 模块时，win10toast 与 click 之间使用连字符(-)连接。

win10toast_click 模块中的核心函数是 show_toast，该函数用于显示 Toast 消息框，其函数原型如下：

```
def show_toast(self, title, msg,
                icon_path = None, duration = None, threaded = False,
                callback_on_click = None)
```

函数参数的含义如下。

(1) title：通知的标题，必须是一个字符串。

(2) msg：通知的内容，必须是一个字符串。

(3) icon_path：通知的图标路径，必须是一个.ico 文件，如果为 None，则使用默认图标。

(4) duration：通知的持续时间，单位为 s，如果为 None，则使用默认值(5s)。

(5) threaded：是否使用多线程来显示通知。如果为 True，则不会阻塞程序的运行；如果为 False，则会等待通知消失后再继续程序的运行。

(6) callback_on_click：在用户点击通知时执行的函数，必须是一个无参数的函数。如果为 None，则不执行任何函数。

由于 icon_path 参数只支持 ico 文件，所以如果图标文件是其他图像格式(如 png 文件)，就需要使用 PIL 模块的相关 API 将其他图像格式的文件转换为 ico 图像格式的文件。

下面的例子使用 win10toast_click 模块在 Windows 通知区域添加一个图标，以及在图标上方显示一个 Toast 消息框，点击消息框，会打开浏览器，并在浏览器中显示 webbrowser.open 函数打开的页面。

代码位置：src/interesting_gui/toast_demo.py

```
from win10toast_click import ToastNotifier
from PIL import Image                                           # 导入 Image 模块
import webbrowser                                               # 导入 webbrowser 模块,用于打开网页
filename = "images\\tray.png"                                   # 指定要转换的.png 文件名
img = Image.open(filename)                                      # 打开图片
img.save('images\\tray.ico')                                    # 保存为.ico 文件
def open_url():                                                 # 定义一个函数,用于打开一个网址
    webbrowser.open("https://www.unitymarvel.com")
toaster = ToastNotifier()
toaster.show_toast("软件更新",                                   # 通知的标题
                    "UnityMarvel 已经更新到 2.01 版本,点击下载",     # 通知的内容
                    icon_path = "images\\tray.ico",              # 通知的图标路径,如果为 None 则使用
                                                                # 默认图标
                    duration = 20,                              # 通知的持续时间,单位为 s
                    threaded = True,                            # 是否使用多线程来显示通知,如果为
                                                                # True 则不会阻塞程序的运行
                    callback_on_click = open_url)
```

运行程序后，Windows 右下角会显示如图 5-9 所示的 Toast 消息框。

图 5-9 Windows 10 风格的 Toast 消息框

win10toast_click 模块在 Windows 11 或以上版本运行可能会有问题，如果读者使用的是 Windows 11，可以尝试使用 win11toast 模块。读者可以使用下面的命令安装 win11toast 模块：

```
pip3 install win11toast
```

win11toast 模块可以在 Windows 10 和 Windows 11 上运行，例子代码如下：

```
from win11toast import toast
toast('Hello', '这是一个通知')
```

运行程序，会看到 Windows 右下角出现如图 5-10 所示的 Toast 消息框。

5.3.3 使用 PyQt6 管理系统托盘

QSystemTrayIcon 类是 PyQt6 中的一个类，它提供了一种在系统托盘[①]中显示图标的

① 系统托盘就是 Windows 中的通知区域；macOS 中的菜单栏右上角的位置；Linux 中右上角的通知区域；只是另一种称呼而已。

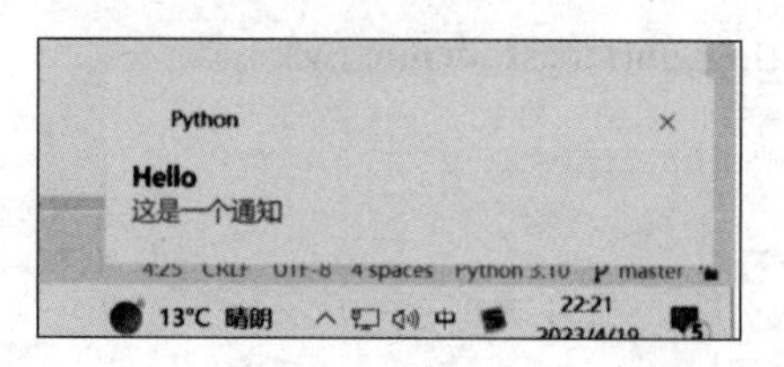

图 5-10 win11toast 模块显示的 Toast 消息框

方法。以下是 QSystemTrayIcon 类的主要功能：

（1）设置图标；

（2）设置提示信息；

（3）添加菜单；

（4）响应菜单单击事件；

（5）响应单击图标事件；

（6）显示消息（对话气泡）；

（7）响应消息单击事件。

要设置图标，可以使用 **setIcon** 方法。要设置提示信息，可以使用 **setToolTip** 方法。要添加菜单，可以使用 **setContextMenu** 方法。要响应菜单单击事件，可以使用 **connect** 方法连接 QAction 对象的 triggered 信号到槽函数。要响应单击图标事件，可以使用 activated 信号连接到槽函数。要显示消息，可以使用 **showMessage** 方法。要响应消息单击事件，可以使用 **messageClicked** 信号连接到槽函数。相关方法的描述如下。

1. setIcon 方法

方法原型如下：

```
def setIcon(self, icon: Union[QIcon, QPixmap]) -> None:
```

该方法用于设置 QSystemTrayIcon 的图标，接收一个 QIcon 或 QPixmap 对象作为参数。如果传递一个 QPixmap 对象，它将自动转换为 QIcon 对象。

2. setToolTip 方法

方法原型如下：

```
def setToolTip(self, tip: str) -> None:
```

该方法用于设置 QSystemTrayIcon 的提示信息，接收一个字符串作为参数，该字符串将显示在鼠标悬停在图标上时。

3. setContextMenu 方法

方法原型如下：

```
def setContextMenu(self, menu: QMenu) -> None:
```

该方法用于设置 QSystemTrayIcon 的上下文菜单，接收一个 QMenu 对象作为参数，该对象包含要显示的菜单项。

4. showMessage 方法

方法原型如下：

```
def showMessage(self, title: str, message: str, icon: Union[QSystemTrayIcon.MessageIcon, int]
 = QSystemTrayIcon.Information, msecs: int = 10000) -> bool:
```

该方法用于在系统托盘中显示一条消息，接收 4 个参数——标题、消息、图标和显示时间(以 ms 为单位)。默认情况下，消息将显示 10s。

下面的例子使用 QSystemTrayIcon 类的相关 API 在系统托盘添加一个图标，以及一个菜单，并显示一个窗口。单击 Show 菜单项，会显示这个窗口；单击 Hide 菜单项，会隐藏窗口。单击托盘图标，会触发单击图标事件，在终端会输出如下信息：

```
You clicked the icon
```

单击图标的同时，在图标附近会显示一条消息，单击消息窗口，会在终端输出如下信息：

```
You clicked the message
```

代码位置：src/interesting_gui/pyqt6/bubble.py

```
import sys
from PyQt6.QtWidgets import QApplication, QWidget, QSystemTrayIcon, QMenu
from PyQt6.QtGui import QIcon,QAction
from PyQt6.QtCore import QCoreApplication
class MainWindow(QWidget):
    def __init__(self):
        super().__init__()
        self.initUI()
    def initUI(self):
        self.setWindowTitle("Tray Icon Example")
        self.resize(300, 200)
        self.tray_icon = QSystemTrayIcon()                # 创建一个 QSystemTrayIcon 对象
        self.tray_icon.setIcon(QIcon("images/tray.png"))  # 设置图标
        self.tray_icon.setToolTip("This is a tray icon")  # 设置提示信息
        self.tray_icon.activated.connect(self.on_activated)  # 连接 activated 信号
        self.tray_icon.messageClicked.connect(self.on_message_clicked)
                                                          # 连接 messageClicked 信号
        self.tray_menu = QMenu()                          # 创建一个 QMenu 对象
        self.show_action = QAction("Show", self.tray_menu)  # 创建一个 QAction 对象,用于显
                                                          # 示窗口
        self.hide_action = QAction("Hide", self.tray_menu)  # 创建一个 QAction 对象,用于隐
                                                          # 藏窗口
        self.quit_action = QAction("Quit", self.tray_menu)  # 创建一个 QAction 对象,用于退
                                                          # 出程序
        self.show_action.triggered.connect(self.show)     # 连接 triggered 信号,显示窗口
        self.hide_action.triggered.connect(self.hide)     # 连接 triggered 信号,隐藏窗口
        self.quit_action.triggered.connect(QCoreApplication.instance().quit)
                                                          # 连接 triggered 信号,退出程序
```

```
        self.tray_menu.addAction(self.show_action)    # 将 QAction 对象添加到 QMenu 对象中
        self.tray_menu.addAction(self.hide_action)
        self.tray_menu.addSeparator()
        self.tray_menu.addAction(self.quit_action)
        self.tray_icon.setContextMenu(self.tray_menu)  # 将 QMenu 对象设置为 QSystemTrayIcon
                                                       # 对象的上下文菜单
        self.tray_icon.show()                          # 显示 QSystemTrayIcon 对象

    def on_activated(self, reason):                    # 定义一个槽函数,用于处理用户单击
                                                       # 图标的事件
        if reason == QSystemTrayIcon.ActivationReason.Trigger:      # 如果用户单击了图标
            print("You clicked the icon")
            self.tray_icon.showMessage("Hello World", "This is a message from PyQt",
            QIcon("images/tray.png"))                  # 显示对话气泡

    def on_message_clicked(self):                      # 定义一个槽函数,用于处理用户单击
                                                       # 对话气泡的事件
        print("You clicked the message")
        QCoreApplication.instance().quit()             # 退出程序
if __name__ == '__main__':
    app = QApplication(sys.argv)
    window = MainWindow()
    window.show()
    sys.exit(app.exec())
```

运行程序,单击图标,会显示一个消息窗口(对话气泡),macOS 中的对话气泡如图 5-11 所示。Windows 中的对话气泡如图 5-12 所示。Ubuntu Linux 并不会出现对话气泡,但其他功能正常。

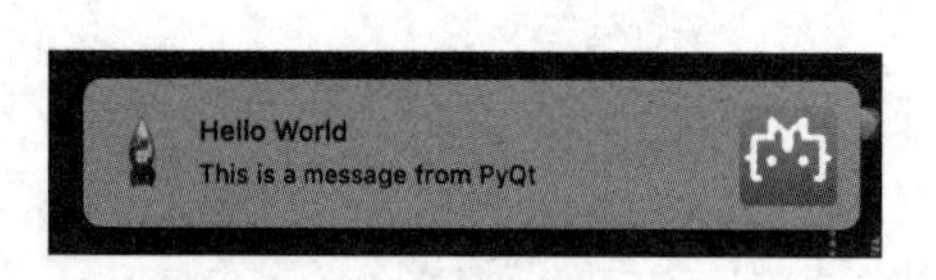

图 5-11 macOS 中的对话气泡

图 5-12 Windows 中的对话气泡

5.4 小结

本章介绍的内容相当有意思,尽管这些功能对于大多数应用程序不是必需的,但如果自己的应用程序有这些功能,会显得更酷、更专业。尤其是在状态栏中添加图标,读者可以将一些常用的功能添加到图标菜单中,这样用户就可以很方便使用这些功能了。本章的很多内容使用了第 4 章讲的 PyQt6,所以如果读者对 PyQt6 不了解,请先阅读相关内容。

第6章 动　画

Python有很多第三方模块可以实现各种有趣的动画，如gif动画、数字动画、三维仿真等。利用这些第三方模块，可以设计出堪比专业动画制作软件的系统。本章会选一些非常流行的第三方模块，用来展示Python的强大功能。

6.1 属性动画

在很多场景下，窗口中的组件会完成很多动作，如移动、缩放、旋转等，这些动作本质上就是组件属性的变化。如果用数学语言描述，就是组件中属性在某一时刻的值是时间的函数。尽管自己设计算法来控制这些属性值的变化，但在PyQt6中不用这么复杂，PyQt6提供了QPropertyAnimation类，使用该类的动画称为属性动画。

属性动画(QPropertyAnimation)是一种可以改变对象的某个属性值的动画。属性动画可以在一定的时间内，从一个初始值变化到一个结束值，还可以选择一个自定义的缓动曲线。要使用属性动画，需要把要改变的属性定义为Qt属性。

Qt属性是一种在Qt类中定义属性的机制，可以让用户在Python中使用getter和setter方法来访问和修改属性的值。Qt属性还可以让你的属性与其他Qt组件集成，例如动画、绑定、信号和槽等。

在PyQt6中，可以使用pyqtProperty函数来声明一个Qt属性，该函数可以从QtCore模块导入。需要为该函数指定属性的类型、getter方法和可选的setter方法。例如，下面的代码展示了如何在一个自定义的QWidget子类中声明一个color属性：

```
from PyQt6.QtCore import pyqtProperty
from PyQt6.QtWidgets import QWidget
class ColorWidget(QWidget):
    def __init__(self, color):
        super().__init__()
        self._color = color
    def getColor(self):
        return self._color
    def setColor(self, color):
        self._color = color
```

```
        self.update()
    # 使用 pyqtProperty 函数指定 color 属性的 getter 和 setter 方法
    color = pyqtProperty(str, getColor, setColor)
```

属性动画可以支持控制任何 Qt 属性，如位置、大小、颜色、透明度等。可以使用属性动画来给 PyQt6 的组件添加一些动态效果，如滑动开关、进度条、按钮等。

如果组件中的某些特性没有对应的属性，就要定义一个新类来包装这个组件，并添加新的 QT 属性，通过某些方法来控制组件的这些特性。例如，设置组件的样式可以通过 setStyleSheet 方法，但组件是没有 styleSheet 属性的，所以就需要添加对应的属性，在 setter 方法中调用 setStyleSheet 方法来设置组件的样式。

下面的例子通过属性组件控制按钮的尺寸和背景色不断变化。图 6-1 是动画开始前的样式，图 6-2 是动画结束后的样式。

图 6-1　动画开始前的样式

图 6-2　动画开始后的样式

代码位置：src/animations/property_anaimation.py

```
from PyQt6.QtWidgets import QApplication, QWidget, QPushButton
from PyQt6.QtCore import QPropertyAnimation, pyqtProperty,QSize
from PyQt6.QtGui import QColor
import sys
# 定义一个包装 QPushButton 的按钮类
class AnimatedButton(QPushButton):
    def __init__(self, *args, **kwargs):
        super().__init__(*args, **kwargs)
        self._color = QColor(255, 0, 0) # initial color
        self._size = QSize(100,100)
    # 定义 color 属性的 getter 方法
    @pyqtProperty(QColor)
    def color(self):
        return self._color
    # 定义 color 属性的 setter 方法
    @color.setter
    def color(self, color):
```

```
            self._color = color
            # 设置按钮背景色
            self.setStyleSheet(f"background-color: {color.name()};")
        # 定义 size 属性的 getter 方法
        @pyqtProperty(QSize)
        def size(self):
            return self._size
        # 定义 size 属性的 setter 方法
        @size.setter
        def size(self, size):
            self._size = size
            # 设置按钮尺寸
            self.setFixedSize(size)
class Window(QWidget):
    def __init__(self):
        super().__init__()
        self.setFixedSize(QSize(400,400))
        # 创建按钮并将其放置在窗口中心
        self.button = AnimatedButton('点击我', self)
        self.button.setGeometry(0,0, 100,100)
        # 创建 QPropertyAnimation 对象,用于控制按钮颜色的变化
        self.color_animation = QPropertyAnimation(self.button, b'color')
        self.color_animation.setStartValue(QColor(255, 0, 0))   # red
        self.color_animation.setEndValue(QColor(0, 255, 0))     # green
        self.color_animation.setDuration(3000)                  # 动画持续时间为 3s
        self.size_animation = QPropertyAnimation(self.button, b'size')
        self.size_animation.setEndValue(QSize(300,300))         # green
        self.size_animation.setDuration(2000)                   # 动画持续时间为 3s
        # 连接按钮的 clicked 信号和 start_animation 槽函数
        self.button.clicked.connect(self.start_animation)
    def start_animation(self):
        # 开始动画
        self.color_animation.start()
        self.size_animation.start()
if __name__ == '__main__':
    app = QApplication(sys.argv)
    window = Window()
    window.show()
    sys.exit(app.exec())
```

运行程序,单击“点击我”按钮开始运行动画。

在上述代码中,AnimatedButton 类定义了两个 QT 属性——color 和 size,只是采用了装饰器的方式定义 QT 属性。**@pyqtProperty** 是一个装饰器,也是一个函数,它返回一个 PyQt6.QtCore.pyqtProperty 对象,这个对象可以用来描述一个 Qt 属性。如果用这个装饰器修饰一个函数,意味着将这个函数作为 QT 属性的 getter 方法。**@color.setter** 装饰器的 color 必须和属性名一样,否则会抛出。用这个修饰的函数是 Python 属性的 setter 方法,但是如果同时使用了@pyqtProperty 装饰器,那么被修饰的方法也会成为 Qt 属性的 setter 方法。

6.2 缓动动画

pytweening 模块是一个用 Python 实现的缓动函数库。缓动函数是一种用来描述动画变化速度的函数，可以让动画看起来更自然和流畅。该模块提供了多种常用的缓动函数，如线性、二次、三次、正弦、指数等。可以使用这些函数来控制组件属性值的变化属性、鼠标的移动速度，或者创建自定义的动画效果。

我们可以使用 pytweening 模块中提供的缓动函数，或者自己定义一个缓动函数，来控制动画的变化速度。只需要向缓动函数传入一个浮点类型的参数值，该参数值表示动画的进度，从 0.0（开始）到 1.0（结束），然后就可以根据缓动函数的返回值调整组件的属性值以及鼠标的移动速度。也就是说，尽管 pytweening 模块不能直接控制组件的属性，却能告诉你如何改变属性的值。

pytweening.easeInOutQuad 是一个典型的 2 次缓动函数（淡入淡出效果），该函数可以让动画在开始和结束时都有一定的加速和减速效果。

pytweening.easeInOutQuad 函数的参数是一个浮点类型，表示动画的进度，从 0.0（开始）到 1.0（结束）。函数的返回值也是一个浮点数，表示动画的变化速度，从 0.0（最慢）到 1.0（最快）。

例如，参数是 0.0，表示动画刚开始，此时返回值也是 0.0，表示动画的速度是最慢的。参数是 0.5，表示动画进行了一半，此时返回值是 0.5，表示动画的速度是中等的。参数是 1.0，表示动画结束了，此时返回值也是 1.0，表示动画的速度是最快的。

pytweening 模块是 Python 的第三方模块，所以第 1 次使用该模块时需要使用下面的命令安装：

```
pip3 install pytweening
```

下面的例子通过 pytweening.easeInOutQuad 函数控制按钮背景色的颜色变化。当鼠标移入按钮时，按钮背景色会从红色逐渐变为蓝色，当鼠标移除按钮时，按钮背景色会从蓝色逐渐变为红色。

代码位置：src/animations/pytweening_demo.py

```
import sys
import pytweening
from PyQt6.QtWidgets import QApplication, QPushButton
from PyQt6.QtCore import QTimer
class ColorButton(QPushButton):
    def __init__(self, text):
        super().__init__(text)
        self.setMouseTracking(True)
        self.red = 255                                    # 初始红色值
        self.green = 0                                    # 初始绿色值
```

```
        self.blue = 0                                      # 初始蓝色值
        self.timer = QTimer(self)                          # 动画的定时器
        self.timer.timeout.connect(self.update_color)      # 将定时器连接到更新函数
        self.duration = 1000                               # 动画持续时间,单位为 ms
        self.interval = 10                                 # 定时器间隔,单位为 ms
        self.steps = self.duration // self.interval        # 动画的步数
        self.progress = 0                                  # 动画的当前进度
    # 定时器不断调用该方法,控制按钮背景色的变化
    def update_color(self):
        # 根据进度和缓动函数更新颜色
        if self.progress < self.steps:
            self.progress += 1
    # 对于背景色来说,eased_progress 就是在当前时间点红色和蓝色的比例
            eased_progress = pytweening.easeInOutQuad(self.progress / self.steps)
            if self.direction == "in":
                # 从红色插值到蓝色
                self.red = int(255 * (1 - eased_progress))
                self.blue = int(255 * eased_progress)
            else:
                # 从蓝色插值到红色
                self.red = int(255 * eased_progress)
                self.blue = int(255 * (1 - eased_progress))
            # 设置按钮的背景颜色样式
            self.setStyleSheet(f"background-color: rgb({self.red}, {self.green}, {self.blue})")
        else:
            # 动画完成时停止定时器
            self.timer.stop()

    # 当鼠标进入时调用
    def enterEvent(self, event):
        # 鼠标进入时开始颜色变化动画
        self.direction = "in"
        self.progress = 0
    # 开始动画,按钮背景色从红变为蓝
        self.timer.start(self.interval)
    # 当鼠标移除时调用
    def leaveEvent(self, event):
        # 鼠标离开时开始颜色变化动画
        self.direction = "out"
        self.progress = 0
        # 开始动画,按钮背景色从蓝变为红
        self.timer.start(self.interval)
if __name__ == '__main__':
    app = QApplication(sys.argv)
    button = ColorButton("Hello")
    button.show()
    sys.exit(app.exec())
```

运行程序,会显示如图 6-3 所示的窗口,将鼠标移入移出按钮,会看到按钮的背景色逐渐改变。

图 6-3 缓动动画

6.3 制作数学动画 gif 文件

数学动画是指通过计算机程序生成的动画，用于展示数学概念、定理、公式等。Python 中有很多模块可以生成数学动画。本节将结合 **gif** 模块、**numpy** 模块和 **matplotlib** 模块生成多个动画 gif 文件。这些动画 gif 文件可以用浏览器或任何支持动画 gif 的软件打开。

6.3.1 正弦波

本节会生成一个正弦波动画 gif 文件，正弦波从右向左不断移动，每次移动 $\pi/10$ 个长度。下面先分别介绍 gif 模块、numpy 模块和 matplotlib 模块。

1. gif 模块

根据静态图片生成动画 gif 文件时需要用到 gif 模块，该模块是一个用于处理 gif 图像的 Python 模块。它提供了一些主要功能，如创建、编辑和保存 gif 图像。其中，gif. save 函数用于将静态图像保存为动画 gif 文件。该函数的原型如下：

```
def save(fp, format = None,  ** params)
```

参数含义如下。

(1) fp：文件名或文件对象。

(2) format：文件格式(默认为 None)。

(3) params：可选参数。

其中，params 参数可设置的值如下。

(1) duration：每帧之间的时间间隔(以毫秒为单位)，默认值为 100ms；

(2) loop：循环次数。如果设置为 0 或 False，则表示无限循环，默认值为 0；

(3) transparency：透明度。如果设置为 None，则表示没有透明度，默认值为 None。

下面的代码演示了如何使用 gif. save 函数生成动画 gif 文件：

```
from PIL import Image
import gif
images = [Image.open(f) for f in ['image1.png', 'image2.png', 'image3.png']]
gif.save(images, 'animation.gif', duration = 100)
```

使用下面的命令可以安装 gif 模块：

```
pip3 install gif
```

2. numpy 模块

numpy 是 Python 中的一个科学计算库，提供了大量的数学函数和矩阵运算等。本节的例子会使用其中 sin 函数，该函数是 numpy 库中的一个三角函数，用于计算给定角度的正弦值。sin 函数的参数比较多，通常不需要了解那么多参数的使用方法，但必须了解第 1 个参数 x 的含义和用法。

x 参数表示要计算正弦值的角度，单位为弧度。如果 x 是一个数组，则返回值也是一个数组，数组中每个元素都是对应角度的正弦值。也就是说，sin 函数不仅可以计算一个弧度的正弦值，还可以计算一组弧度的正弦值。

本例还会使用 numpy 中的 linspace 函数，该函数用于在指定的区间内生成等间隔的数值。例如，下面的代码生成一个从 0 到 2π 等分为 30 份的数组，其中 x 就是生成的数组，长度为 30。np. pi 是 numpy 中的变量，表示 π(3. 141592653589793……)。

```
x = np.linspace(0, 2 * np.pi, 30)
```

linespace 最常用的就是前 3 个参数——start、stop 和 num。其中，start 和 stop 表示区间的起始值和结束值，也就是本例中的 0 和 2 * np. pi，num 表示在区间内生成的数值个数，默认值为 50。

使用下面的命令可以安装 numpy 模块：

```
pip3 install numpy
```

3. matplotlib 模块

本节的例子中，最重要的就是 matplotlib 模块。matplotlib 是 Python 中的一个绘图库，提供了大量的绘图函数和工具，可以用于生成各种类型的图表和图形。matplotlib. pyplot 是 matplotlib 库中的一个子模块（本节的例子会使用这个子模块中的一些函数），提供了一些简单的绘图函数，可以快速地生成常见的图表和图形。pyplot 模块是 matplotlib 库中最常用的模块之一，提供了类似于 MATLAB 的绘图 API，可以方便地进行数据可视化。pyplot 模块是建立在 matplotlib 库之上的，使用 pyplot 模块需要先导入 matplotlib 库。

在本例中会使用 pyplot 模块中的 figure 函数、plot 函数、xlim 函数和 ylim 函数绘制正弦波的一帧图像，下面分别介绍这 4 个函数的功能。

1）figure 函数

figure 函数用于创建一个新的图形窗口，该函数的原型如下：

```
figure(num = None, figsize = None, dpi = None, facecolor = None, edgecolor = None, frameon =
True, FigureClass = <class 'matplotlib.figure.Figure'>, clear = False, ** kwargs)
```

参数含义如下。

（1）num：表示图形窗口的编号，如果未指定该参数，则编号会自动增加。

（2）figsize：表示图形窗口的尺寸。该参数是一个元组，包含两个数字，分别表示图像的宽度和高度，单位为英寸。例如，figsize＝(8, 6)表示图像的宽度为 8 英寸，高度为 6 英

寸。可以在创建图像窗口时使用 figsize 参数来指定图像的大小。如果要在代码中指定图像的大小,可以使用如下代码:

```
import matplotlib.pyplot as plt
#将创建一个宽度为8英寸,高度为6英寸的图像窗口
fig = plt.figure(figsize = (8, 6))
```

(3) dpi:表示图形窗口的分辨率。

(4) facecolor:表示图形窗口的背景色。

(5) edgecolor:表示图形窗口的边框颜色。

(6) frameon:表示是否显示边框。

(7) FigureClass:表示图形窗口的类型。

(8) clear:表示是否清空当前图形窗口。

2) plot 函数

plot 函数用于绘制一条线或多条线,该函数的原型如下:

```
plot( * args, scalex = True, scaley = True, data = None,  ** kwargs)
```

参数含义如下。

(1) args:表示要绘制的数据。

(2) scalex:表示是否对 x 轴进行缩放。

(3) scaley:表示是否对 y 轴进行缩放。

(4) data:表示数据来源。

(5) kwargs:表示其他参数。

3) xlim 函数和 ylim 函数

xlim 和 ylim 函数用于设置 x 轴和 y 轴的显示范围。这两个函数的原型如下:

```
xlim(left = None, right = None, emit = True, auto = False,  * , xmin = None, xmax = None)
ylim(bottom = None, top = None, emit = True, auto = False,  * , ymin = None, ymax = None)
```

参数含义如下。

(1) left 和 right:表示 x 轴的显示范围。

(2) bottom 和 top:表示 y 轴的显示范围。

(3) emit:表示是否发出信号。

(4) auto:表示是否自动调整范围。

(5) xmin 和 xmax:表示 x 轴的最小值和最大值。

(6) ymin 和 ymax:表示 y 轴的最小值和最大值。

使用下面的命令可以安装 matplotlib 模块:

```
pip3 install matplotlib
```

下面的例子演示了如何用前面介绍的几个模块中的 API 生成一个正弦波动画 gif 文件。用浏览器或任何支持动画 gif 的程序打开本例生成的动画 gif 文件(sine_wave. gif),会看到正弦波不断从左到右运动,每次移动 π/10 的距离,如图 6-4 所示。

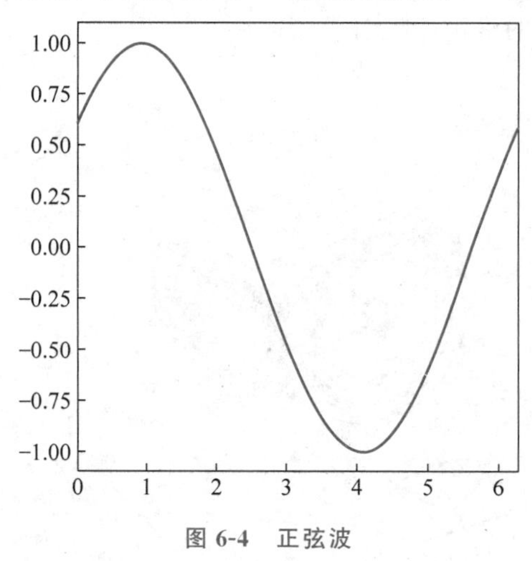

图 6-4 正弦波

代码位置:src/animations/sine_wave. py

```
import gif
import numpy as np
import matplotlib.pyplot as plt

@gif.frame                          # 使用 gif.frame 装饰器,将下面的函数定义为一个动画帧
def plot(x, y):                     # 定义一个函数,接收两个参数 x 和 y,分别表示横坐标和纵坐标
    plt.figure(figsize = (5, 5), dpi = 100)     # 创建一个 5 英寸 * 5 英寸,分辨率为 100 的图形
    plt.plot(x, y)                  # 绘制 x 和 y 的折线图
    plt.xlim((0, 2 * np.pi))        # 设置横坐标的范围为 0 到 2π
    plt.ylim(( - 1.1, 1.1))         # 设置纵坐标的范围为 - 1.1 到 1.1

x = np.linspace(0, 2 * np.pi, 30)  # 生成一个从 0 到 2π 等分为 30 份的数组,作为横坐标
frames = []                         # 创建一个空列表,用于存储动画帧
for i in range(20):                 # 循环 20 次,每次生成一个不同的正弦波
    y = np.sin(x + i / 20 * 2 * np.pi)      # 计算纵坐标,根据 i 的值改变正弦波的相位
    frame = plot(x, y)              # 调用 plot 函数,返回一个动画帧
    frames.append(frame)            # 将动画帧添加到列表中
# 调用 gif.save 函数,将列表中的动画帧保存为 sine_wave.gif 文件,每帧持续时间为 100ms
gif.save(frames, "sine_wave.gif", duration = 100)
```

6.3.2 洛伦兹吸引子

本节仍然会使用 6.1.3 节介绍的模块生成更复杂的数学动画——洛伦兹吸引子。这其中涉及洛伦兹方程的微分形式和欧拉法进行数值积分的方式计算洛伦兹吸引子的每一个点的坐标。

洛伦兹方程是描述流体力学中对流现象的一种微分方程，由爱德华·洛伦兹于1963年提出。它是一个三维的非线性常微分方程组，描述了一个简单的气象学模型，用于研究大气对流现象。洛伦兹方程的图形通常称为洛伦兹吸引子，它是一种奇异吸引子，具有分形特征。图6-5就是一个典型的洛伦兹吸引子。

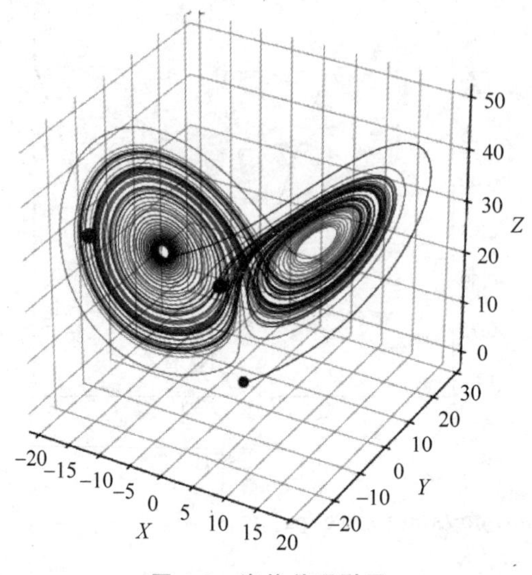

图6-5 洛伦兹吸引子

洛伦兹吸引子在天气预报、金融市场、生物学、化学、物理学、电子工程等领域多有应用。在这些领域中，洛伦兹吸引子被用来描述复杂的非线性系统，以及这些系统中的不可预测性和随机性。

编写本例的代码之前，读者需要了解洛伦兹方程的微分形式和欧拉法进行数值积分，下面分别介绍它们的公式，读者并不需要深入了解这些公式是如何推出的，只需要传入对应的参数值计算即可。

1. 洛伦兹方程的微分形式

公式如图6-6所示。

$$\frac{\mathrm{d}x}{\mathrm{d}t}=\sigma(y-x)$$

$$\frac{\mathrm{d}y}{\mathrm{d}t}=x(\rho-z)-y$$

$$\frac{\mathrm{d}z}{\mathrm{d}t}=xy-\beta z$$

图6-6 洛伦兹方程的微分形式

其中，x、y和z是3个变量，σ、ρ和β是3个常数。这几个常数是根据物理实验和观察得到的。σ表示流体的普朗特数，ρ表示流体的瑞利数，β表示流体的瑞利-贝纳尔数。这些常数的值可以根据实验数据进行计算。对于本例来说，可以任意指定这3个常数（模拟实验数据）。

洛伦兹方程描述了一个三维空间中的动力学系统，称为洛伦兹(Lorenz)吸引子。

2. 欧拉法进行数值积分

欧拉法是一种数值积分方法，用来求解微分方程。对于洛伦兹吸引子，可以使用欧拉法进行数值积分，计算每个点的坐标。欧拉法的公式如图 6-7 所示。

$$x_{n+1} = x_n + h \cdot \frac{\mathrm{d}x}{\mathrm{d}t}$$

$$y_{n+1} = y_n + h \cdot \frac{\mathrm{d}y}{\mathrm{d}t}$$

$$z_{n+1} = z_n + h \cdot \frac{\mathrm{d}z}{\mathrm{d}t}$$

图 6-7 欧拉法进行数值积分

其中，x_n、y_n 和 z_n 是第 n 步的坐标，h 是步长，$\mathrm{d}t/\mathrm{d}x$、$\mathrm{d}t/\mathrm{d}y$ 和 $\mathrm{d}t/\mathrm{d}z$ 是根据微分方程计算出来的导数，也就是图 6-6 所示洛伦兹方程的微分形式。

下面的例子会根据这两个公式生成一个洛伦兹吸引子的动画 gif 文件。

代码位置：src/animations/lorenz.py

```
import gif
import numpy as np
import matplotlib.pyplot as plt

# 定义洛伦兹方程的常数
sigma = 10              # σ 常数
rho = 28                # ρ 常数
beta = 8/3              # β 常数
# 定义洛伦兹方程的微分形式(根据图 5-6 的公式)
def lorenz(x, y, z):
    x_dot = sigma * (y - x)
    y_dot = x * (rho - z) - y
    z_dot = x * y - beta * z
    return x_dot, y_dot, z_dot
# 定义积分步长和时间间隔
dt = 0.01
stepCnt = 1000          # 可以增加这个变量的值,但该变量值越大,生成动画 gif 的时间就越长
# 创建一个空数组,用于存储轨迹(洛伦兹吸引子中每一个点的坐标)
xs = np.empty((stepCnt + 1,))
ys = np.empty((stepCnt + 1,))
zs = np.empty((stepCnt + 1,))
# 设置初始值
xs[0], ys[0], zs[0] = (0., 1., 1.05)
# 使用欧拉法进行数值积分(根据图 5-7 的公式计算)
for i in range(stepCnt):
    x_dot, y_dot, z_dot = lorenz(xs[i], ys[i], zs[i])
    xs[i + 1] = xs[i] + (x_dot * dt)
    ys[i + 1] = ys[i] + (y_dot * dt)
    zs[i + 1] = zs[i] + (z_dot * dt)
```

```
@gif.frame          # 使用 gif.frame 装饰器,将下面的函数定义为一个动画帧
def plot(i):        # 定义一个函数,接收一个参数 i,表示当前的时间步数
    fig = plt.figure(figsize=(5, 5), dpi=100)  # 创建一个 5 英寸 * 5 英寸,分辨率为 100 的图形
    ax = fig.add_subplot(111, projection='3d')
    ax.plot(xs[:i], ys[:i], zs[:i], color="blue")  # 绘制轨迹,只显示到当前时间步数的部分
    ax.set_xlabel("X")
    ax.set_ylabel("Y")
    ax.set_zlabel("Z")
    ax.set_title("Lorenz Attractor")
frames = []                               # 创建一个空列表,用于存储动画帧
for i in range(0, stepCnt + 1, 10):      # 循环 101 次,每隔 10 个时间步数生成一个动画帧
    frame = plot(i)                       # 调用 plot 函数,返回一个动画帧
    frames.append(frame)                  # 将动画帧添加到列表中
# 调用 gif.save 函数,将列表中的动画帧保存为 lorenz_attractor.gif 文件,每帧持续时间为 10ms
gif.save(frames, "lorenz_attractor.gif", duration=10)
```

运行程序,会在当前目录生成一个名为 lorenz_attractor.gif 的文件,打开文件后,会看到如图 6-8 所示的效果(实际效果是动态的,演示绘制洛伦兹吸引子的过程)。

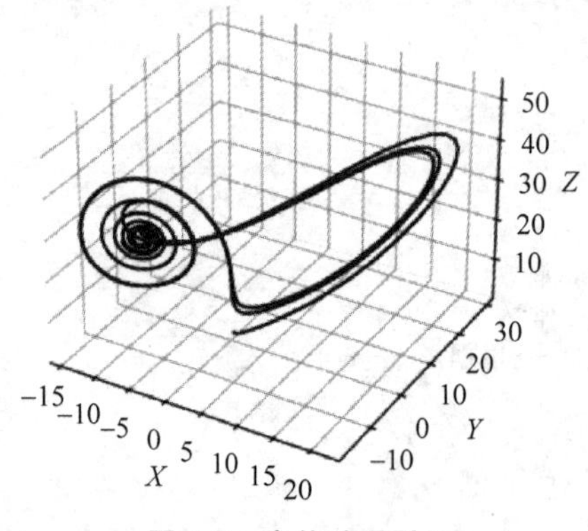

图 6-8 洛伦兹吸引子

在上面代码中有如下一行代码:

```
ax = fig.add_subplot(111, projection='3d')
```

其中的 111 是一个 3 位数,表示将画布分割成几行几列,并在哪个位置绘制子图。具体来说,第 1 位数字表示子图的总行数,第 2 位数字表示子图的总列数,第 3 位数字表示子图的位置。位置是按照从左到右、从上到下的顺序编号的。

例如,111 的意思是将画布分割成 1 行 1 列,也就是只有一个子图,然后在第 1 个位置绘制子图。如果你想绘制多个子图,可以改变这个 3 位数。如,211 的意思是将画布分割成 2 行 1 列,然后在第 1 个位置绘制子图。也可以用另一种形式来指定子图的位置,就是用 3 个单独的数字来代替一个三位数。如,add_subplot(111)和 add_subplot(1, 1, 1)是等价的。

6.4 动画 gif

本节会介绍如何根据静态图像生成动画 gif 文件，以及如何播放动画 gif 文件。

6.4.1 使用静态图像生成动画 gif 文件

我们在 6.3 节生成了多个动画 gif 文件，不过这些 gif 文件的每一帧都是通过 matplotlib 模块动态生成的，实际上，还可以直接将多张静态图像文件转换为动画 gif 文件。

下面的例子使用 PIL 模块中的 Image 类将 images 目录中所有的 jpg 图像添加到名为 output. gif 的文件中，并设置每帧的停留时间为 500ms。

代码位置：src/animations/make_anim_gif. py

```
import glob
from PIL import Image

# 获取 images/gif 目录中的所有 jpg 文件,并按文件名排序
file_list = sorted(glob.glob('images/*.jpg'))
# 创建一个空列表,用于存储图像对象
images = []
# 遍历文件列表,将每个 jpg 文件转换为图像对象,并添加到列表中
for file in file_list:
    image = Image.open(file)
    images.append(image)
# 创建一个 gif 动画文件,使用第一个图像作为输出文件的模式,并指定循环次数和帧间隔
output_file = 'output.gif'
images[0].save(output_file, save_all = True, append_images = images[1:], loop = 0, duration = 500)
# 打印完成信息
print('GIF 动画文件已创建')
```

运行程序，会在当前目录生成一个 output. gif 文件，打开该文件，就会看到 images 目录中所有的静态图像会依次循环播放。

6.4.2 播放动画 gif

使用 PyQt6 中的 QMovie 类可以播放动画 gif 文件。QMovie 类可以从文件、QIODevice 或 QByteArray 中加载动画，也可以从 QPixmap、QImage 或 QPicture 中加载动画。QMovie 类还提供了一些方法，例如 setCacheMode，用以设置缓存模式。如果底层的动画格式处理程序不支持跳转到特定帧或甚至“倒回”动画到开头（用于循环），则缓存帧可能很有用。

QMovie 类只是用来控制 gif 动画，并不直接显示 gif 动画。要显示 gif 动画，需要使用 QLabel 组件，代码如下：

```
movie = QMovie("animation.gif")
label = QLabel()
```

```
label.setMovie(movie)
movie.start()
```

下面的例子演示了如何使用QMovie类和QLabel组件显示6.3.1节生成的sine_wave.gif文件,效果如图6-9所示。

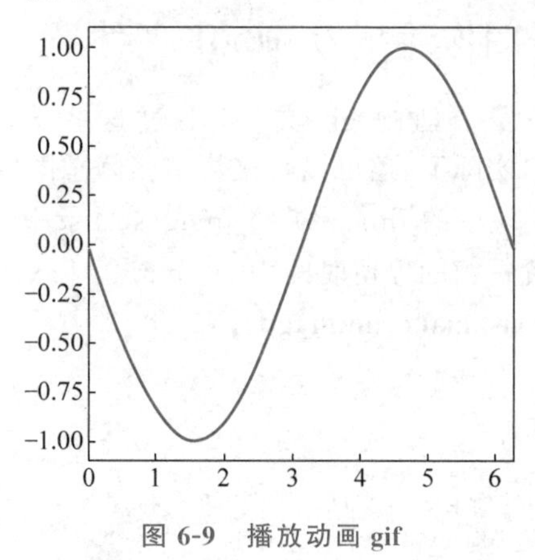

图6-9 播放动画gif

代码位置:src/animations/play_anim_gif.py

```
from PyQt6.QtWidgets import *
from PyQt6.QtGui import QMovie
from PyQt6.QtCore import QSize
# 创建一个主窗口类,继承自 QMainWindow
class MainWindow(QMainWindow):
    def __init__(self):
        super().__init__()
        # 设置窗口的标题和大小
        self.setWindowTitle("动画 gif 示例")
        self.resize(300, 300)
        # 创建一个 QLabel 对象,用于显示 QMovie 对象
        self.label = QLabel(self)
        self.label.resize(300, 300)
        # 创建一个 QMovie 对象,用于加载和播放动画 gif 文件
        self.movie = QMovie("sine_wave.gif")
        self.movie.setScaledSize(QSize(300, 300))
        # 将 QMovie 对象设置为 QLabel 对象的内容
        self.label.setMovie(self.movie)
        # 开始播放动画 gif 文件
        self.movie.start()
# 创建一个应用程序对象
app = QApplication([])
# 创建一个主窗口对象
window = MainWindow()
# 显示主窗口
window.show()
# 运行应用程序
app.exec()
```

6.5 制作数学动画视频

我们在6.3节生成了2个数学动画的动画gif文件，这一节会生成mp4格式的数学动画，而且会使用一个全新的manim模块。使用下面的命令可以安装manim模块：

```
pip install manim
```

6.5.1 图形转换动画

本节会生成一个从圆形逐渐变为正方形的mp4文件，实现这个功能要用到manim模块。manim是一个用于制作数学动画的Python库，可以用于制作各种数学动画，包括但不限于函数图像、几何图形、3D图形、复杂的数学公式等。manim的主要特点是可以生成高质量的视频，支持LaTeX语法，可以轻松地制作出漂亮的数学公式。manim还支持多种动画效果，包括但不限于平移、旋转、缩放、淡入淡出等。

manim模块支持的主要功能如下。

(1) 2D和3D图形。

(2) 函数图像。

(3) 几何图形。

(4) 复杂的数学公式。

(5) 动画效果。

使用manim创建数学动画时，首先要创建一个场景，也就是要使用Scene类，该类是所有渲染的基本对象的父类。每个Scene的子类对应一个渲染出来的视频序列，在Scene类的子类中，通常会重写Scene类的construct方法，在该方法中会向渲染出来的视频添加各种对象以及动画效果。因此，可以将Scene视为一个场景，它包含多个对象，例如图形、文字、线条等；在Scene中定义这些对象，并指定它们的位置、大小、颜色等属性；使用Scene来创建动画、演示、教程等。

manim提供了多个对象可以添加到Scene中，下面是一些常用的对象。

(1) Circle：圆形。

(2) Square：正方形。

(3) Rectangle：矩形。

(4) Line：直线。

(5) Arrow：箭头。

(6) Text：文本。

(7) MathTex：数学公式。

(8) ImageMobject：图片。

(9) VGroup：对象组合。

上面的每一个对象对应一个类。通过 Scene. add 方法可以将这些对象添加到场景中。只需要在 construct 方法中创建这些类的实例,并调用 Scene. add 方法将这些实例添加到场景中即可。以 Circle 为例,Circle 类构造方法的原型如下:

```
Circle(radius = 1.0, color = WHITE, fill_opacity = 0)
```

参数含义如下。

(1) radius:圆的半径。

(2) color:圆的颜色。

(3) fill_opacity:填充不透明度。

manim 中使用频率最高的就是 Scene. play 方法,该方法用于播放动画,其原型如下:

```
def play(self, * args, ** kwargs)
```

play 方法可以接收多个参数,其中最常用的参数是 Animation 对象。Animation 对象是 manim 中所有动画的基础类。Animation 对象有许多子类,例如 Rotate、Transform、ShowCreation、FadeIn、GrowFromCenter 等。这些子类都用于展示不同类型的动画效果。

manim 中常用的动画类如下。

(1) Rotate:旋转动画,可以将对象绕着指定的轴旋转一定角度。

(2) Transform:变换动画,可以将一个对象变换为另一个对象。

(3) FadeIn:淡入动画,可以将对象从透明度为 0 的状态渐变到完全不透明的状态。

(4) FadeOut:淡出动画,可以将对象从完全不透明的状态渐变到透明度为 0 的状态。

(5) ShowCreation:用于展示一个对象的创建过程。

(6) ShowPassingFlash:用于展示一个对象的闪烁过程。

(7) ApplyMethod:用于对一个对象进行方法调用。

(8) ApplyPointwiseFunction:用于对一个对象进行逐点函数调用。

(9) ApplyWave:用于对一个对象进行波浪形变化。

(10) Write:用于展示一个对象的书写过程。

上面给出的所有动画类的父类或祖先类都是 Animation。

由于本节的例子会使用 Rotate 和 Transform,所以下面着重解释这两个动画。

1. Rotate 类

Rotate 类构造方法的原型如下:

```
Rotate (mobject = None, angle = 0, axis = OUT, about_point = None, ** kwargs)
```

参数含义如下。

(1) mobject:需要进行旋转变换的 mobject。

(2) angle:旋转角度。

(3) axis:旋转轴。

（4）about_point：旋转中心。

2. Transform 类

Transform 类构造方法的原型如下：

```
Transform (mobject: Mobject | None,
        target_mobject: Mobject | None = None,
        path_func: Callable | None = None,
        path_arc: float = 0,
        path_arc_axis: np.ndarray = OUT,
        path_arc_center: Optional[Union[np.ndarray, List[np.ndarray]]] = None,
        replace_mobject_with_target_in_scene: bool = False,
        ** kwargs )
```

参数含义如下。

（1）mobject：需要进行变换的 mobject。

（2）target_mobject：变换后的 mobject。

（3）path_func：路径函数。

（4）path_arc：旋转弧度。

（5）path_arc_axis：旋转轴。

（6）path_arc_center：旋转中心。

（7）replace_mobject_with_target_in_scene：是否在场景中替换原有的 mobject。

Rotate 类和 Transform 类的构造方法最后都有一个 kwargs 参数，前面两个 ** 表示 Python 中的一个特殊参数，可以接收任意数量的关键字参数。在 manim 中，kwargs 参数通常用于传递一些额外的参数，例如颜色、位置、大小等。这些参数可以用于控制动画的效果。

对于 Rotate 类和 Transform 类，用于传递以下参数。

（1）run_time：动画持续时间。

（2）rate_func：动画速率函数。

（3）path_arc：旋转弧度。

下面的例子通过 Rotate 和 Transform，让一个圆在 2s 内旋转 360°，然后这个圆在 1s 内变换成一个正方形，接下来让正方形在 2s 内旋转 360°，最后让正方形在 1s 内变换回圆。图 6-10 是变化过程的中间图像。

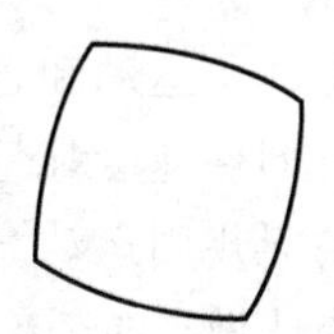

图 6-10　圆和正方形之间的转换过程的中间图像

代码位置：src/animations/circle_to_square.py

```
from manim import *
# 定义一个场景类，继承自 Scene 类
class CircleToSquare(Scene):
    # 定义一个构造方法，接收 self 参数
    def construct(self):
        # 创建一个圆对象，半径为 1，颜色为蓝色，填充度为 0.5
```

```
        circle = Circle(radius = 1, color = BLUE, fill_opacity = 0.5)
        # 将圆对象添加到场景中
        self.add(circle)
        # 播放一个动画,让圆对象在 2s 内旋转 360 度
        self.play(Rotate(circle, angle = 2 * PI), run_time = 2)
        # 播放一个动画,让圆对象在 1s 内变换成一个正方形对象
        self.play(Transform(circle, Square()))
        # 播放一个动画,让正方形对象在 2s 内旋转 360 度
        self.play(Rotate(circle, angle = 2 * PI), run_time = 2)
        # 播放一个动画,让正方形对象在 1s 内变换回圆对象
        self.play(Transform(circle, Circle()))
        # 暂停场景 1s
        self.wait(1)
```

上面的代码不能直接执行,需要使用下面的命令运行代码,并生成 mp4 文件:

```
python -m manim -r 1920,1080 circle_to_square.py CircleToSquare -p
```

其中-r 命令行参数可以指定生成视频的分辨率(本例是 1920 * 1080)。

执行这行命令后,会在当前目录生成一个 media 子目录,视频文件的路径如下:

```
media/videos/circle_to_square/1080p60/CircleToSquare.mp4
```

命令成功执行后,会自动播放视频,读者也可以自己播放 CircleToSquare.mp4 文件。

6.5.2 做布朗运动的小球

本节仍然使用 6.5.1 节的技术生成一个稍微复杂的动画视频——做布朗运动的小球。

布朗运动是指微小粒子或颗粒在流体中做的无规则运动。布朗运动过程是一种全正态分布的独立增量连续随机过程。简单来说,布朗运动是由分子热运动导致的微粒的无规则运动。

尽管随机运动和布朗运动有相似之处,但并不完全相同。随机运动是指物体在空间中的运动方向和速度都是随机的,而布朗运动是一种特殊的随机运动,它是由分子热运动导致的微粒的无规则运动。

让小球做布朗运动,需要使用 numpy.random 中生成随机数的函数,主要有两个这样的函数——numpy.random.uniform、numpy.random.normal,它们生成的随机数的分布不同。

numpy.random.uniform 函数用来生成服从均匀分布的随机数。均匀分布是指在一定区间内,所有数出现的概率相等。

numpy.random.normal 函数用来生成服从正态分布的随机数。正态分布也称为高斯分布,是一种常见的连续概率分布。正态分布的概率密度函数呈钟形——两头低,中间高,两侧对称。

由于布朗运动是一种正态分布的独立增量连续随机过程,所以需要使用 numpy.random.normal 函数生成正态分布的随机数来模拟小球的布朗运动。

本节的例子中需要创建一个矩形对象(Rectangle)和一个圆球对象(Dot),下面分别介绍以下两类。

1. Rectangle 类

Rectangle 类可以绘制一个矩形,该类构造方法的原型如下:

```
Rectangle(color = '#FFFFFF', height = 2.0, width = 4.0, grid_xstep = None, grid_ystep = None,
mark_paths_closed = True, close_new_points = True, **kwargs)
```

参数含义如下。

(1) color:表示矩形的颜色。

(2) height:表示矩形的高度。

(3) width:表示矩形的宽度。

(4) grid_xstep:表示垂直网格线之间的间距。

(5) grid_ystep:表示水平网格线之间的间距。

mark_paths_closed 参数和 close_new_points 参数只是传递给基类 Polygon 的值,对于 Rectangle 类并没有什么作用,保持默认值即可。

例如,下面的代码可以创建一个矩形:

```
rect = Rectangle(width = 4.0, height = 2.0, grid_xstep = 1.0, grid_ystep = 0.5)
```

2. Dot 类

Dot 类可以绘制一个非常小的圆。该类的构造方法如下:

```
def Dot(point = array([0., 0., 0.]), radius = 0.08, stroke_width = 0, fill_opacity = 1.0, color =
'#FFFFFF', **kwargs)
```

参数含义如下。

(1) point:表示点的位置。

(2) radius:表示点的半径。

(3) xstroke_width:表示点轮廓的厚度。

(4) fill_opacity:表示点的填充颜色的不透明度。

(5) color:表示点的颜色。

例如,下面的代码可以这样创建一个小圆:

```
dot = Dot(point = LEFT, radius = 0.3)
```

这两个类的最后都有一个 kwargs 参数,该参数是一个关键字参数字典,允许为函数传递任意数量的关键字参数。在 Rectangle 和 Dot 类的构造方法中,kwargs 用于传递给它们的基类,即 Polygon 和 Circle 类。这意味着可以传递任何有效的参数,这些参数将被这些基类接收。

例如,在创建一个 Rectangle 对象时,可以传递一个名为 fill_color 的参数,该参数将改变矩形的填充颜色：

```
rect = Rectangle(width = 4.0, height = 2.0, fill_color = BLUE)
```

同样地，在创建一个 Dot 对象时，可以传递一个名为 z_index 的参数，这将改变点的 z 轴位置：

```
dot = Dot(radius = 0.08, z_index = 2)
```

通过 numpy.random.normal 函数可以获取小球每次运动的坐标，但仍然需要调用 ball.animate.move_to 方法将小球移动到指定位置。ball.animate.move_to 是 Manim 中的一个动画方法，该方法用于将一个 Mobject（在本例中是一个名为 ball 的对象）移动到指定位置。

下面的代码使用前面介绍的函数和类生成一个小球在一个矩形区域内进行布朗运动的视频。效果如图 6-11 所示。

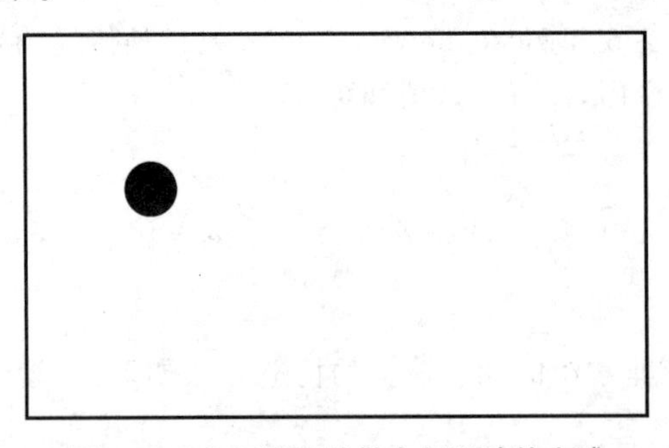

图 6-11　在矩形区域做布朗运动的小球

代码位置：src/animations/brownian_motion.py

```
from manim import *
class BrownianMotion(Scene):
    def construct(self):
        # 创建一个矩形
        rect = Rectangle(width = 5, height = 3)
        self.play(Create(rect))
        # 创建一个绿色的小球
        ball = Dot(radius = 0.2, color = GREEN)
        self.play(Create(ball))
        # 让小球在矩形内部做布朗运动(做 50 次布朗运动)
        for i in range(50):
            # 生成符合正态分布的新位置的偏移量
            direction = np.random.normal(size = (3,))
            # 生成新的小圆的中心坐标
            new_position = ball.get_center() + direction
            if new_position[0] > rect.get_right()[0] - ball.radius:
                new_position[0] = rect.get_right()[0] - ball.radius
            elif new_position[0] < rect.get_left()[0] + ball.radius:
```

```
                new_position[0] = rect.get_left()[0] + ball.radius
            if new_position[1] > rect.get_top()[1] - ball.radius:
                new_position[1] = rect.get_top()[1] - ball.radius
            elif new_position[1] < rect.get_bottom()[1] + ball.radius:
                new_position[1] = rect.get_bottom()[1] + ball.radius
            # 移动小球
            self.play(ball.animate.move_to(new_position), run_time = 0.5)
        self.wait()
```

使用下面的命令运行程序：

```
python -m manim -r 1920,1080 brownian_motion.py BrownianMotion -p
```

生成视频后，可以播放 media/videos/brownian_motion/1080p60/BrownianMotion.mp4 文件观看效果。

6.5.3 三维动画

manim 模块不仅可以制作 2D 动画，还可以制作 3D 动画。要想生成 3D 动画，需要编写一个从 ThreeDScene 类继承的子类。ThreeDScene 类是 Scene 的子类，该类具有特殊的配置和属性，使其适用于三维场景。它提供了一些方法来控制场景中物体的旋转和移动，以及相机的移动和旋转。例如，add_fixed_in_frame_mobjects 方法用于防止摄像机移动时物体的旋转和移动；begin_3dillusion_camera_rotation 方法则可以创建围绕当前相机方向的 3D 相机旋转效果。

建立 3D 场景，仍然需要重写 construct 方法，并在该方法中添加 3D 对象和相应的动画特效。

如果要在 3D 场景中绘制一个三维的坐标系，可以使用 ThreeDAxes 类。该类继承自 Axes 类，可以通过指定 x_range、y_range 和 z_range 来控制坐标轴的范围，以及通过指定 x_length、y_length 和 z_length 来控制坐标轴的长度。

本节的例子会在三维坐标系中绘制一个圆锥体，这个工作由 Cone 类完成。该类继承自 Surface 类，Cone 类构造方法的原型如下：

```
Cone(base_radius = 1, height = 1, direction = array([0., 0., 1.]), show_base = False, v_range =
[0, 6.283185307179586], u_min = 0, checkerboard_colors = False, **kwargs)
```

参数含义如下。

(1) base_radius：圆锥底面的半径。

(2) height：圆锥的高度。

(3) direction：圆锥顶点的方向。

(4) show_base：是否显示底面。

(5) v_range：方位角的起始值和结束值。

(6) u_min：顶点的半径。

(7) checkerboard_colors：是否在圆锥上显示棋盘格纹理。

(8) ** kwargs：传递其他参数。

在3D场景中，通常要使用 set_camera_orientation 方法设置场景中相机的方向。该类是 ThreeDScene 类中的一个方法，方法原型如下：

```
def set_camera_orientation(
    self,
    phi: float | None = None,
    theta: float | None = None,
    gamma: float | None = None,
    zoom: float | None = None,
    focal_distance: float | None = None,
    frame_center: Mobject | Sequence[float] | None = None,
    **kwargs,
)
```

参数含义如下。

(1) phi：极角，即从正 z 轴到相机位置的角度。

(2) theta：方位角，即从正 x 轴到相机位置在 xy 平面上的投影的角度。

(3) gamma：相机绕其自身 z 轴的旋转角度。

(4) zoom：相机的缩放比例。

(5) focal_distance：相机到原点的距离。

(6) frame_center：相机视图框架的中心。

(7) ** kwargs：传递其他参数。

本例会涉及如下几个动画类。

1. GrowFromCenter 类

GrowFromCenter 类用于从中心开始增长一个 Mobject。它继承自 GrowFromPoint 类。GrowFromCenter 类构造方法的原型如下：

```
GrowFromCenter(mobject: Mobject, point_color: str = None, **kwargs)
```

参数含义如下。

(1) mobject：将被增长的 Mobject。

(2) point_color：在增长到完整大小之前，mobject 的初始颜色。如果留空，则与 mobject 的颜色相匹配。

2. ScaleInPlace 类

ScaleInPlace 类用于在原地缩放一个 Mobject。它继承自 ScaleTransform 类。ScaleInPlace 类构造方法的原型如下：

```
ScaleInPlace(mobject: Mobject, scale_factor: float, **kwargs)
```

参数含义如下。

(1) mobject：将被缩放的 Mobject。

（2）scale_factor：缩放因子。

下面的例子在三维场景中绘制一个三维坐标系以及一个圆锥体，且使圆锥体放大、旋转并改变颜色。图 6-12 是圆锥体变化过程中的某一帧的效果。

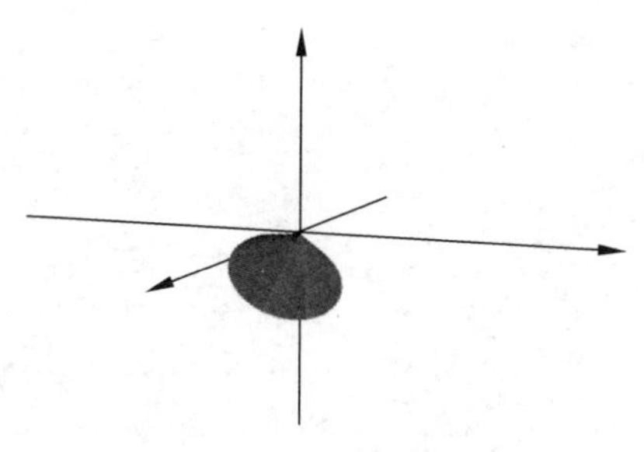

图 6-12　三维动画

代码位置：src/animations/cone.py

```
class ExampleCone(ThreeDScene):
    def construct(self):
        # 创建三维坐标系
        axes = ThreeDAxes()
        # 创建圆锥体
        cone = Cone(direction = X_AXIS + Y_AXIS + 2 * Z_AXIS, resolution = 8)
        # 设置相机的方向
        self.set_camera_orientation(phi = 5 * PI/11, theta = PI/9)
        # 在场景中添加三维坐标系
        self.add(axes)
        self.play(GrowFromCenter(cone))
        self.play(Rotate(cone, angle = PI/2, axis = UP))
        self.play(ScaleInPlace(cone, scale_factor = 2))
        self.play(cone.animate.set_color(RED))
```

使用下面的命令运行程序：

```
python -m manim -r 1920,1080 cone.py ExampleCone -p
```

生成视频后，可以播放 media/videos/cone/1080p60/ExampleCone.mp4 文件观看效果。

6.6　三维仿真

vpython 是 Python 中用于实时交互的三维绘图模块，可对绘制的三维图像进行移动、缩放等操作，其功能强大、简单易学。因为 Python 语言简洁，代码少，各种数学模块功能丰富，使用 vpython 模块可以快速开发、模拟物理过程的三维仿真软件，在教学、科学研究中实现数据可视化十分方便。第一次使用 vpython 模块时，需要使用下面的命令安装 vpython 模块。

```
pip3 install vpython
```

使用 vpython 模块可以在浏览器中创建和显示一个三维场景，并在其中添加各种三维对象，如球体、立方体、圆柱体等；还可以为这些对象设置颜色、材质和其他属性，并使用动画来模拟物理过程。下面的代码会创建一个红色的球体。

```
from vpython import *
# 创建一个场景
scene = canvas()
# 在场景中添加一个球体
ball = sphere(pos = vector(0, 0, 0), radius = 1, color = color.red)
```

运行程序，会打开浏览器，并显示如图 6-13 所示红色的球体。

图 6-13 红色的球体

本节的例子会涉及 3 个类：sphere、box 和 local_light。下面分别介绍。

1. sphere 类

sphere 类用于创建和显示三维球体。可以使用 sphere 类的构造方法来创建一个新的球体对象，并设置它的位置、半径、颜色和其他属性。sphere 类构造方法的原型如下：

```
sphere(pos = vector(0,0,0), radius = 1, color = color.white, ** kwargs)
```

参数含义如下。

(1) pos：球体的位置，用一个三维向量表示。默认值为(0，0，0)。

(2) radius：球体的半径，默认值为 1。

(3) color：球体的颜色。可以使用 vpython 模块预定义颜色常量，如 color.red、color.green 等；也可以使用 vector(r，g，b)来指定自定义颜色，默认值为 color.white。

(4) ** kwargs：其他可选参数，用于设置球体的其他属性，如材质、透明度等。

2. box 类

box 类用于创建和显示三维立方体，在本例中用于创建地面。可以使用 box 类的构造方法来创建一个新的立方体对象，并设置它的位置、大小、颜色和其他属性。box 类构造方法的原型如下：

```
box(pos = vector(0,0,0), size = vector(1,1,1), color = color.white, ** kwargs)
```

参数含义如下。

(1) pos：立方体的位置，用一个三维向量表示，默认值为(0，0，0)。

(2) size：立方体的大小，用一个三维向量表示。向量的每个分量分别表示立方体在 x、y、z 轴方向上的长度，默认值为(1，1，1)。

(3) color：立方体的颜色。可以使用 vpython 模块预定义的颜色常量，如 color.red、color.green 等；也可以使用 vector(r，g，b)来指定自定义颜色，默认值为 color.white。

(4) ** kwargs：其他可选参数，用于设置立方体的其他属性，如材质、透明度等。

3. local_light 类

local_light 类用于创建和显示局部光源。可以使用 local_light 类的构造方法来创建一个新的局部光源对象,并设置它的位置、颜色和其他属性。local_light 类构造方法的原型如下:

```
local_light(pos = vector(0,0,0), color = color.white)
```

参数含义如下。

(1) pos:光源的位置,用一个三维向量表示,默认值为(0, 0, 0)。

(2) color:光源的颜色。可以使用 vpython 模块预定义的颜色常量,如 color.red、color.green 等;也可以使用 vector(r, g, b)来指定自定义颜色,默认值为 color.white。

下面的例子使用前面介绍的几个类和其他 vpython 模块的 API 实现了小球自由落体(重力加速度是 9.8m/s),小球落到地面后弹起,再落下……直到小球完全落到地面上位置。图 6-14 是小球下落过程中的截图,图下侧是地面。

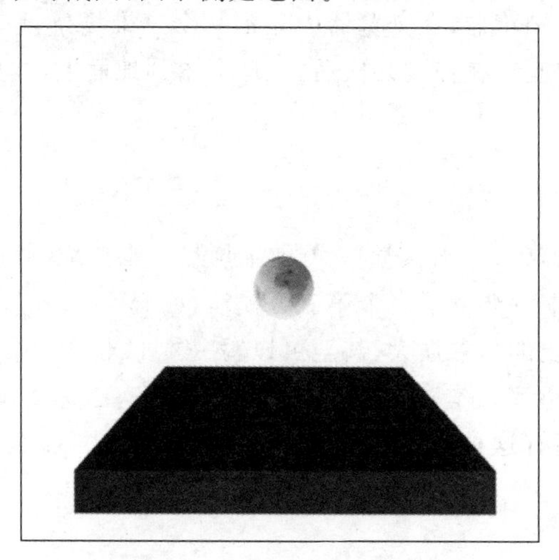

图 6-14 小球自由下落后

代码位置:src/animations/vpython_demo.py

```
from vpython import *
# 创建一个画布
scene = canvas(width = 600, height = 600)
# 创建一个圆球,设置其位置、半径、颜色、纹理等属性
ball = sphere(pos = vector(0, 5, 0), radius = 1, color = color.green, texture = textures.earth)
# 创建一个地面,设置其位置、大小、颜色等属性
ground = box(pos = vector(0, -6, 0), size = vector(10, 1, 10), color = color.white)
# 创建一个光源,设置其位置、颜色等属性
light = local_light(pos = vector(5, 10, 5), color = color.white)
# 设置重力加速度为 9.8 m/s^2
g = 9.8
# 设置初始速度为 0 m/s
```

```
v = 0
# 设置弹性系数为 0.8,表示每次碰撞后速度减慢 20 %
e = 0.8
# 设置时间间隔为 0.01 s
dt = 0.01
# 循环更新圆球的位置和速度
while True:
    # 让程序暂停 dt s,以便观察动画效果
    rate(1 / dt)

    # 计算圆球下一时刻的位置和速度
    ball.pos.y = ball.pos.y - v * dt
    v = v + g * dt
    # 如果圆球碰到地面,就反弹,并且速度乘以弹性系数
    if ball.pos.y - ball.radius <= ground.pos.y + ground.height / 2:
        ball.pos.y = ground.pos.y + ground.height / 2 + ball.radius
        v = -v * e
```

运行程序后,会打开浏览器,在浏览器中显示一个三维场景,看到小球以自由落体的方式落到地面上,然后再弹起。在弹跳几次后,小球会落到地面上,并处于静止状态。

6.7 小结

读者读完本章的内容后,可能感觉信息量有点大。其实,本章也只不过介绍了 Python 动画功能的沧海一粟。本章涉及了多个第三方模块,如 gif、matplotlib、manim、vpython 等,其中任何一个模块的功能都非常强大,甚至可以写一本非常厚的书,所以这些模块的功能,根本不可能通过一章介绍完。本章的目的只是抛砖引玉,当你了解到 Python 到底有多强大时,就会不知不觉想拥有这种力量。如果读者有这些想法,那么互联网会成为你最好的老师!

第7章 音　频

Python给人的印象是企业级的软件，以及用于爬虫、Web应用或深度学习应用。其实，Python远比你想象的强大。利用其强大的第三方模块，可以实现很多以前只有C++才能做到的软件，例如，音频就是Python比较擅长的领域。不光可以进行非常基础的播放音频和录制音频，还可以进行任意音频格式的转换，以及音频编辑。相信通过本章的学习，读者会对Python有一个全新的认识。

7.1 音乐播放器

Python中有很多模块可以播放音频文件，其中pygame是知名度较高的一个第三方库。pygame可以开发多媒体应用程序，如视频游戏。它使用了Simple DirectMedia Layer库和其他几个流行的库来抽象最常用的功能，使编写这些程序更加直观。

pygame提供了许多模块，可以帮助你处理图形、声音、文本、鼠标和键盘输入等。它还包括一些高级模块(如精灵模块)，可以帮助你组织游戏。

使用pygame.mixer.music模块中的load函数可以装载指定的音频文件，使用play函数可以播放装载的音频文件，代码如下：

```
pygame.mixer.music.load(fileName)
pygame.mixer.music.play()
```

另外，pygame.mixer.music模块还提供了pause函数和stop函数用来暂停和停止音频的播放，提供了get_busy函数用于判断当前音频是否正处于播放状态。

pygame模块本身没有获得音频长度的API，如果想获取音频长度，可以使用其他模块，如mutagen，下面的代码获取并输出了音频长度。

```
audio = mutagen.mp3.MP3(fileName)
print(audio.info.length)
```

如果读者第一次使用pygame和mutagen模块，可以使用下面的命令安装这两个模块。

```
pip3 install pygame
pip3 install mutagen
```

下面的例子使用这两个模块实现了一个音乐播放器，效果如图 7-1 所示。该播放器可以打开音频文件、播放、暂停和停止音频，还可以显示音频当前播放的进度。为了让进度条可以实时更新，本例会在线程中获取播放进度，并更新进度条组件。

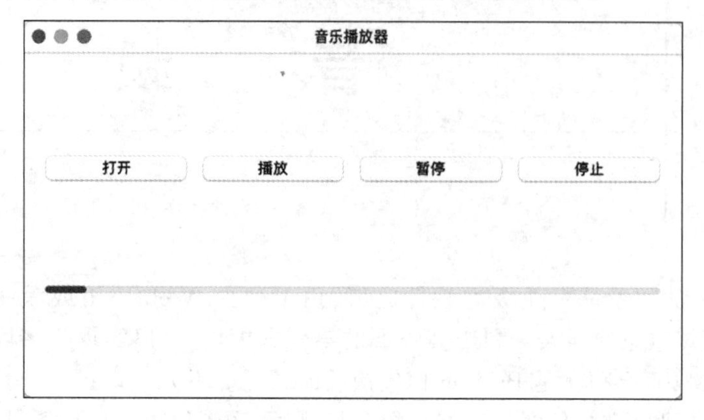

图 7-1 音乐播放器

代码位置：src/audio/player.py

```
import sys
from PyQt6.QtWidgets import *
import pygame
from mutagen.mp3 import MP3
import threading
import time
class App(QWidget):
    def __init__(self):
        super().__init__()
        pygame.init()
        pygame.mixer.init()
        self.title = '音乐播放器'
        self.left = 10
        self.top = 10
        self.width = 400
        self.height = 200
        self.initUI()
        t1 = threading.Thread(target = self.thread_func)
        t1.start()
    def initUI(self):
        self.setWindowTitle(self.title)
        self.setGeometry(self.left, self.top, self.width, self.height)
        vbox = QVBoxLayout()
        hbox = QHBoxLayout()
        openPushButton = QPushButton('打开', self)
        openPushButton.clicked.connect(self.openFileNameDialog)
        hbox.addWidget(openPushButton)
        playPushButton = QPushButton('播放', self)
        playPushButton.clicked.connect(self.play)
```

```
        hbox.addWidget(playPushButton)
        self.pausePushButton = QPushButton('暂停', self)
        self.pausePushButton.clicked.connect(self.pause)
        hbox.addWidget(self.pausePushButton)
        stopPushButton = QPushButton('停止', self)
        stopPushButton.clicked.connect(self.stop)
        hbox.addWidget(stopPushButton)
        vbox.addLayout(hbox)
        self.progressbar = QProgressBar(self)
        self.progressbar.setValue(0)
        vbox.addWidget(self.progressbar)
        self.setLayout(vbox)
    def openFileNameDialog(self):
        dialog = QFileDialog()
        self.fileName, _ = dialog.getOpenFileName(self,"打开文件", "","All Audio Files (*.wav;
*.mp3);;WAV Files (*.wav);;MP3 Files (*.mp3)")

    def thread_func(self):
        while True:
            time.sleep(1)
            self.progressbar.setVisible(False)
            self.progressbar.setValue( pygame.mixer.music.get_pos())
            self.progressbar.setVisible(True)
    # 播放音频
    def play(self):
        if self.fileName:
            pygame.mixer.music.load(self.fileName)
            pygame.mixer.music.play()
            audio = MP3(self.fileName)
            self.audioLength = audio.info.length * 1000
            audio.delete            # 必须删除,否则无法 unpause
            self.progressbar.setMaximum(int( self.audioLength))
            self.progressbar.setValue(0)
    # 暂停音频
    def pause(self):
        if pygame.mixer.music.get_busy():
            pygame.mixer.music.pause()
            self.pausePushButton.setText("继续")
        else:
            self.pausePushButton.setText("暂停")
            pygame.mixer.music.unpause()
    # 停止音频
    def stop(self):
        if pygame.mixer.music.get_busy():
            pygame.mixer.music.stop()
if __name__ == '__main__':
    app = QApplication(sys.argv)
    ex = App()
    ex.show()
    sys.exit(app.exec())
```

7.2 录音机

使用 sounddevice 模块中相关 API 可以录制音频。sounddevice 是一个 Python 模块，它提供了 PortAudio 库的绑定和一些便利函数来播放和记录包含音频信号的 NumPy 数组。该模块可用于 Linux、macOS 和 Windows 系统。可以使用下面的命令安装 sounddevice 模块。

```
pip3 install sounddevice
```

PortAudio 是一个免费、跨平台、开源的音频 I/O 库。它允许你使用 C 语言或 C++语言编写简单的音频程序，这些程序可以在包括 Windows、macOS 和 Linux 在内的多个平台上编译和运行。它旨在促进不同平台开发人员之间的音频软件交流。

PortAudio 提供了一套非常简单的 API，用于使用简单的回调函数或阻塞读/写接口进行音频录制和/或播放。

使用 sounddevice.rec 函数可以录制音频，rec 是 sounddevice 模块中的一个便利函数，用于录制音频数据。它的函数原型如下：

```
def rec(frames = None, samplerate = None, channels = None, dtype = None, out = None, mapping =
None, blocking = False, ** kwargs)
```

参数含义如下。

(1) frames：要录制的帧数。如果未指定，则使用默认值 default.blocksize。

(2) samplerate：采样率。如果未指定，则使用默认值 default.samplerate。

(3) channels：要录制的通道数。如果未指定，则使用默认值 default.channels[0]。

(4) dtype：数据类型。如果未指定，则使用默认值 default.dtype。

(5) out：可选的输出数组。如果未指定，则创建一个新数组。

(6) mapping：可选的通道映射列表。必须与通道数相同长度。

(7) blocking：如果为 False(默认)，则立即返回(但后台继续录制)；如果为 True，则等待录制完成。

下面的例子使用 rec 函数录制了 10s 的音频，并将录制的音频保存为 record.wav，10s 后会自动停止录制。

代码位置：src/audio/record_audio.py

```
import sounddevice as sd
import scipy.io.wavfile as wav
duration = 10                # 录制 10s
fs = 44100
myrecording = sd.rec(int(duration * fs), samplerate = fs, channels = 2)
sd.wait()                    # 等待直到完成录音
wav.write('record.wav', fs, myrecording)
```

上面的代码有个缺点，就是最多只能录制10s的音频，如果要录制任意长度的音频，就需要用输入流，随录随写。下面的例子用sounddevice模块实现了一个录音机，单击"录音"按钮开始录音，单击"停止"按钮停止录音，效果如图7-2所示。录制的音频文件名格式是record1.wav、record2.wav等，每次录制后，会生成一个新的音频文件名。

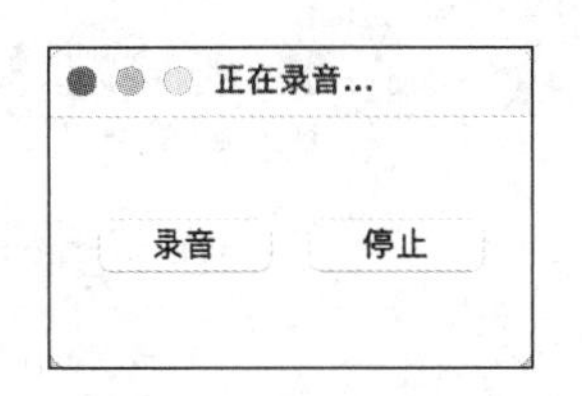

图7-2 录音机

代码位置：src/audio/recorder.py

```
import sys
import os
import time
import sounddevice as sd
import soundfile as sf
import re
import threading
from PyQt6.QtWidgets import QApplication, QWidget, QHBoxLayout, QPushButton
class Recorder(QWidget):
    def __init__(self):
        super().__init__()
        # 设置窗口标题
        self.setWindowTitle("录音机")
        # 创建水平布局
        layout = QHBoxLayout()
        # 创建录音按钮
        self.record_button = QPushButton("录音")
        self.record_button.clicked.connect(self.start_recording)
        # 创建停止按钮
        self.stop_button = QPushButton("停止")
        self.stop_button.clicked.connect(self.stop_recording)
        # 将按钮添加到布局中
        layout.addWidget(self.record_button)
        layout.addWidget(self.stop_button)
        # 设置窗口布局
        self.setLayout(layout)
        self.fs = 44100
        self.stop_flag = False
    # 获取下一个保存的音频文件的文件名
    def get_next_filename(self):
        # 匹配文件名的正则表达式,record1.wav、record2.wav 等
        pattern = r'record(\d+)\.wav'
        # 获取所有的文件和目录
        files = os.listdir()
        matches = [re.match(pattern, f) for f in files]
        numbers = [int(m.group(1)) for m in matches if m]
        next_number = max(numbers) + 1 if numbers else 1
        return f'record{next_number}.wav'
    # 保存录制音频文件的线程函数
```

```
    def thread_func(self):
        with sf.SoundFile(self.get_next_filename(), mode = 'x', samplerate = 44100,
                          channels = 2) as self.outfile:
            with sd.InputStream(samplerate = 44100, channels = 2,
                                callback = self.callback):
                # 除非循环退出,否则将一直录制,直到磁盘没有剩余空间
                while not self.stop_flag:
                    time.sleep(0.05)
    # 开始录制
    def start_recording(self):
        # 开始录音
        self.setWindowTitle('正在录音...')
        self.stop_flag = False
        t1 = threading.Thread(target = self.thread_func)
        t1.start()
    # 在录制的过程中不断调用的回调函数,在该函数中,会将录制的音频数据通过输出流写入
    # 音频文件
    def callback(self, indata, frames, time, status):
        if status:
            print(status)
        # 将音频数据写入音频文件
        self.outfile.write(indata.copy())
    # 停止录音
    def stop_recording(self):
        self.stop_flag = True
        # 停止录音
        sd.stop()
        self.setWindowTitle('完成录音')
if __name__ == '__main__':
    app = QApplication(sys.argv)
    recorder = Recorder()
    recorder.setFixedSize(200, 100)
    recorder.show()
    sys.exit(app.exec())
```

7.3 音频分析

librosa 是一个用于音频分析的 python 模块。它提供了创建音乐信息检索系统所需的大多数功能，主要包括音频输入/输出、数字信号处理、显示、特征提取、节拍和节奏检测、频谱分解、效果、时间分割和序列建模等。

使用下面的命令可以安装 librosa 模块。

```
pip3 install librosa
```

librosa 默认支持的音频格式有限（只支持 wav 等少数音频格式），例如，librosa 默认并不支持 mp3 格式。如果要支持更多的音频格式，需要安装 ffmpeg 库。读者可以到 ffmpeg 的下载页面（https://ffmpeg.org/download.html）去寻找不同操作系统的安装方式。另外，在 macOS 中，可以执行下面的命令安装 ffmpeg：

```
brew install ffmpeg
```

在 Linux 中可以从包管理器中安装 ffmpeg。

7.3.1 获取基本的音频信息

获取音频信息，首先要使用 librosa.load 函数装载音频文件，如下所示：

```
y,sr = librosa.load('./audio.mp3')
```

load 函数会返回两个参数值，其中 y 是音频信号值(可以是单声道或多声道)，类型是 ndarray；sr 是采样率。

使用 librosa.get_duration 函数可以获取音频时长，该函数可以传入 y 和 sr，也可以直接用 filename 命名参数直接指定音频文件名，如下所示：

```
# 方式 1
duration = librosa.get_duration(y = y, sr = sr)
# 方式 2
duration = librosa.get_duration(filename = './audio.mp3')
```

下面的例子获取指定音频文件的时长(以时分秒形式显示)和采样率，并输出这些信息。

代码位置：src/audio/audio_info.py

```
import librosa
import sys
# 获取命令行参数
audio_file = sys.argv[1]
# 加载音频文件
y, sr = librosa.load(audio_file)
# 获取音频时长(秒)
duration = librosa.get_duration(y = y, sr = sr)
# 将音频时长转换为时分秒格式
minutes, seconds = divmod(duration, 60)
hours, minutes = divmod(minutes, 60)
# 输出音频信息
print(f'音频文件: {audio_file}')
print(f'采样率: {sr}')
print(f'时长: {int(hours)}小时{int(minutes)}分{int(seconds)}秒')
```

使用下面的命令运行程序。

```
python audio_info.py ./audio.mp3
```

如果 audio.mp3 文件存在，会输出类似下面的信息。

```
音频文件: ./audio.mp3
采样率: 22050
时长: 0 小时 3 分 46 秒
```

7.3.2 音频波形图

音频波形图又称振幅图，是音频的振幅（或能量）维度的图形表达。波形图的横坐标一般为时间，纵坐标一般用 dB（分贝）来表示。图 7-3 为一个标准的音频波形图。

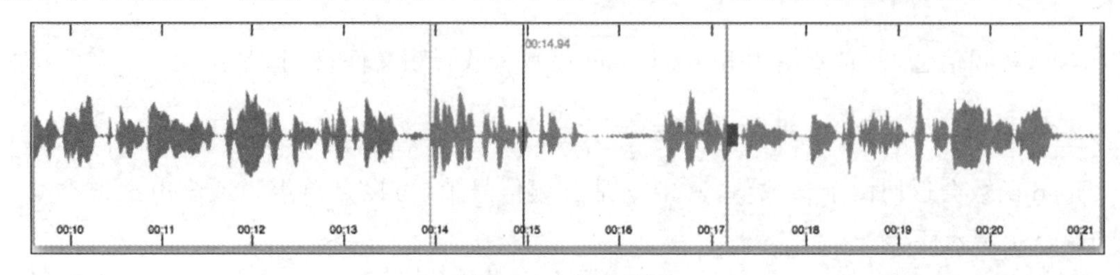

图 7-3 音频波形图

使用 librosa. display. waveshow 函数同样可以显示如图 7-3 所示的音频波形图。waveshow 函数是一个用于在时域中可视化波形的函数。此函数构造一个图，它根据图的时间范围自适应地在信号的原始样本视图和信号的振幅包络视图（包含振幅包络线）之间切换。更具体地说，当图覆盖的时间间隔小于 max_points/sr（默认为 1/2s）时，使用基于样本的视图，否则使用采样的振幅包络。这样做是为了限制视觉元素的复杂性，以保证可以绘制一幅高效、可视化解释的图。

前面提到的振幅包络线是指将不同频率的振幅最高点联结起来形成的曲线。它的目的是提取每一帧的最大振幅并将它们串在一起。重要的是要记住振幅代表信号的音量（或响度）。

waveshow 函数最重要的参数就是 y 和 sr，其中 y 是音频时间序列（单声道或立体声），sr 是采样率（每秒采样数）。这两个参数就是 load 函数返回的值，将这两个值传入 waveshow 函数即可。

由于 waveshow 函数内部使用了 matplotlib 模块，所以在使用 waveshow 函数时，也要导入 matplotlib 模块。

下面的例子使用 waveshow 函数显示了一个音频文件的波形图，效果如图 7-4 所示。

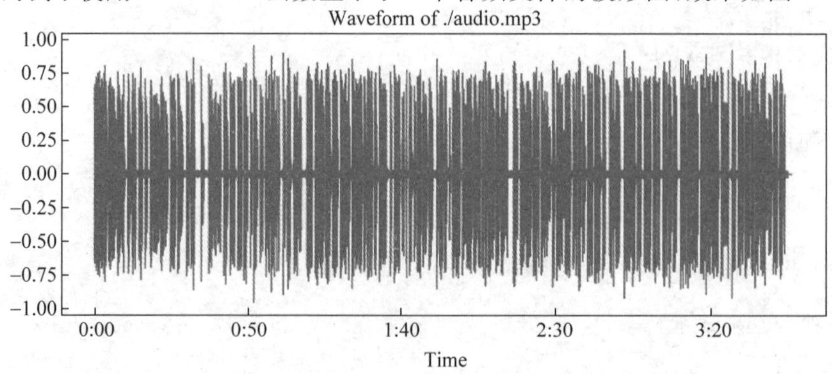

图 7-4 音频文件的波形图

代码位置：src/audio/waveform.py

```
import librosa.display
import matplotlib.pyplot as plt
import sys
# 获取命令行参数
audio_file = sys.argv[1]
# 加载音频文件
y, sr = librosa.load(audio_file)
# 显示波形图
plt.figure(figsize = (15, 5))
librosa.display.waveshow(y, sr = sr)
plt.title(f'Waveform of {audio_file}')
plt.show()
```

执行下面的命令可以显示如图 7-4 所示的波形图。

```
python waveform.py ./audio.mp3
```

7.3.3　频谱图

音频频谱是指音频信号中包含的不同频率成分的分布。音频频谱图是一种用于可视化音频信号的频谱的图形，它通过可视化的方式表示频谱的频率、声音或其他信号，因为它们会随时间变化。在频谱图中，横轴表示时间，纵轴表示频率。颜色通常用来表示幅度或能量的分布。

要绘制音频频谱图，需要使用短时傅里叶变换（STFT）来计算音频信号的时频分布。这可以通过将信号分解成重叠的帧，并对每个帧应用傅里叶变换来实现；然后，使用热图或伪彩色图来可视化结果。

不过在大多数情况下，并不需要我们用大量的数学公式去计算，只需要使用 **librosa.feature.melspectrogram** 函数即可。该函数是一个用于计算音频信号的梅尔频谱的函数，其中最重要的参数仍然是 y 和 sr（load 函数返回的两个值）。

另外一个与频谱图非常重要的函数是 librosa.power_to_db，该函数是一个用于将功率谱图转换为分贝单位的函数。该函数主要有如下几个参数。

（1）S：输入功率谱图（例如，由 librosa.feature.melspectrogram 计算得到）。

（2）ref：参考值。

（3）amin：最小幅度阈值。

（4）top_db：动态范围。

该函数返回一个与输入功率谱图形状相同的数组，其中每个值都表示以分贝为单位的功率。

最后，需要调用 librosa.display.specshow 函数显示频谱图。该函数是一个用于显示频谱图/色度图/CQT 等的函数。specshow 函数的主要参数包括 data（要显示的矩阵，例如频谱图），x_axis（x 轴范围），y_axis（y 轴范围）和 sr（采样率，也就是每秒采样数）。

下面的例子通过命令传入一个音频文件，然后显示该音频文件的频谱图。效果如图 7-5 所示。

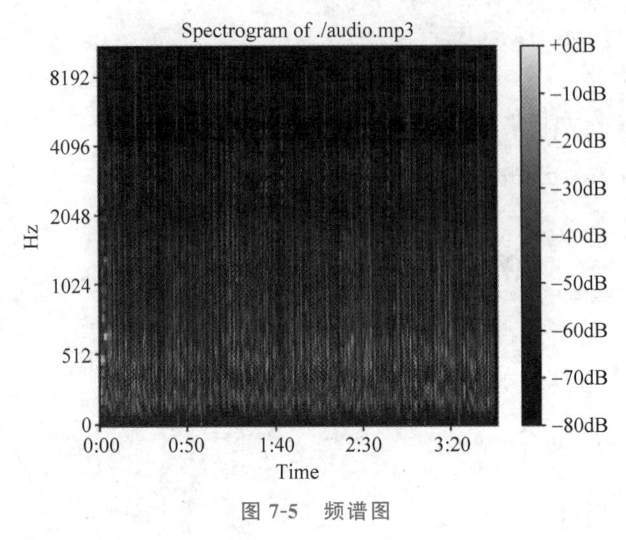

图 7-5 频谱图

代码位置：src/audio/melspectrogram.py

```
import librosa.display
import matplotlib.pyplot as plt
import numpy as np
import sys
# 获取命令行参数
audio_file = sys.argv[1]
# 加载音频文件
y, sr = librosa.load(audio_file)
# 计算频谱图
S = librosa.feature.melspectrogram(y = y, sr = sr)
S_dB = librosa.power_to_db(S, ref = np.max)
# 绘制频谱图
plt.figure()
librosa.display.specshow(S_dB, x_axis = 'time', y_axis = 'mel', sr = sr)
plt.colorbar(format = '% + 2.0f dB')
plt.title(f'Spectrogram of {audio_file}')
plt.show()
```

执行下面的命令运行程序，就会显示如图 7-5 所示的频谱图。

```
python melspectrogram.py ./audio.mp3
```

7.3.4 MFCC 矩阵热力图

梅尔频率倒谱系数(Mel Frequency Cepstral Coefficients，MFCC)是一种用于语音信号处理的特征提取方法。它通过模拟人类听觉系统的特性来提取语音信号中的重要信息。

MFCC 的计算过程包括以下几个步骤。

(1) 将语音信号分帧。

(2) 对每一帧进行预加重和加窗处理。

(3) 对每一帧进行快速傅里叶变换(FFT)以获得频谱。

(4) 将频谱通过梅尔滤波器组进行滤波,以模拟人类听觉系统对不同频率的敏感度。

(5) 对滤波后的频谱取对数并进行离散余弦变换(DCT),以获得梅尔频率倒谱系数。

MFCC 提取出来的特征能够有效地表示语音信号中的语音内容,因此在语音识别、说话人识别等领域中得到了广泛应用。

librosa.feature.mfcc 函数可以用来计算梅尔频率倒谱系数(MFCC)。通常直接传入 y(音频时间序列,支持多通道)和 sr(音频采样率)即可计算音频的 MFCC。

该函数返回一个形状为(n_mfcc, t)的 numpy.ndarray,其中 n_mfcc 是提取的 MFCC 系数的数量,t 是音频信号被分成的帧数。在计算 MFCC 时,音频信号首先被切分成一系列较短的帧,每个帧都用于计算其对应的 MFCC。

下面的例子使用 librosa.feature.mfcc 函数计算 MFCC,然后绘制 MFCC 矩阵热力图,效果如图 7-6 所示。

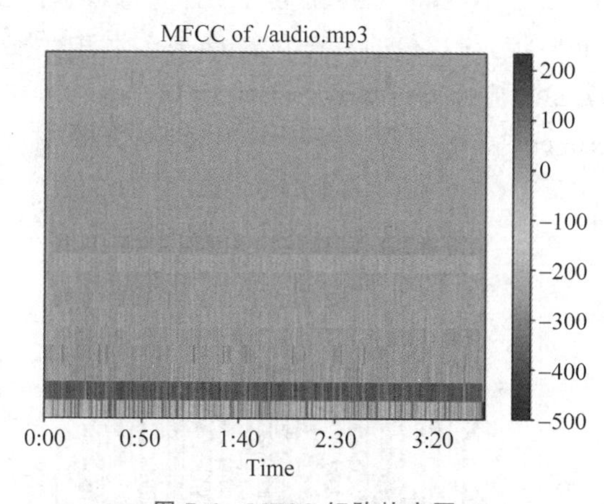

图 7-6 MFCC 矩阵热力图

代码位置:src/audio/mfcc.py

```
import librosa.display
import matplotlib.pyplot as plt
import sys
# 获取命令行参数
audio_file = sys.argv[1]
# 加载音频文件
y, sr = librosa.load(audio_file)
# 计算 MFCC
mfccs = librosa.feature.mfcc(y = y, sr = sr)
# 绘制 MFCC 图形
plt.figure()
```

```
librosa.display.specshow(mfccs, x_axis = 'time')
plt.colorbar()
plt.title(f'MFCC of {audio_file}')
plt.tight_layout()
plt.show()
```

使用下面的命令运行程序，会显示如图 7-6 所示的 MFCC 矩阵热力图。

```
python mfcc.py ./audio.mp3
```

7.3.5 过零率图

过零率(Zero Crossing Rate,ZCR)是指在每帧中语音信号通过零点(从正变为负或从负变为正)的次数。它可以衡量语音信号中高频成分的数量。通常，噪声和清音(无浊音)的过零率都大于浊音(有浊音)的过零率。

根据过零率绘制的图像通常称为过零率图。它可以显示语音信号中每帧的过零率，从而帮助我们更好地理解语音信号的特征。

使用 **librosa.feature.zero_crossing_rate** 函数可以计算过零率，通常只需要传入 y(频时间序列)，该函数返回一个形状为(1,t)的 numpy.ndarray，其中 t 是音频信号被分成的帧数。数组中的每个元素表示对应帧的过零率。

下面的例子使用 zero_crossing_rate 函数计算过零率，并绘制过零率图，效果如图 7-7 所示。

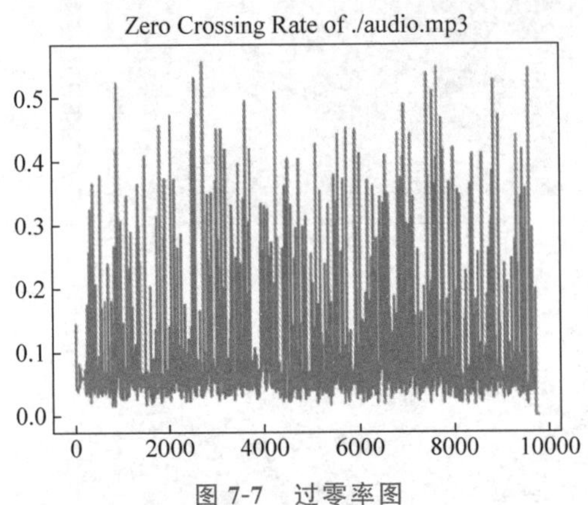

图 7-7　过零率图

代码位置：src/audio/zero_crossing_rate.py

```
import librosa
import librosa.display
import matplotlib.pyplot as plt
import numpy as np
import sys
# 获取命令行参数
```

```
audio_file = sys.argv[1]

# 加载音频文件
y, sr = librosa.load(audio_file)
# 计算过零率
zcr = librosa.feature.zero_crossing_rate(y)
# 绘制过零率图形
plt.figure()
plt.plot(zcr[0])
plt.title(f'Zero Crossing Rate of {audio_file}')
plt.show()
```

使用下面的程序运行程序，会显示如图 7-7 所示的过零率图。

```
python zero_crossing_rate.py ./audio.mp3
```

7.3.6 频谱质心图

音频的频谱质心(Spectral Centroid)是描述音色属性的重要物理参数之一，它表示音频信号在频谱中能量的集中点。它是在一定频率范围内通过能量加权平均的频率，其单位是赫兹(Hz)。频谱质心图可以显示音频信号中每帧的频谱质心，从而帮助我们更好地理解音频信号的特征。

通过 **librosa.feature.spectral_centroid** 函数可以计算音频信号的频谱质心，也就是音频信号中各个频率成分的加权平均值。通常将 y(音频时间序列)和 sr(音频采样率)传入该函数频谱质心。该函数将返回一个数组，表示每一帧的频谱质心值。

频谱质心图是一种用来表示音频信号中各个频率成分的强度和分布的图形。它可以反映音频信号的音色、明亮度、共振等特征。频谱质心图有以下几种用途。

(1) 用于语音识别技术。作为一种重要的音频特征参数，它可以提高语音识别的准确性和鲁棒性[①]。

(2) 用于声乐分析和训练。作为一种评价歌手唱功和声音质量的工具，它可以显示歌手的泛音丰富度、共鸣分布、颤音稳定度等指标。

(3) 用于乐器声色的研究和分类。作为一种区分不同乐器和演奏技巧的方法，它可以显示乐器的谐波结构、振幅变化、音高变化等特征。

下面的例子使用 spectral_centroid 函数计算频谱质心，并绘制频谱质心图，效果如图 7-8 所示。

代码位置：src/audio/spectral_centroid.py

```
import librosa
import librosa.display
```

---

① 鲁棒性是指一个系统或者程序在面对各种异常和干扰的情况下，仍然能够保持其正常的功能和性能的能力。鲁棒性是一种系统的健壮性和稳定性，它反映了系统对不确定性因素的不敏感性。

```
import matplotlib.pyplot as plt
import numpy as np
import sys
# 获取命令行参数
audio_file = sys.argv[1]
# 加载音频文件
y, sr = librosa.load(audio_file)
# 计算频谱质心
cent = librosa.feature.spectral_centroid(y = y, sr = sr)
# 绘制频谱质心图形
plt.figure()
plt.semilogy(cent.T, label = 'Spectral centroid')
plt.ylabel('Hz')
plt.xticks([])
plt.xlim([0, cent.shape[ - 1]])
plt.legend()
plt.title(f'Spectral Centroid of {audio_file}')
plt.show()
```

执行下面的命令运行程序，会显示如图 7-8 所示的频谱质心图。

```
python spectral_centroid.py ./audio.mp3
```

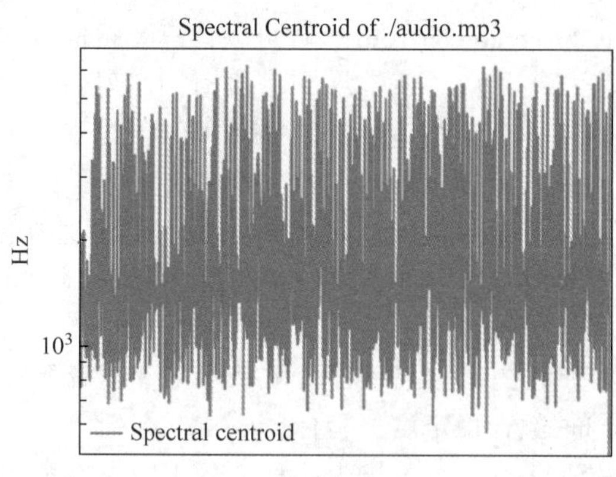

图 7-8 频谱质心图

7.3.7 频谱带宽图

音频的频谱带宽是指音频信号中所包含的最高频率和最低频率之间的差值。音频信号由不同频率的声波叠加而成，因此可以用频谱图来表示音频信号中各个频率成分的强度。用频谱带宽的数据绘制的图称为频谱图或声谱图，它可以反映音频信号的泛音分布、共振特性、音色变化等信息。

频谱带宽图是一种用来显示信号在频域上的分布情况的图形，它可以反映信号的频率特性，如中心频率、带宽、功率谱密度等。

频谱带宽图有很多应用,例如:

(1) 在通信系统中,可以用频谱带宽图来分析信号的调制方式、调制质量、信噪比、干扰情况等。

(2) 在音频处理中,可以用频谱带宽图来识别声音的来源、特征、情感等。

(3) 在雷达和无线电探测中,可以用频谱带宽图来测量目标的距离、速度、方向等。

(4) 在生物医学中,可以用频谱带宽图来分析生理信号的节律、异常、疾病等。

具体的应用方法可能因不同的信号类型和场景而有所差异,但一般都需要对信号进行傅里叶变换或其他变换,将时域信号转换为频域信号,然后绘制信号的幅度或功率与频率的关系曲线。

使用 **librosa.feature.spectral_bandwidth** 函数可以计算音频信号的 p 阶频谱带宽,即信号频率分量与谱质心的偏差的 p 次方的加权平均值。通常将 y(音频时间序列)和 sr(音频采样率)传入该函数频谱质心。p 阶是指通过该函数的 p 参数设置的,p 参数的默认值是 2,也就是计算二阶谱带宽。可以根据需要调整 p 参数的值,但必须保证 p 大于 0。spectral_bandwidth 函数返回一个 numpy.ndarray,每个数组元素表示每帧的频谱带宽。

下面的例子使用 spectral_bandwidth 函数计算频谱带宽,并绘制频谱带宽图,效果如图 7-9 所示。

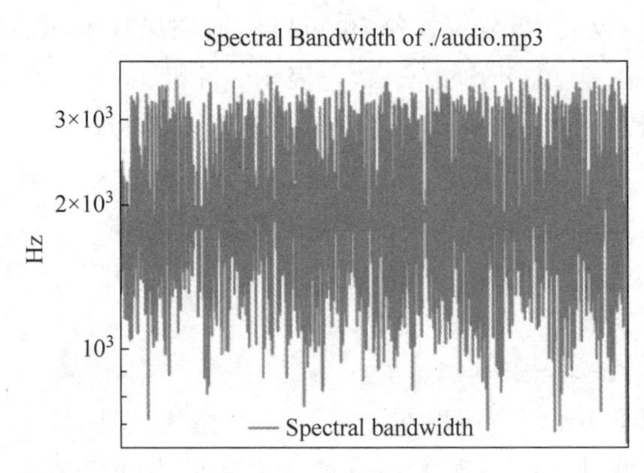

图 7-9 频谱带宽图

代码位置:src/audio/spectral_bandwidth.py

```
import librosa
import librosa.display
import matplotlib.pyplot as plt
import numpy as np
import sys
# 获取命令行参数
audio_file = sys.argv[1]
# 加载音频文件
y, sr = librosa.load(audio_file)
# 计算频谱带宽
bandwidth = librosa.feature.spectral_bandwidth(y = y, sr = sr)
```

```
print(bandwidth)
# 绘制频谱带宽图形
plt.figure()
plt.semilogy(bandwidth.T, label = 'Spectral bandwidth')
plt.ylabel('Hz')
plt.xticks([])
plt.xlim([0, bandwidth.shape[-1]])
plt.legend()
plt.title(f'Spectral Bandwidth of {audio_file}')
plt.show()
```

执行下面的命令运行程序,会显示如图 7-9 所示的频谱带宽图。

```
python spectral_bandwidth.py ./audio.mp3
```

7.4 音频格式转换

使用 pydub 模块可以实现多种音频格式之间的转换,例如,mp3 与 wav 的互相转换。pydub 模块的功能是用一个简单而易用的高级接口来处理音频,它可以对音频进行切割、拼接、淡入淡出、调节音量、反转、重复等操作,也可以读取和保存不同格式和编码的音频文件。

pydub 模块的核心类是 AudioSegment,它表示一个不可变的音频片段,可以从文件或者字节流中创建,也可以通过运算符和方法来生成新的音频片段。

pydub 模块还提供了一些子模块,如 effects(音效)、generators(生成器)、silence(静音检测)、utils(工具函数)等,它们可以实现更多的音频处理功能。

读者可以使用下面的命令安装 pydub 模块。

```
pip3 install pydub
```

pydub 在底层使用了 ffmpeg,所以在使用 pydub 模块之前,需要先安装 ffmpeg。安装 ffmpeg 的方式有多种,可以直接下载 ffmpeg 的二进制形式进行安装,并将 ffmpeg 的 bin 目录(或者 ffmpeg 执行文件所在的目录)添加到环境变量 PATH 中。涉及不同的操作系统时,也可以使用下面的方式安装 ffmpeg。

(1) 在 Ubuntu 系统中,可以使用命令 sudo apt install ffmpeg 来安装 ffmpeg。

(2) 在 Windows 系统中,可以下载 ffmpeg 的压缩包,解压后将 bin 目录添加到环境变量中。

(3) 在 macOS 系统中,可以使用命令 brew install ffmpeg 来安装 ffmpeg。

由于 pydub 底层使用了 ffmpeg,所以 ffmpeg 支持的音频格式就是 pydub 支持的音频格式,例如,ffmpeg 支持常见的音频格式有 wav、mp3、ogg、flv、mp4、wma、aac 等。

进行音频格式转换时,要使用 AudioSegment 类中相关的 API。AudioSegment 类是 pydub 模块的一个核心类,它表示音频片段,可以使用 Python 代码进行操作。AudioSegment 对象是不可变的,可以使用毫秒进行音频切片。例如,使用 a[:1000]获取一个 mp3 文件的前一秒,或者使用 a[5000:10000]获取一个 mp3 文件的第 5～10 秒的片段。

AudioSegment 类提供了许多方法来处理音频，例如淡入淡出、调整音量、拼接音频、重复音频等。此外，它还提供了一些类方法来生成特定类型的音频片段，例如生成静音片段。

可以使用 AudioSegment.from_xxx 方法读取不同格式的音频文件，其中 xxx 表示 mp3、wav、file 等。例如，读取 mp3 格式的音频文件，可以使用 from_mp3 方法，也可以使用 from_file 方法，from_file 方法可以读取所有支持的音频格式的文件，而 from_mp3 方法只能读取 mp3 格式的音频文件，其实 from_mp3 方法在内部也是通过 from_file 方法实现的，代码如下：

```
@classmethod
def from_mp3(cls, file, parameters = None):
    return cls.from_file(file, 'mp3', parameters = parameters)
```

使用 from_xxx 方法时，只需要指定 file 参数(音频文件路径)即可，但 from_file 方法还需要指定 format 参数，该参数值可以是 mp3、wav、flv 等。

AudioSegment.from_file 方法返回一个 AudioSegment 对象，通过 AudioSegment.export 方法可以将 AudioSegment 中存在的音频数据导出为指定音频格式的文件，如下面的代码会导出为 audio.mp3 文件。

```
# source 是 AudioSegment 对象
sound.export('audio.mp3', format = 'mp3')
```

下面的例子使用 pydub 模块实现 mp3 和 wav 互相转换。如果要实现其他音频格式的转换，可以使用 from_file 方法或其他 from_xxx 方法。

代码位置：src/audio/convert.py

```
import sys
from pydub import AudioSegment
# 需要安装 ffmpeg 和 ffprobe
# https://evermeet.cx/ffmpeg/
# 获取命令行参数
input_file = sys.argv[1]
output_file = sys.argv[2]

# 获取输入文件的扩展名
input_extension = input_file.split('.')[-1]
# 根据输入文件的扩展名读取音频文件
if input_extension == 'mp3':
    sound = AudioSegment.from_mp3(input_file)
elif input_extension == 'wav':
    sound = AudioSegment.from_wav(input_file)
else:
    print(f'不支持的输入文件格式: {input_extension}')
    sys.exit(1)
```

```
# 获取输出文件的扩展名
output_extension = output_file.split('.')[-1]
# 根据输出文件的扩展名导出音频文件
if output_extension == 'mp3':
    sound.export(output_file, format='mp3')
elif output_extension == 'wav':
    sound.export(output_file, format='wav')
else:
    print(f'不支持的输出文件格式: {output_extension}')
    sys.exit(1)
print(f'转换完成: {input_file} -> {output_file}')
```

mp3 文件和 wav 文件通过命令行参数传入，如执行下面的命令可以将 audio.mp3 文件转换为 audio.wav 文件。

```
python convert.py ./audio.mp3 ./audio.wav
```

7.5 音频编辑

各种音频编辑软件一直是音乐爱好者硬盘中的常客，不过往往这些软件都是别人做的。其实，如果你会 Python，完全可以使用其强大的第三方模块，实现音频编辑自由，而且可以完全自动化，不像很多音频编辑软件，尽管功能非常强大，但无法编程，即使它功能再强大，也需要我们手工去操作。不过，通过对本节的学习，相信读者完全可以用 Python 做一个相当专业的音频编辑软件。

7.5.1 音频裁剪

AudioSegment.from_file 方法会返回 AudioSegment 对象，通过对 AudioSegment 对象的分片操作，可以对音频进行裁剪，并通过 AudioSegment.export 方法将裁剪后的音频保存成指定格式的音频文件。

下面的例子裁剪音频文件中的 10s 时长，然后将裁剪结果保存为 cutting.mp3 文件。例如，对于 1min 的视频，可以裁剪其中第 25～35s 的音频。

代码位置：src/audio/audio_cutting.py

```
from pydub import AudioSegment
# 读取音频文件
sound = AudioSegment.from_file("audio.mp3")
print(type(sound))
# 获取音频文件的长度(ms)
length = len(sound)
# 计算中间 10s 的起始和结束时间(ms)
start = (length // 2) - 5000
end = start + 10000
```

```
# 获取中间 10s 的音频
middle_sound = sound[start:end]
# 将中间 10s 的音频保存为新文件
middle_sound.export("cutting.mp3", format = "mp3")
print('成功裁剪')
```

运行程序之前，要保证当前目录存在 audio.mp3 文件，如果输出“成功裁剪”，那么会在当前目录生成一个 cutting.mp3 文件，这就是裁剪后的音频文件。

7.5.2 音频合并

音频合并就是将音频文件首尾相接。可以使用 AudioSegment.empty 方法创建一个空白的音频段，然后通过“＋”运算符将多个音频段（AudioSegment 对象）相加，最后再用 AudioSegment.export 方法将合并后的音频数据进行保存。

下面的例子合并了 abc.mp3 和 audio.mp3，并将合并后的数据保存为 merged_audio.mp3 文件。

代码位置：src/audio/merge_audio.py

```
from pydub import AudioSegment
# 定义一个函数,用于合并多个音频文件
def merge_audio_files(audio_files, output_file):
    # 初始化一个空的音频段
    merged_audio = AudioSegment.empty()
    # 遍历所有音频文件
    for audio_file in audio_files:
        # 读取音频文件
        audio = AudioSegment.from_file(audio_file)
        # 将音频文件添加到合并的音频段中
        merged_audio += audio
    # 导出合并后的音频文件
    merged_audio.export(output_file, format = "mp3")

# 定义要合并的音频文件列表
audio_files = ["abc.mp3", "audio.mp3"]
# 定义输出文件名
output_file = "merged_audio.mp3"
# 调用函数,合并音频文件
merge_audio_files(audio_files, output_file)
print('成功混合音频')
```

在运行程序之前，要保证当前模块中存在 abc.mp3 和 audio.mp3 文件，执行程序后，会在当前目录生成一个名为 merged_audio.mp3 的文件，这就是合并后的音频文件。

7.5.3 音频混合

音频混合就是将两个或多个音频文件叠加在一起，形成混音。最典型的应用就是为某个音频文件（如诗朗诵或一些语言类节目）加上背景音乐，可以通过调整背景音乐的音量，得到更好的混音效果。

通过 AudioSegment.overlay 方法可以将两个音频文件叠加在一起。如果第 2 个音频文件较长，则会被截断。所以，如果要为某个较长的音频文件添加背景音乐，最好将这个较长的音频文件作为第 1 个文件，否则有可能被截断。如果想混合多个音频文件，可以多次调用 overlay 方法，每次混合两个音频文件，直到混合所有的音频文件。

overlay 方法的原型如下：

```
def overlay(self, seg, position = 0, loop = False, times = None, gain_during_overlay = None)
```

参数含义如下。

(1) seg：要叠加的音频文件。

(2) position：在原始音频中的开始位置 1。

(3) loop：是否循环叠加。

(4) times：循环叠加的次数。

(5) gain_during_overlay：叠加期间的增益。

如果想增加或降低被混合的某个音频文件的音量，可以直接在 AudioSegment 对象表示的音频段中加上或减去某个数值，例如，下面的代码会减小 audio.mp3 文件的音量。

```
audio = AudioSegment.from_file("audio.mp3")
# 这里的 10 是要减少的音量(分贝)
audio -= 10
```

下面的例子混合 play.mp3 和 music.wav 文件，并生成混合后的 mixed_audio.mp3 文件。

代码位置：src/audio/mixed_audio.py

```
from pydub import AudioSegment
# 定义一个函数,用于混合多个音频文件
def mix_audio_files(audio_files, output_file, volume_changes = None):
    # 读取第一个音频文件
    mixed_audio = AudioSegment.from_file(audio_files[0])
    # 遍历剩余的音频文件
    for audio_file in audio_files:
        # 读取音频文件
        audio = AudioSegment.from_file(audio_file)
        # 如果需要调整音量
        if volume_changes and audio_file in volume_changes:
            # 调整音量
            audio += volume_changes[audio_file]
        # 将音频文件混合到混合的音频段中
        mixed_audio = mixed_audio.overlay(audio)
    # 导出混合后的音频文件
    mixed_audio.export(output_file, format = "mp3")

# 定义要混合的音频文件列表
audio_files = ["play.mp3", "music.wav"]
```

```
# 定义输出文件名
output_file = "mixed_audio.mp3"
# 定义需要调整音量的音频文件及其调整值(单位为分贝)
volume_changes = {"music.wav": -10}
# 调用函数,混合音频文件
mix_audio_files(audio_files, output_file, volume_changes)
print('成功混合音频')
```

在运行程序之前，要确保当前目录中存在 play.mp3 和 music.wav 文件，运行程序后，会在当前目录生成 mixed_audio.mp3 文件。

7.6 小结

本章介绍了一些与音频相关的 Python 模块，如 mutagen、sounddevice、librosa 和 pydub 模块。关于 pydub 模块，由于该模块底层是基于 ffmpeg 的，它是一个开源的音频和视频处理库，目前有很多音频或视频软件在底层都是基于 ffmpeg 的。而作为对 ffmpeg 的包装，pydub 理论上可以拥有 ffmpeg 的全部功能，也就是说，我们可以利用 pydub 制作出堪比专业级的音视频软件。非常期望广大读者能够利用本章所学的知识，使用 Python 开发出类似射手影音播放器、各种音视频处理软件一样的高端应用。

第 8 章

图像与视频

第 7 章介绍了 Python 与音频的相关操作，本章将带领大家来体验利用 Python 与其强大的第三方模块操控视频，这些操作主要包括获取视频信息、播放视频、截屏、拍照、录制视频、格式转换和视频编辑，利用好这些功能，足可以实现一款非常强大的视频软件。

8.1 获取视频信息

使用 moviepy 模块可以获取视频文件的一些主要信息，包括视频分辨率、视频持续时间、视频帧率等，moviepy 模块可以用于对视频的各种操作，例如，视频编辑、视频裁剪、视频合并、插入标题、视频合成以及创建自定义效果等。moviepy 可以读写常见的音频和视频格式，如 wav、mp3、avi、mp4 等。

使用下面的命令安装 moviepy 模块：

```
pip3 install moviepy
```

下面的例子获取了 video.mp4 的分辨率、持续时间和帧率。

代码位置：src/photo_video/video_info.py

```
from moviepy.editor import *
# 加载视频文件
video = VideoFileClip("video.mp4")
# 获取视频分辨率
resolution = video.size
# 获取视频持续时间(单位: s)
duration = video.duration
# 获取视频帧率
fps = video.fps
print(f"分辨率: {resolution}")
print(f"持续时间: {duration} s")
print(f"帧率: {fps}")
```

运行程序，会输出如下的内容：

```
分辨率：[1920, 1080]
持续时间：195.8s
帧率：20.0
```

moviepy 模块并不能获取所有的视频信息，要想获取更多的视频信息，可以使用 ffprobe。ffprobe 是一个多媒体流分析器，它具有基于 FFmpeg 项目库的命令行工具，可以收集多媒体流的信息，并以人类和机器可读的方式打印出来。

ffprobe 可以作为独立应用程序运行，也可以与文本过滤器结合使用，以执行更复杂的处理任务，例如统计处理或绘图。

读者可以到 ffmpeg 的官网（https://ffmpeg.org）或 https://evermeet.cx/ffmpeg 等第三方网站下载 ffprobe，下载后，将包含 ffprobe 可执行文件的目录添加到 PATH 环境变量中。然后执行下面的命令获取 video.mp4 的详细信息。

```
ffprobe -v quiet -print_format json -show_format -show_streams video.mp4
```

也可以使用下面的 Python 程序执行这行命令。

代码位置：src/photo_video/video_info_ffprobe.py

```
import subprocess
import json
# 设置 ffprobe 命令
cmd = "ffprobe -v quiet -print_format json -show_format -show_streams video.mp4"
# 执行命令并获取输出
output = subprocess.check_output(cmd, shell=True)
# 解析输出
info = json.loads(output)
# 打印信息
print(json.dumps(info, indent=4))
```

执行上面的代码，会输出 json 格式的视频信息。

8.2 播放视频

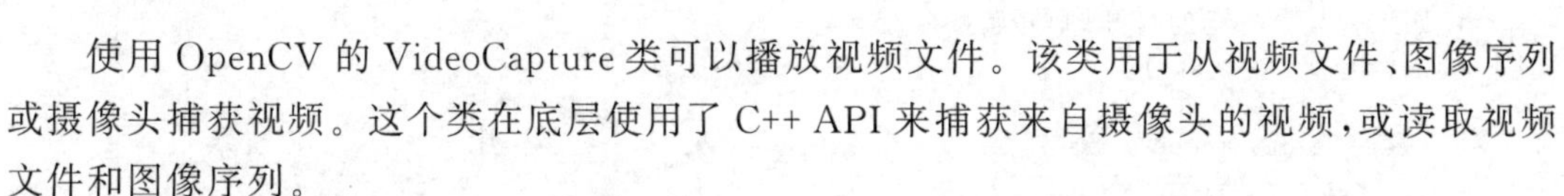

使用 OpenCV 的 VideoCapture 类可以播放视频文件。该类用于从视频文件、图像序列或摄像头捕获视频。这个类在底层使用了 C++ API 来捕获来自摄像头的视频，或读取视频文件和图像序列。

要捕获视频，需要创建一个 VideoCapture 对象。VideoCapture 类构造方法的参数可以是设备索引或视频文件的名称。当你创建一个 VideoCapture 对象时，可以传递一个整数作为参数，表示要打开的摄像头的索引。如果指向连接了一个摄像头，那么你可以传递 0 或 −1 来打开它；如果你连接了多个摄像头，那么可以传递不同的整数来打开不同的摄像头。例如，传递 0 来打开第一个摄像头，传递 1 来打开第二个摄像头，以此类推。之后，你可以逐帧捕获。

VideoCapture 类有几种不同的构造函数，可以用来打开视频文件、图像序列、捕获设备或 IP 视频流进行视频捕获。这些构造方法的原型如下。

(1) VideoCapture()：默认构造函数。

(2) VideoCapture(filename)：打开视频文件、图像序列或捕获设备进行视频捕获。

(3) VideoCapture(filename, apiPreference)：使用 API 首选项打开视频文件或捕获设备进行视频捕获。

(4) VideoCapture(index)：打开摄像头进行视频捕获。

(5) VideoCapture(index, apiPreference)：打开摄像头进行视频捕获。

下面的例子使用 VideoCapture 播放当前目录的 video.mp4 文件，效果如图 8-1 所示。

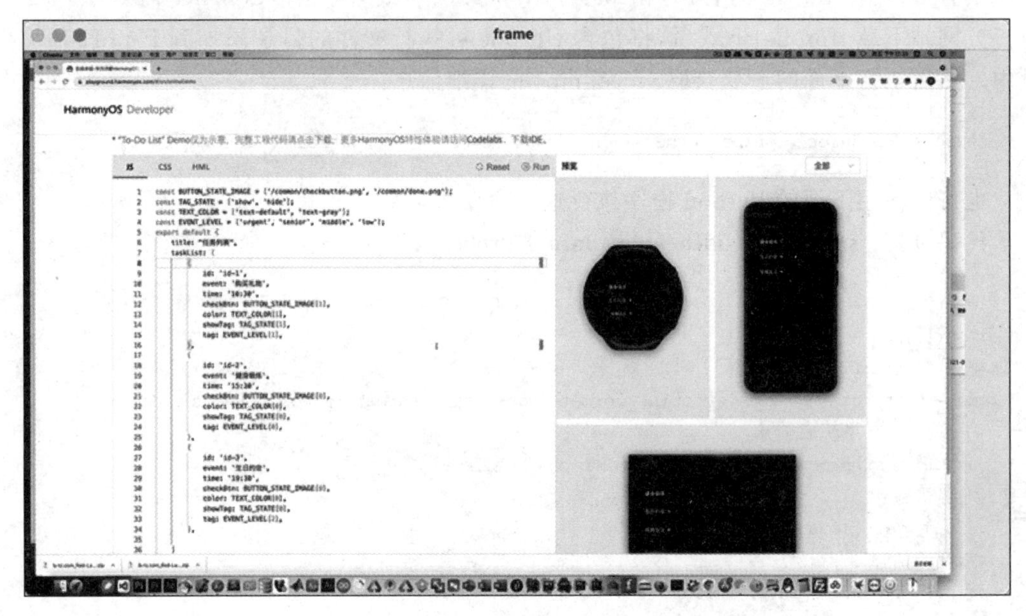

图 8-1　播放视频

代码位置：src/photo_video/cv_play_video.py

```
import cv2
cap = cv2.VideoCapture('video.mp4')
# 如果视频文件已经打开,则开始播放视频
while(cap.isOpened()):
    # 获取视频的每一帧图片
    ret, frame = cap.read()
    if ret == True:
        # 显示视频的每一帧图片
        cv2.imshow('frame',frame)
        # 按 q 退出
        if cv2.waitKey(25) & 0xFF == ord('q'):
            break
```

```
    else:
        break
cap.release()
cv2.destroyAllWindows()
```

尽管用 VideoCapture 类可以播放视频文件，但并没有声音，如果想同时播放视频影像和声音，可以使用 moviepy 模块的 VideoFileClip 类，代码如下：

代码位置：src/photo_video/moviepy_play_video.py

```
from moviepy.editor import VideoFileClip
clip = VideoFileClip('video.mp4')
clip.preview()
```

播放视频的效果与图 8-1 类似，只是同时播放了视频的声音。

8.3 截屏

本节详细介绍了如何截取屏幕，以及截取 Web 页面。

8.3.1 截取屏幕

使用 PyQt6 的 QApplication.primaryScreen 方法可以获取 PyQt6.QtGui.QScreen 对象，通过 QScreen.grabWindow 方法可以获取表示当前屏幕的 PyQt6.QtGui.QPixmap 对象。调用 QPixmap.save 方法，可以将当前屏幕的截图保存成图像文件。

下面的例子演示了如何使用 PyQt6 截取屏幕图像，然后将屏幕图像保存在当前目录中，图像文件名是 screenshot.png。

代码位置：src/photo_video/screenshot.py

```
from PyQt6.QtWidgets import QApplication, QWidget, QPushButton
class Window(QWidget):
    # 初始化方法
    def __init__(self):
        # 调用父类的初始化方法
        super().__init__()
        # 设置窗口标题
        self.setWindowTitle("截屏演示")
        # 设置窗口尺寸
        self.resize(100, 100)
        # 设置窗口不可改变尺寸
        self.setFixedSize(self.size())
        # 创建一个按钮,文本为"截屏"
        self.button = QPushButton("截屏", self)
        # 将按钮移动到窗口中间
        self.button.setGeometry(0, 0, 100,100)
```

```
            # 将按钮的点击信号连接到截屏方法
            self.button.clicked.connect(self.screenshot)
        # 定义一个截屏方法
        def screenshot(self):
            # 首先让窗口最小化
            self.showMinimized()
            # 获取应用程序对象
            app = QApplication.instance()
            # 获取主屏幕对象
            screen = app.primaryScreen()
            # 获取当前屏幕的图像
            pixmap = screen.grabWindow(0)
            # 将图像保存在当前目录中,文件名为"screenshot.png"
            pixmap.save("screenshot.png")
            # 恢复窗口正常显示
            self.showNormal()
    # 创建一个应用程序对象
    app = QApplication([])
    # 创建一个窗口对象
    window = Window()
    # 显示窗口
    window.show()
    # 运行应用程序循环
    app.exec()
```

运行程序,会显示如图 8-2 所示的窗口,单击“截屏”按钮,窗口会最小化;截取屏幕后,窗口又会恢复原状。在当前目录会生成一个名为 screenshot.png 的图像文件。

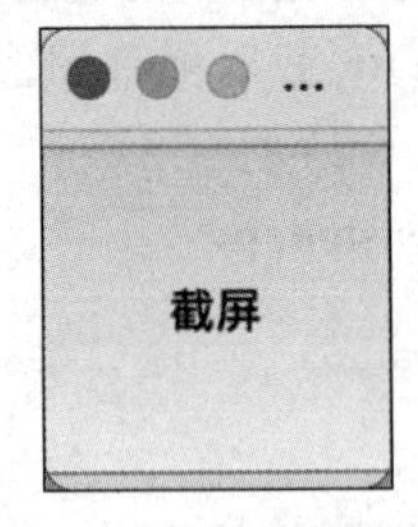

图 8-2　截取屏幕

8.3.2　截取 Web 页面

使用 selenium 模块可以只截取打开的 Web 页面。selenium 是一个用于自动化 Web 浏览器交互的 Python 模块。它支持多种浏览器的驱动程序(如 Firefox、Chrome 和 Internet Explorer),以及远程协议。

浏览器驱动程序是一种用于与浏览器交互的组件。它允许程序通过特定的 API 来控制浏览器,执行各种操作,如打开网页、填写表单、点击按钮等。

如果你使用 Selenium 库进行 Web 自动化测试,就需要安装相应的浏览器驱动程序。

不同的浏览器需要不同的驱动程序。例如，如果想使用 Selenium 控制 Chrome 浏览器，那么需要安装 ChromeDriver；如果想使用 Selenium 控制 Firefox 浏览器，那么需要安装 geckodriver。

可以使用下面的命令安装 selenium 模块：

```
pip3 install selenium
```

在使用 selenium 模块之前，首先要下载浏览器的驱动，这里以 Google Chrome 为例。可以从下面的页面下载 Google Chrome 的驱动程序。

```
https://chromedriver.chromium.org/downloads
```

在下载 Google Chrome 时要注意，Google Chrome 的版本和驱动程序的版本必须一致，否则可能无法使用驱动程序控制 Google Chrome。

在使用 selenium 模块控制浏览器之前，先要创建 Service 对象，并通过 Service 类的构造方法指定驱动程序的路径，然后创建 Chrome 对象控制 Chrome 浏览器。

下面的例子使用 selenium 模块控制 Chrome 浏览器访问京东商城的首页，并截取首页的图像，将图像保存为 jd.png。

代码位置：src/photo_video/capture_web.py

```
from selenium import webdriver
from selenium.webdriver.chrome.service import Service

# 创建一个 chrome 服务对象,指定 webdriver 文件的路径
service = Service("./webdrivers/chromedriver")
# 创建一个浏览器对象,使用 service 参数
driver = webdriver.Chrome(service = service)
# 定义要访问的网址
url = 'https://www.jd.com/'
# 定义要保存的截图文件名
filename = 'jd.png'
# 打开网址
driver.get(url)
# 保存可见的浏览器窗口的截图
driver.save_screenshot(filename)
# 关闭浏览器
driver.quit()
```

在运行程序之前，要确保当前机器安装了 Chrome 浏览器，并保证 Chrome 浏览器与驱动程序的版本一致。运行程序后，Chrome 浏览器会自动打开，然后自动填入网址并显示页面，接下来会截取网页，最后会关闭浏览器。在当前目录会看到一个 jd.png 文件，效果如图 8-3 所示。

图 8-3 截取网页

8.4 拍照

8.2 节讲述了 OpenCV 的 VideoCapture 类，该类不仅可以从视频文件播放视频，还可以获取访问摄像头，并从摄像头中获取图像。

下面的例子使用 VideoCapture 类访问默认的摄像头，并实时显示从摄像头传回的画面。当按下 s 键时，会将当前帧保存为 photo.jpg 文件；如果再次按 s 键，会覆盖 photo.jpg 文件。

代码位置：src/photo_video/take_a_picture.py

```
# 导入 opencv 库
import cv2
# 创建一个 VideoCapture 对象,参数为 0 表示使用默认的摄像头
cap = cv2.VideoCapture(0)
# 循环显示摄像头的画面
while True:
    # 读取一帧画面,ret 表示是否成功,frame 表示画面数据
    ret, frame = cap.read()
    # 如果成功,显示画面
    if ret:
        cv2.imshow("Camera", frame)
        # 检测键盘输入
        key = cv2.waitKey(1)
        # 如果按下 s 键,保存图片到当前目录下,命名为 photo.jpg
        if key == ord("s"):
            cv2.imwrite("photo.jpg", frame)
            print("Photo saved.")
        # 如果按下 q 键,退出循环
        elif key == ord("q"):
            break
    # 如果失败,打印错误信息
    else:
        print("Failed to read frame.")
# 释放摄像头资源
cap.release()
# 关闭所有窗口
cv2.destroyAllWindows()
```

8.5 录制视频

本节会介绍如何使用摄像头录像、录制屏幕以及录制带声音的屏幕视频。

8.5.1 用摄像头拍摄

使用 OpenCV 的 VideoCapture 类从摄像头获取图像，然后再将获取的图像（每一帧）保存到视频文件（如 mp4）中，就相当于用摄像头拍摄并实时生成视频。

要想使用 OpenCV 实时通过摄像头拍摄视频，还需要使用 VideoWriter_fourcc 函数和 VideoWriter 类。

VideoWriter_fourcc 函数用于指定视频编解码器。该函数接收 4 个字符作为参数，返回一个 4 字符代码，该代码用于指定要用于压缩帧的编解码器。例如，VideoWriter_fourcc('P','I','M','1')是 MPEG-1 编解码器，VideoWriter_fourcc('M','J','P','G')是运动 JPEG 编解码器等。实际上，参数值也可以用 * 运算符将字符串拆成单个的字符，例如，VideoWriter_fourcc('P','I','M','1')和 VideoWriter_fourcc(* 'PIM1')是等效的。

VideoWriter 类用于写入视频文件或图像序列。该函数使用 C++ API 来写入视频文件或图像序列。VideoWriter 类构造函数的原型如下：

```
VideoWriter([filename, fourcc, fps, frameSize[, isColor]]) -> <VideoWriter object>
```

参数含义如下。

(1) filename：输出视频文件的名称。

(2) fourcc：4 字符代码，指定要用于压缩帧的编解码器，也就是 VideoWriter_fourcc 函数的返回值。

(3) fps：帧速率。

(4) frameSize：帧大小(宽度、高度)。

(5) isColor：如果为 True，则编码器期望颜色帧，否则它将转换为灰度。

下面的例子实时采集摄像头的影像，并将视频保存为 video. mp4 文件。

代码位置：src/photo_video/capture_video. py

```
import cv2
def video_demo():
    capture = cv2.VideoCapture(0)                         # 0为电脑内置摄像头
    fourcc = cv2.VideoWriter_fourcc( * 'mp4v')            # 设置视频编码格式
    ret, frame = capture.read()
    if ret:
        width = frame.shape[1]
        height = frame.shape[0]
        #设置视频保存路径、帧率、分辨率
        out = cv2.VideoWriter('video.mp4', fourcc, 20.0, (width, height))
        while(True):
            ret, frame = capture.read()                   # 摄像头读取,ret为是否成功打开摄像头,
                                                          # true,false.
            cv2.imshow('video', frame)                    # 显示视频
            out.write(frame)                              # 保存视频
            c = cv2.waitKey(50)                           # 等待50ms
            if c == 27:                                   # 按Esc键退出
                break
        out.release()                                     # 释放视频
    capture.release()                                     # 释放摄像头
    cv2.destroyAllWindows()                               # 关闭所有窗口
if __name__ == '__main__':
    video_demo()
```

运行程序之前，要确保机器至少有一个摄像头(外置和内置都可以)；程序运行后，会弹出一个展示摄像头画面的窗口，按 Esc 键会关闭窗口，同时会在当前目录下生成一个 video. mp4 文件，该文件就是刚才通过摄像头拍摄的视频文件。

8.5.2 录制屏幕

录制屏幕有多种方式，但基本的原则就是以一定时间间隔获取屏幕的截图，并将截图插

入视频文件。本节会使用这种方式录制屏幕。

本节案例的关键技术是截屏，7.3.1节介绍了如何使用PyQt6的相关API截屏，本节会介绍另外一种截屏的方式，这就是mss模块和mss.tools模块。

mss模块是一个超快的跨平台多屏幕截图模块，它只使用Python和ctypes[①]。它非常基础，可以抓取每个显示器的屏幕截图或所有显示器的屏幕截图，并将其保存为png文件。mss.tools模块提供了一些实用工具，例如将屏幕截图数据转换为png格式。

mss模块用于截屏的方法是mss.mss().grab，它接收一个参数，该参数指定要捕获的屏幕部分。参数是一个字典类，包含top、left、width和height四个键。这些键的值定义了要捕获的屏幕区域的位置和大小。

本节的例子会实现如图8-4所示的录屏应用，单击“录制视频”按钮会根据下面的设置录制视频，单击“停止录制”按钮，会在当前目录生成video.avi文件。

图8-4 录屏应用

由于本例的代码太多，这里只给出核心代码，完整代码请查看源代码文件。

代码位置：src/photo_video/screen_recording.py

```
out = cv2.VideoWriter('video.avi', cv2.VideoWriter_fourcc( * 'XVID'), framerate, (videoWidth,
videoHeight))
# 定义一个函数,作为线程要执行的任务
def thread_func():
    while not self.stop:
        img = np.array(mss.mss().grab(self.monitor))
        # 将截图压缩为 1920 * 1080
        img = cv2.resize(img, (videoWidth, videoHeight))
        frame = np.array(img)
        # 将 BGR 格式转换为 RGB 格式
        frame = cv2.cvtColor(frame, cv2.COLOR_BGR2RGB)
        out.write(frame)
t1 = threading.Thread(target = thread_func)
t1.start()
```

从上面的程序可以看出，录屏的基本原理是：①使用VideoWriter类创建video.avi文件，并返回一个VideoWriter对象(out)；②在线程函数(thread_func)中通过mss.mss().grab方法截取屏幕，并返回numpy数组形式的图像(img)；③改变图像的尺寸，并将图像转换为RGB格式(frame)；④将frame写入VideoWriter对象(out)。

8.5.3 录制带声音的视频

尽管通过截屏的方式可以录制屏幕，但通过这种方式录屏并不会同时录制声音，如果想

① ctypes是Python的一个外部函数库。它提供了与C兼容的数据类型，并允许调用DLL或共享库中的函数。它可以用来将这些库包装在纯Python中。

实现类似录屏软件的功能——在录屏的同时也录制声音，可以使用 ffmpeg。这个库在前面已经多次使用了，主要用于完成对音频和视频的各种处理。

如果直接用 ffmpeg 命令行工具录制带声音的视频，可以使用下面的命令：

```
ffmpeg -f avfoundation -framerate 30 -i "2:0" -vf scale=iw/2:ih/2 out.avi
```

其中，avfoundation 是 macOS 下的设备，用来捕获集成的 iSight 摄像头以及通过 USB 或 FireWire 连接的摄像头。

在 Windows 系统中，你可以使用 dshow(DirectShow)输入设备，或者使用内置的 GDI 屏幕捕获器(gdigrab)。在 Linux 系统中，可以使用 video4linux2(或简称为 v4l2)输入设备来捕获实时输入，例如，来自网络摄像头的输入。

上面命令行中的 30 表示帧率是 30 帧。"2:0"表示视频设备和音频设备的索引。2 表示视频设备索引，0 表示音频设备索引。如果机器上有多个视频设备和多个音频设备，就需要使用下面的命令查询每个设备的索引。iw/2:ih/2 表示将屏幕尺寸缩放到原来的 50%，这一点非常重要，如果屏幕分辨率过大，ffmpeg 可能不支持这么大分辨率的视频，所以需要等比例缩放屏幕尺寸。

1. macOS

使用下面的命令查询 macOS 下的视频和音频设备。

```
ffmpeg -f avfoundation -list_devices true -i ""
```

如果执行这行命令，可能会输出如下内容：

```
AVFoundation video devices:
[AVFoundation indev @ 0x7fd8b0f23800] [0] FaceTime 高清摄像头(内建)
[AVFoundation indev @ 0x7fd8b0f23800] [1] EpocCam
[AVFoundation indev @ 0x7fd8b0f23800] [2] Capture screen 0
[AVFoundation indev @ 0x7fd8b0f23800] AVFoundation audio devices:
[AVFoundation indev @ 0x7fd8b0f23800] [0] Built-in Microphone
[AVFoundation indev @ 0x7fd8b0f23800] [1] WeMeet Audio Device
```

中括号里的数字就是索引。本例使用的"2:0"表示视频使用了 Capture screen 0，音频使用了 Built-in Microphone(内建麦克风)。

2. Windows

使用下面的命令查询 Windows 下的视频设备和音频设备。

```
ffmpeg -list_devices true -f dshow -i dummy
```

3. Linux

使用下面的命令查询 Linux 下的视频和音频设备。

```
v4l2-ctl --list-devices
```

如果未安装 v4l2-ctl 命令，可以使用下面的命令安装。

```
sudo apt install v4l-utils
```

使用 Python 的 subprocess 模块可以通过直接调用 ffmpeg 命令的方式将 ffmpeg 集成进 Python 程序。下面的例子使用 ffmpeg 命令录制了分辨率为 1920×1080,帧率为 30fps 的视频,并将录制的视频保存为 output_video. avi。

代码位置:src/photo_video/screen_recording_audio. py

```
import subprocess
# 设置录屏参数
screen_resolution = '1920x1080'
output_video_format = 'avi'
output_video_name = 'output_video.' + output_video_format
# 录屏命令
screen_record_command = f'ffmpeg -f avfoundation -framerate 30 -i "2:0" -vf scale=iw/2:
ih/2 {output_video_name}'
# 开始录屏和录音
screen_record_process = subprocess.Popen(screen_record_command, shell=True)
# 等待用户输入停止录制的指令
input('Press Enter to stop recording...')
# 停止录屏
screen_record_process.terminate()
print('Recording finished and saved as', final_output_name)
```

执行上面的程序,会立刻开始录制,按下回车键将停止录制,output_video. avi 就是刚才录制的视频文件。

8.6 格式转换

本节会介绍图像格式和视频格式转换的各种方式,这些方式会使用大量的命令行工具和第三方模块,如 ffmpeg、OpenCV、moviepy 等。

8.6.1 图像格式转换

使用 PIL 模块中的相关 API 可以进行图像格式之间的转换(如 png 转换为 jpg)。PIL(Python Imaging Library)是一个强大的、方便的 Python 图像处理库,曾一度被认为是 Python 平台事实上的图像处理标准库。读者可以使用下面的命令安装 PIL 模块①。

```
pip3 install Pillow
```

PIL 库主要用于图像处理,实现如图片剪切、粘贴、缩放、镜像、水印、颜色块、滤镜、图像格式转换、色场空间转换、验证码、旋转图像、图像增强、直方图处理、插值和滤波等功能。

---

① 旧的 PIL 版本只支持 Python2.7,PIL 还一度停止更新。不过后来由一群 PIL 的支持者重新激活了 PIL 项目,并起了新的名字 Pillow,所以安装新版的 PIL,要使用 Pillow,而不是 PIL。不过为了保持详细兼容,模块名仍然是 PIL。

实现图像格式转换要使用到 PIL 库中的 Image 类。Image 是 PIL 库中的核心类，用于表示 PIL 图像。可以使用 Image. open 方法从文件中加载图像，使用 Image. save 方法保存图像。在加载和保存过程中指定不同的扩展名，就可以轻松转换图像格式，代码如下：

```
from PIL import Image
image = Image.open("example.png")
# 将 example.png 转换为 jpg 格式的 example.jpg
image.save("example.jpg")
```

下面的例子实现了一个命令行工具，通过命令行参数将原图像文件和目标图像文件传入，就可以实现图像文件格式的转换。

代码位置：src/photo_video/convert_image. py

```
from PIL import Image
import os
import sys
def convert_image(source_file, target_file):
    # 检查目标文件是否存在
    if os.path.exists(target_file):
        overwrite = input("目标文件已存在,是否覆盖?(Y/N)")
        if overwrite.lower() != "y":
            return
    # 打开源文件并转换格式
    try:
        with Image.open(source_file) as image:
            image.save(target_file)
            print("转换成功!")
    except OSError:
        print("无法转换文件.")
if __name__ == '__main__':
    if len(sys.argv) < 3:
        print("请提供源文件名和目标文件名.")
    else:
        source_file = sys.argv[1]
        target_file = sys.argv[2]
        convert_image(source_file, target_file)
```

使用下面的命令执行程序，会将 source. jpg 转换为 target. png：

```
python convert_image.py source.jpg target.png
```

8.6.2 使用 ffmpeg 转换视频格式

使用 ffmpeg 可以转换常用的视频格式，不过本节并不会直接使用 ffmpeg 命令进行视频格式转换，而是使用 ffmpeg-python 模块。该模块提供了对 FFmpeg 的绑定，支持大多数 ffmpeg 的功能。可以让开发人员像调用 Python 函数一样使用 ffmpeg 的功能，这样可以降低开发成本，并提高代码的可读性。

由于 ffmpeg-python 模块在底层使用了 ffmpeg，所以在使用 ffmpeg-python 模块之前，仍然要安装 ffmpeg 工具包。

使用下面的命令可以安装 ffmpeg-python 模块：

```
pip3 install ffmpeg - python
```

转换视频格式时需要指定输入视频文件名和输出视频文件名。通过 ffmpeg. input (filename， ** kwargs)函数可以指定输入视频文件名，其中，filename 指定输入文件的 URL(即 ffmpeg 的-i 选项)。任何提供的 kwargs 都将按原样传递给 ffmpeg(例如 t=20，f='mp4',acodec='pcm'等)。要告诉 ffmpeg 从 stdin 读取，需要使用 pipe:作为文件名，代码如下：

```
ffmpeg.input('pipe:', format = 'image2pipe', r = 25)
```

ffmpeg. output(* streams_and_filename， ** kwargs)函数用于指定输出文件的 URL，语法为

```
ffmpeg.output(stream1 [, stream2, stream3 … ], filename, ** ffmpeg_args)
```

任何提供的关键字参数都将按原样传递给 ffmpeg(例如 t=20，f='mp4',acodec='pcm', vcodec='rawvideo'等)。某些关键字参数会被特殊处理，如下所示。如果提供了多个流，则它们将映射到同一输出。要告诉 ffmpeg 写入 stdout，需要使用 pipe:作为文件名，代码如下：

```
ffmpeg.output(output_stream, 'pipe:', format = 'matroska')①
```

ffmpeg. run(stream)函数用于执行 ffmpeg 命令。该函数会根据之前定义的输入、输出和过滤器等来构建 ffmpeg 命令行参数，并运行 ffmpeg 命令。

下面的例子使用 ffmpeg-python 模块的相关 API 将 video. avi 转换为 video. mp4。

代码位置：src/photo_video/ffmpeg_convert_video. py

```
import ffmpeg
input_file = "video.avi"
output_file = "video.mp4"
stream = ffmpeg.input(input_file)
stream = ffmpeg.output(stream, output_file)
ffmpeg.filter_multi_output = ""
ffmpeg.run(stream,quiet = True,overwrite_output = True)
print("转换完毕")
```

---

① Matroska 是一种开放标准的多媒体容器格式，它可以在一个文件中容纳大量的视频、音频、图片或字幕轨道。它的目的是成为存储音频视觉和多媒体内容(如电影或电视节目)的通用格式。Matroska 文件通常以 mkv(Matroska 视频)、mka(Matroska 音频)、mks(字幕)和 mk3d(立体/3D 视频)为扩展名。它也是. webm(WebM)文件的基础。

运行程序之前,要确保当前目录存在 video. avi 文件。程序运行后,会看到当前目录生成了一个 video. mp4 文件,这就是转换后的视频文件。

8.6.3 使用 OpenCV 转换视频格式

使用 OpenCV 也可以进行视频格式转换,基本原理是使用 VideoCapture 类打开待转换的视频文件,返回 VideoCapture 对象后,调用 VideoCapture. read 方法返回视频的每一帧画面,然后使用 VideoWriter 对象创建转换后的视频文件,最后将读取的每一帧图像通过 write 方法写入 VideoWriter 对象。下面的例子完整地演示了视频转换的过程。

代码位置:src/photo_video/opencv_convert_video. py

```
import cv2
input_file = 'output_video.avi'
output_file = 'output_video.mp4'
# 打开输入视频文件
cap = cv2.VideoCapture(input_file)
# 获取视频的宽度和高度
frame_width = int(cap.get(cv2.CAP_PROP_FRAME_WIDTH))
frame_height = int(cap.get(cv2.CAP_PROP_FRAME_HEIGHT))
# 定义输出视频文件的编码器和参数
fourcc = cv2.VideoWriter_fourcc( * 'mp4v')
out = cv2.VideoWriter(output_file, fourcc, 20.0, (frame_width, frame_height))
# 逐帧读取输入视频并写入输出视频文件
while cap.isOpened():
    ret, frame = cap.read()
    if ret:
        out.write(frame)
    else:
        break
# 释放资源
cap.release()
out.release()
```

尽管 OpenCV 可以转换视频的图像,但无法转换声音,也就是说,转换后的视频是没有声音的。如果想在转换视频格式的同时去掉视频的声音,OpenCV 是一个很好的选择。如果仍然想保留声音,可以使用 ffmpeg,或者使用 8. 6. 4 节将介绍的 moviepy 模块。

8.6.4 使用 moviepy 转换视频格式

使用 moviepy. editor 模块的 VideoFileClip 打开待转换的视频,然后使用 VideoFileClip 类的 write_videofile 将视频写入视频文件,只要原视频文件和目标视频文件的扩展名不同,就会进行视频格式转换。但要注意,moviepy 模块必须支持文件扩展名代表的视频格式,否则无法完成视频格式转换。

下面的例子使用 VideoFileClip 类将 output_video. avi 转换为 output_video. mp4。

代码位置：src/photo_video/moviepy_convert_video.py

```
from moviepy.editor import *
input_file = 'output_video.avi'
output_file = 'output_video.mp4'
# 读取输入视频文件
clip = VideoFileClip(input_file)
# 将视频保存为 MP4 格式
clip.write_videofile(output_file)
```

8.7 编辑视频

本节会介绍如何对视频进行各种编辑操作，这些操作包括裁剪视频、合并视频、提取视频中的音频、混合音频和视频，以及制作画中画视频。

8.7.1 裁剪视频

使用 moviepy 模块中的 VideoFileClip.subclip 方法可以截取视频中的一段，也就是裁剪视频。该方法涉及两个参数 t_start 和 t_end，分别表示截取的起始时间和结束时间。时间参数可以用秒来表示，例如 t_start=10；也可以用分和秒来表示，例如 t_start=(1,20)；还可以用小时、分钟和秒来表示，例如 t_start=(0,1,20)或者 t_start=(00:01:20)。t_end 的默认值是视频的长度。

下面的代码使用 VideoFileClip.subclip 方法截取 video.mp4 中的 10～20s 的一段视频，并将截取的部分保存为 clip_video.mp4。

代码位置：src/photo_video/clip_video.py

```
from moviepy.video.io.VideoFileClip import VideoFileClip
# 加载视频文件
video = VideoFileClip("video.mp4")
# 设置裁剪的开始和结束时间(单位: s)
start_time = 10
end_time = 20
# 裁剪视频
subclip = video.subclip(start_time, end_time)
# 保存裁剪后的视频
subclip.write_videofile("clip_video.mp4")
```

运行上面的程序，要确保当前模块存在 video.mp4，并且视频时长超过 20s。

8.7.2 合并视频

使用 moviepy.editor 模块的 concatenate_videoclips 函数可以合并两个或多个视频（视频首尾相接）。该函数的原型如下：

```
def concatenate_videoclips(clips, method = "chain", transition = None, bg_color = None,
ismask = False, padding = 0)
```

参数含义如下。

(1) clips：一个视频片段列表，表示要拼接的视频片段。

(2) method：拼接方法，可以设置为 chain 或 compose。当设置为 compose 时，实际上是调用 CompositeVideoClip 完成合成的。默认值是 chain。

(3) transition：在剪辑之间播放过渡剪辑。

(4) bg_color：填充边框的颜色。

(5) ismask：是否是遮罩。

(6) padding：填充。

concatenate_videoclips 函数有两种拼接方法：chain 和 compose。

如果 method 参数设置为 chain，将简单地输出连续剪辑的帧，即使它们的大小不同，也不进行任何校正。如果没有剪辑遮罩，则结果剪辑将没有遮罩。在这种情况下，使用 concatenate_videoclips 函数来合并两个分辨率不同的视频，那么合并后的视频将采用第 1 个视频的分辨率。这意味着，第 2 个视频将被缩放，以适应第一个视频的分辨率。例如，如果第 1 个视频的分辨率为 1920×1080，而第 2 个视频的分辨率为 1280×720，那么合并后的视频的分辨率将为 1920×1080，且第 2 个视频将被缩放，以适应这个分辨率。

当 method 参数设置为 compose 时，如果剪辑的分辨率不同，则最终分辨率将使所有剪辑都不需要调整大小。因此，最终剪辑具有最高剪辑的高度和列表中最宽剪辑的宽度。所有尺寸较小的剪辑都将居中显示。如果 mask＝True，则边框将透明，否则将填充你选择的颜色。

遮罩是一个二维数组，其形状与视频帧相同，用于指定视频帧中哪些像素是透明的。当你使用遮罩时，可以在视频帧上叠加其他图像或视频。如果在拼接视频片段时使用遮罩，则结果视频片段也将具有遮罩。

下面的代码使用 concatenate_videoclips 合并 3 个视频文件(video1. mp4、video2. mp4 和 video3. mp4)，然后将合并后的视频保存为 final_video. mp4。

代码位置：src/photo_video/merge_video. py

```
from moviepy.editor import *
# 加载视频文件
video1 = VideoFileClip("video1.mp4")
video2 = VideoFileClip("video2.mp4")
video3 = VideoFileClip("video3.mp4")
# 合并视频
final_clip = concatenate_videoclips([video1, video2, video3])
# 保存合并后的视频
final_clip.write_videofile("final_video.mp4")
```

运行程序之前，要确保当前目录存在 video1. mp4、video2. mp4 和 video3. mp4。

8.7.3 提取视频中的音频

使用 VideoFileClip. audio 属性可以提取视频中的音频。该属性表示视频文件中的音频数据。如果在创建 VideoFileClip 对象时将 audio 参数设置为 True(默认值),则该对象的 audio 属性将包含一个 AudioFileClip 对象,表示视频文件中的音频。

使用 AudioFileClip. write_audiofile 方法可以将音频剪辑的内容输出到指定文件。该方法的原型如下:

```
def write_audiofile(filename, fps = None, nbytes = 2, buffersize = 2000, codec = None, bitrate =
None, ffmpeg_params = None, write_logfile = False, verbose = True)
```

参数含义如下。

(1) filename:输出文件的文件名。

(2) fps:输出音频的采样率。如果未指定,则使用原始音频的采样率。

(3) nbytes:输出音频的采样深度,以字节为单位。默认值为 2,表示 16 位采样。

(4) buffersize:缓冲区大小,以字节为单位。默认值为 2000。

(5) codec:输出音频的编码格式。如果未指定,则使用与文件扩展名对应的默认编码格式。

(6) bitrate:输出音频的比特率。如果未指定,则使用默认比特率。

(7) ffmpeg_params:传递给 ffmpeg 的其他参数。

(8) write_logfile:是否写入日志文件。默认值为 False。

(9) verbose:是否在控制台中显示详细信息。默认值为 True。

下面的代码使用 AudioFileClip. write_audiofile 方法提取 video. mp4 中的音频,并将音频保存为 audio. mp3 文件。

代码位置:src/photo_video/extract_audio. py

```
from moviepy.editor import *
# 加载视频文件
video = VideoFileClip("video.mp4")
# 提取音频
audio = video.audio
# 保存音频为 mp3 文件
audio.write_audiofile("audio.mp3")
```

运行程序之前,要确保当前目录中存在 video. mp4 文件。

8.7.4 混合音频和视频

混合音频和视频有很多应用场景,例如,为视频加上背景音乐。混合音频和视频时需要使用 moviepy 模块中的 CompositeAudioClip 类,该类可以将多个音频剪辑组合在一起。CompositeAudioClip 类构造方法接收一个列表,列表的每一个元素就是待混合的音频

(AudioFileClip 对象)和视频(VideoFileClip 对象)。

下面的例子混合 video. mp4 和 audio. mp3,并将 audio. mp3 的音量调整为原来的 20%。最后将混合结果保存为 new_video. mp4 文件。

代码位置：src/photo_video/mixed_audio_video. py

```
from moviepy.editor import VideoFileClip, AudioFileClip, CompositeAudioClip
# 创建一个 VideoFileClip 对象,表示视频文件
videoclip = VideoFileClip("video.mp4")
# 创建一个 AudioFileClip 对象,表示音频文件
audioclip = AudioFileClip("audio.mp3")
# 调整音量为原来的 20%
audioclip = audioclip.volumex(0.2)
# 创建一个 CompositeAudioClip 对象,将视频文件中的音频和新的音频文件混合在一起
new_audioclip = CompositeAudioClip([videoclip.audio, audioclip])
# 将新的音频剪辑设置为视频剪辑的音频
videoclip.audio = new_audioclip
# 将结果输出到一个新的视频文件中
videoclip.write_videofile("new_video.mp4")
```

在运行程序之前,要确保当前目录存在 video. mp4 和 audio. mp3 文件。

8.7.5 制作画中画视频

画中画视频在直播中广泛使用。视频画面大部分播放与直播相关的内容,在视频画面的右下角或左上角(也可能在其他位置)会显示一个小视频画面,在小视频画面中显示主播的画面。这是非常典型的画中画应用场景。

使用 moviepy 模块中的 CompositeVideoClip 类可以非常容易地实现这种画中画的视频效果。CompositeVideoClip 类提供了一种非常灵活的方法来组合剪辑,但比 concatenate_videoclips 和 clips_array 更复杂。使用 CompositeVideoClip 类,可以将多个剪辑组合在一起,例如,下面的代码:

```
video = CompositeVideoClip([clip1, clip2, clip3])
```

这个组合的视频效果是在 video 上播放 clip1,在 clip1 上播放 clip2,在 clip1 和 clip2 上播放 clip3。如果 clip2 和 clip3 的大小与 clip1 相同,则只有位于顶部的 clip3 在视频中可见,除非 clip3 和 clip2 具有遮罩,隐藏它们的部分。

默认情况下,组合的大小与其第 1 个剪辑(通常是背景)相同。但有时希望让剪辑浮动在更大的组合中,因此可以设置最终组合的大小,代码如下:

```
video = CompositeVideoClip([clip1, clip2, clip3], size=(720, 460))
```

下面的例子将 video1. mp4 和 video2. mp4 组合在一起,并且重新设置了 video2. mp4 尺寸,然后将 video2. mp4 放到 video1. mp4 的右下角播放,最后将组合后的视频保存为 output. mp4 文件。效果如图 8-5 所示。右下角的视频窗口就是 video2. mp4 的内容。

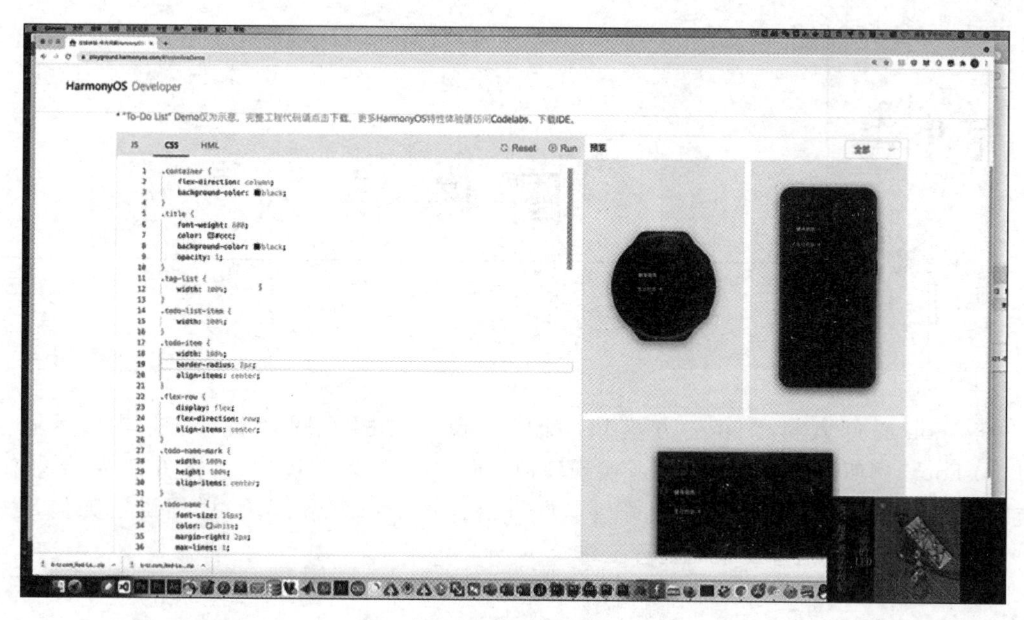

图 8-5　画中画视频

代码位置：src/photo_video/pinp_video.py

```
from moviepy.editor import *
# 加载主视频和画中画视频
main_clip = VideoFileClip('video1.mp4')
pip_clip = VideoFileClip('video2.mp4')
# 设置画中画视频的位置和大小
pip_clip = pip_clip.resize(height = 200)
pip_clip = pip_clip.set_pos(('right', 'bottom'))
# 将画中画视频叠加到主视频上
final_clip = CompositeVideoClip([main_clip, pip_clip])
# 保存最终的视频文件
final_clip.write_videofile('output.mp4')
```

运行程序之前，要确保当前目录存在 video1.mp4 文件和 video2.mp4 文件。

8.8　小结

本节介绍了一些与图像和视频相关的 Python 模块，主要包括 PyQt6、ffmpeg-python、OpenCV、PIL 和 moviepy。尽管这些模块中，有的并不是专门用来处理图像和视频的（如 PyQt6），不过并不影响在应用中使用它们。这里要重点提一下 PIL 和 moviepy。这两个模块分别是处理图像和视频的有力工具，而且使用起来非常方便，当然，再配合 OpenCV、ffmpeg-python，就可以处理图像和视频的绝大多数问题，读者可以利用这些模块制作出完整的图像和视频处理软件。

第 9 章

图像特效

Python 通过大量的第三方模块，可以实现非常酷的图像特效，效果并不亚于 Photoshop。例如，可以使用 Python 实现各种图像的滤镜、裁剪图像、翻转图像、混合图像、仿射变换、锐化、油画、扭曲、模糊等。本章将结合多个第三方模块，详细讲解如何通过 Python 对图像完成这些复杂的处理工作。

9.1 图像处理

本节会介绍如何用 Python 以及第三方模块实现各种处理图像的方法，例如，图像滤镜、缩放图像、裁剪图像、翻转图像、混合图像等。

9.1.1 图像滤镜

PIL（Pillow）的子模块 ImageFilter 提供了一些常用的图像过滤器（也可以称为滤镜），可以对图像进行模糊、细节增强、浮雕等处理。PIL 模块中的 Image 类提供了一个 filter 方法，用于指定滤镜，并对图像进行过滤。filter 方法的原型如下：

```
def filter(filter)
```

其中，filter 表示滤镜对象。在 ImageFilter 模块中提供了多个常用的滤镜对象（内置滤镜），这些滤镜对象都可以作为 filter 方法的参数值。主要的滤镜对象如下。

（1）ImageFilter.BLUR：模糊滤镜。

（2）ImageFilter.CONTOUR：找出并强调图像中的边缘和轮廓。

（3）ImageFilter.DETAIL：增强图像的细节。

（4）ImageFilter.EDGE_ENHANCE：边缘增强滤镜，通过减少图像中像素块之间的过渡来突出边缘。

（5）ImageFilter.EDGE_ENHANCE_MORE：与 ImageFilter.EDGE_ENHANCE 相比，提供了更强的边缘增强效果。

（6）ImageFilter.EMBOSS：浮雕滤镜。

（7）ImageFilter.FIND_EDGES：检测图像中的边缘和轮廓线。

(8) ImageFilter. SHARPEN：平滑滤镜。

(9) ImageFilter. SMOOTH_MORE：更加平滑的滤镜。

(10) ImageFilter. SMOOTH_MORE：锐化滤镜，增强图像细节，并增加对比度。

这些滤镜的使用方法如下：

```
image.filter(ImageFilter.EMBOSS)
```

除此之外，还可以传入一个自定义的核(kernel)来实现特定的过滤效果。kernel 是一个 3×3 或 5×5 的矩阵[①]，表示应用在每一个像素周围的权重。

举个例子，一个高斯模糊可以使用如下 kernel：

```
kernel = (1/16, 2/16, 1/16,
          2/16, 4/16, 2/16,
          1/16, 2/16, 1/16)
```

使用这个 kernel 的 filter 方法的代码如下：

```
image.filter(ImageFilter.Kernel((3, 3), kernel))
```

kernel 矩阵的设计或选择取决于滤波的目的和原理，一般有以下几种方法。

(1) 使用预定义的 kernel 矩阵，如平均滤波、高斯滤波、拉普拉斯滤波等，这些 kernel 矩阵可以在一些图像处理库或文档中找到，也可以根据数学公式自己计算。

(2) 使用频域分析的方法，将图像从空间域转换到频域，然后根据频率响应设计或选择合适的 kernel 矩阵，再将其转换回空间域。

(3) 使用窗口函数或采样方法，根据一维或二维的窗口函数生成 kernel 矩阵，或者根据一维或二维的采样点生成 kernel 矩阵。

(4) 使用试错法，根据经验直觉设计或选择一个 kernel 矩阵，然后观察滤波后的图像效果，不断调整 kernel 矩阵中的元素值(或大小)，直到达到满意的效果。

注意：kernel 的尺寸越大，需要的计算量越大，所以选择 kernel 尺寸时，要同时考虑到效果和计算量。

下面的例子会在终端显示一个菜单，每一个菜单项是一个 ImageFilter 模块的内置滤镜，用户选择某个菜单项后，就会使用该菜单项对应的内置滤镜处理程序，并将处理后的结果保存在 xxx_filter. jpg 文件(该图像会同时显示原图和处理后的效果图)中，其中，xxx 是要处理的图像文件名。例如，要处理的图像文件名是 example. jpg，那么，处理后的图像文件名就是 example_filter. jpg。

代码位置：src/image_effects/filters. py

```
from PIL import Image, ImageFilter
import sys
```

---

① kernel 的尺寸一般是奇数，如 3×3、5×5、7×7 等。

```
import numpy as np
def apply_filter(image_filename):
    # 打开图像文件
    image = Image.open(image_filename)
    # 列出所有支持的滤镜
    filters = {
        1: ("模糊", ImageFilter.BLUR),
        2: ("轮廓", ImageFilter.CONTOUR),
        3: ("细节", ImageFilter.DETAIL),
        4: ("边缘增强", ImageFilter.EDGE_ENHANCE),
        5: ("边缘增强(更多)", ImageFilter.EDGE_ENHANCE_MORE),
        6: ("浮雕", ImageFilter.EMBOSS),
        7: ("查找边缘", ImageFilter.FIND_EDGES),
        8: ("锐化", ImageFilter.SHARPEN),
        9: ("平滑", ImageFilter.SMOOTH),
        10: ("平滑(更多)", ImageFilter.SMOOTH_MORE)
    }
    # 打印菜单
    print("请选择一个滤镜:")
    for key, value in filters.items():
        print(f"{key}. {value[0]}")
    # 获取用户输入
    choice = int(input("请输入序号:"))
    # 应用滤镜
    new_image = image.filter(filters[choice][1])
    # 水平拼接原图和处理后的图像
    combined_img = Image.fromarray(np.hstack((image, new_image)))
    # 保存新文件
    new_filename = image_filename.split(".")[0] + "_filter." + image_filename.split(".")[1]
    combined_img.save(new_filename)
# 获取命令行参数
if len(sys.argv) > 1:
    image_filename = sys.argv[1]
else:
    image_filename = "example.jpg"
# 测试代码
apply_filter(image_filename)
```

本例可以直接运行,但要保证当前目录中有 example.jpg 文件,或者直接通过命令行参数传入其他图像文件名,如下所示:

```
python filters.py boy.jpg
```

运行程序,输入菜单项索引(本例输入 6,也就是浮雕效果),按下回车键后,(如果处理的图像文件名是 example.jpg)会在当前目录输出 example_filter.jpg。该图像的效果如图 9-1 所示。

9.1.2 缩放图像与缩略图

PIL.Image 类中的 resize 方法和 thumbnail 方法都可以用来调整图像的尺寸。这两个

图 9-1 浮雕效果

方法有以下主要区别。

(1) Image. resize 方法会返回一个新的 Image 对象,而 image. thumbnail 函数会直接修改原始的 Image 对象。

(2) Image. resize 中的 size 参数直接设定了 resize 之后图片的规格,而 image. thumbnail 函数中的 size 参数则是设定了 x/y 的最大值。也就是说,如果缩略图尺寸比例与原图的尺寸比例不同,会选择缩略图的宽度或高度作为缩略图的宽度或高度,而对应的高度或宽度会根据原图的长宽比进行计算。也就是说,如果原图的尺寸比例大于缩略图,那么会选择缩略图的宽度作为缩略图的宽度,高度会根据原图尺寸比例计算;如果原图的尺寸小于缩略图,那么会选择缩略图的高度作为缩略图的高度,宽度会根据原图尺寸比例计算。例如,如果原图的尺寸是 1000×600,而设置缩略图的尺寸是 200×100,那么最终缩略图的尺寸应该是 166×100。这是因为原图的比例是 1000/600=1.6667,而缩略图的比例是 200/100=2。为了保持原图的比例不变,缩略图的宽度应该等于 200/2×1.6667=166.67,四舍五入为 166,高度应该等于 100。总之,Image. resize 方法可以拉伸图像,而 Image. thumbnail 方法只能等比例缩小图像。

(3) Image. resize 能将图像调整到任意大小。而 Image. thumbnail 只能缩小图像,如果为 Image. thumbnail 方法指定的图像尺寸大于原图尺寸,那么处理后的图像的尺寸不会超过原图。因此,Image. thumbnail 方法生成的图像被称为原图的缩略图。

根据以上的描述,Image. resize 和 Image. thumbnail 的应用场景如下。

1. Image. resize

(1) 需要一个新的调整尺寸的图像而保留原图像。

(2) 需要调整图像到任意指定尺寸。

(3) 不在意图像可能变形。

2. Image. thumbnail

(1) 希望直接在原图像上调整大小。

(2) 只需要将图像缩小到不大于某个值。

(3) 希望保持图像的宽高比和形状不变。

这两个方法常用的参数都只需要传入一个包含两个元素的元组,分别表示新图像的宽度和高度。

下面的例子使用 Image. resize 方法改变了原图的长宽比，将处理结果保存为 resized_image. jpg。使用 Image. thumbnail 方法为原图产生了一个缩略图，将处理结果保存为 scaled_image. jpg。

代码位置：src/image_effects/image_resize_scale. py

```
from PIL import Image
# 打开一个图像文件
image = Image.open('robot.jpg')
# 获取图像的原始尺寸
original_width, original_height = image.size
# 设置新的图像尺寸
new_width = 300
new_height = 200
# 使用 resize 方法调整图像大小
resized_image = image.resize((new_width, new_height))
# 保存调整后的图像
resized_image.save('resized_image.jpg')
# 设置缩放比例
scale_factor = 0.5
# 计算缩放后的图像尺寸
scaled_width = int(original_width * scale_factor)
scaled_height = int(original_height * scale_factor)
# 使用 thumbnail 方法缩放图像
image.thumbnail((scaled_width, scaled_height))
# 保存缩放后的图像
image.save('scaled_image.jpg')
```

运行程序之前，要保证当前目录存在 robot. jpg 文件，程序运行后，会在当前目录生成 resized_image. jpg 文件和 scaled_image. jpg 文件。其中 resized_image. jpg 文件改变了原图的长宽比，如图 9-2 所示。

图 9-2 改变了长宽比的图像

9.1.3 生成圆形头像

圆形头像的效果是在图像上绘制一个内切圆(假设图像是正方形)，只保留内切圆里面的部分，内切圆外面的部分变为透明色。

使用 PIL 模块的相关 API 可以实现这个效果，具体步骤如下。

① 创建一个新的空白掩模 mask 图像，大小与原始图像相同，背景色为黑色(完全透明)。

② 在 mask 图像上创建一个 ImageDraw 对象，用于绘制圆形。

③ 用 ImageDraw 对象绘制圆形，填充色为白色(完全不透明)。

④ 将 mask 应用到原始图像上，实现圆形裁剪。

其中，第④步用到 Image. putalpha 方法，该方法为图像添加或替换透明度层。如果图像没有透明度层，它会被转换为“LA”或“RGBA”模式。新的透明度层必须是“L”或“1”模式的图像，分别表示灰度和二值（黑白）模式。对于 Image. putalpha(alpha)，alpha 参数是新的透明度层，可以是一个与原始图像大小相同的“L”或“1”模式的图像，也可以是一个整数或其他颜色值。

该方法会直接修改原始的 Image 对象，不会返回新的 Image 对象。如果 alpha 参数是一个图像，那么它会覆盖原始图像的透明度层；如果 alpha 参数是一个数值，那么它会设置原始图像的透明度层为该数值。数值越小，透明度越高；数值越大，透明度越低。

从前面的步骤可以看出，实现圆形头像的基本方法就是先生成一张与原图尺寸完全相同的透明图（mask），然后在 mask 上绘制一个白色的内切圆，现在 mask 的效果是内切圆是白色的（颜色值是 255），内切圆外部都是透明的（颜色值是 0），最后再调用 Image. putalpha 方法让原图与 mask 融合。putalpha 的作用是将 mask 作为原图的透明度层。如果 mask 是 1 模式的图像，相当于将原图中 mask 为 0 的像素设为透明，mask 为 1 的像素保持不变。如果 mask 是 L 模式的图像，相当于将原图中每个像素的透明度设为 mask 中对应像素的灰度值，这样可以实现更细致的透明度控制，而不是只有两种状态（透明或不透明）。

下面的例子将当前目录的 robot. jpg 文件裁剪成圆形图像，并保存为 cropped. png，效果如图 9-3 所示。

图 9-3　圆形头像

代码位置：src/image_effects/cropping_circle_image. py

```
from PIL import Image, ImageDraw
# 打开图像文件并转换为 RGBA 模式
image = Image.open("robot.jpg").convert("RGBA")
# 获取图像宽度和高度
width, height = image.size
# 计算中心点坐标
center_x = width // 2
center_y = height // 2
# 计算半径(取最小值)
radius = min(center_x, center_y)
# 创建一个新的空白图像,大小与原始图像相同,背景色为透明
mask = Image.new('L', (width, height), 0)
# 创建一个 ImageDraw 对象,用于在 mask 上绘制圆形
draw = ImageDraw.Draw(mask)
# 绘制圆形
draw.ellipse((center_x - radius, center_y - radius, center_x + radius, center_y + radius),
fill = 255)
```

```
    # 将 mask 应用到原始图像上,裁剪出圆形部分
    #使用下面的代码会裁剪出灰度的图像
    #cropped_image = image.copy().convert('LA')
    cropped_image = image.copy()
    cropped_image.putalpha(mask)
    # 保存裁剪后的图像
    cropped_image.save("cropped.png")
```

9.1.4 静态图像变旋转 gif 动画

将静态图像变成旋转的 gif 动画的基本原理就是将静态图像以某一个角度作为递增角度,每递增一次角度,就将图像逆时针或顺时针旋转这个角度,然后将每次的旋转结果保存成一个有规律的图像文件名。假设这个递增角度为 10°,那么图像旋转一周就会生成 36 张不同角度的图像。最后,将这 36 张图像生成一个动画 gif 文件。

要实现这些功能,需要 PIL.Image 类的 rotate 方法和 gif 模块。gif 模块的用法已经在 5.3.1 节介绍过了,这里不再详细讲解。

rotate 方法用于旋转图像,该方法的原型如下:

```
def rotate(angle, resample = 0, expand = 0, center = None, translate = None, fillcolor = None)
```

参数的含义如下。

(1) angle:旋转的角度,单位为度。正值表示逆时针旋转,负值表示顺时针旋转。

(2) resample:重采样滤波器,用于处理旋转后的图像边缘。可选值有 Image.NEAREST(最近邻)、Image.BILINEAR(双线性)、Image.BICUBIC(双三次)、Image.LANCZOS(Lanczos)等,默认为 0,即最近邻。

(3) expand:是否扩展输出图像的尺寸以适应旋转后的图像。如果为 0(默认),则输出图像的尺寸与输入图像相同,可能会导致旋转后的图像被裁剪。如果为 1,则输出图像的尺寸会根据旋转后的图像自动调整,不会有裁剪。

(4) center:旋转中心点的坐标,以输入图像的左上角为原点。如果为 None(默认),则使用输入图像的中心点作为旋转中心。

(5) translate:旋转后平移的距离,以(x,y)的元组形式给出。如果为 None(默认),则不进行平移。

(6) fillcolor:填充颜色,用于填充旋转后产生的空白区域。如果为 None(默认),则使用黑色填充。

返回值是一个新的 Image 对象,表示旋转后的图像。

下面的例子将 cropped.png 图像生成可以逆时针旋转的动画 gif,并将动画保存为 image.gif 文件。读者可以使用支持动画 gif 的软件或用浏览器打开 image.gif 文件,会看到旋转效果,如图 9-4 所示为某一帧画面。本例将生成的不同角度的 png 图像文件都放在了 gif 目录中,但生成完动画 gif 后,就将这些 png 文件都删除了,如果读者想保留这些文

件,可以修改程序最后的 for 循环注释。

图 9-4 旋转 gif 动画(某一帧画面)

代码位置:src/image_effects/rotate_gif.py

```
from PIL import Image
import gif
import os
# 检查 gif 目录是否存在,如果不存在则创建它
if not os.path.exists('gif'):
    os.makedirs('gif')
# 打开图像文件
image = Image.open('cropped.png')
# 创建一个空列表来存储旋转后的图像
images = []
# 按每 10 度旋转一次,一共旋转 36 次
for i in range(36):
    # 旋转图像
    rotated_image = image.rotate(i * 10)
    # 将旋转后的图像添加到列表中
    images.append(rotated_image)
    # 保存旋转后的图像
    rotated_image.save(f'gif/image{i + 1}.png')
# 使用 gif 模块制作 gif 动画
gif.save(images, 'image.gif', duration=100)
#删除 gif 目录下所有 png 图像
for filename in os.listdir('gif'):
    if filename.endswith('.png'):
        os.remove(os.path.join('gif', filename))
```

9.1.5 翻转图像

有的读者经常将图像翻转和图像镜像搞混,其实图像翻转可以包含图像镜像,也就是

说，特定的图像翻转与图像镜像的等效的，不过图像翻转的种类要比图像镜像的种类多。

翻转图像分为多种，比较常用的是水平翻转（等效于水平镜像）和垂直翻转（等效于垂直镜像）。翻转图像可以通过 PIL. Image. transpose 方法实现，该方法的原型如下：

```
def transpose(method)
```

其中，method 参数表示如何翻转图像，可以取的值如下。

(1) Image. FLIP_LEFT_RIGHT：水平翻转（左右翻转）。

(2) Image. FLIP_TOP_BOTTOM：垂直翻转（上下翻转）。

(3) Image. ROTATE_90：顺时针旋转 90°。

(4) Image. ROTATE_180：水平垂直翻转（旋转 180°）。

(5) Image. ROTATE_270：逆时针旋转 270°。

(6) Image. TRANSPOSE：转置图像（左右翻转并上下翻转）。

(7) Image. TRANSVERSE：移位图像（上下翻转并左右翻转）。

下面的例子将图像进行水平翻转（水平镜像）和垂直翻转（镜像），并和原图放在一起，如图 9-5 所示。最左侧是原图，中间是水平翻转，右侧是垂直翻转。本例会将翻转后的图像保存为 flipped_image. png 文件，并显示最终的结果。

图 9-5　图像翻转

代码位置：src/image_effects/flip_image. py

```
from PIL import Image
import numpy as np
# 打开图像文件
image = Image.open('images/girl4.jpg')
# 水平翻转图像
flipped_image = image.transpose(Image.FLIP_LEFT_RIGHT)
# 水平合并 image 和 flipped_image
combined = np.hstack((image, flipped_image))
# 垂直翻转图像
flipped_image = image.transpose(Image.FLIP_TOP_BOTTOM)
# 水平合并 combined 和 flipped_image，并将 numpy.ndarray 转换为 PIL.Image.Image
```

```
combined = Image.fromarray(np.hstack((combined, flipped_image)))
combined.save('flipped_image.png')
# 显示翻转后的图像
combined.show()
```

9.1.6 图像增强滤镜与色彩空间转换

ImageEnhance 模块是 PIL(Pillow)工具箱提供的一组图像增强滤镜,它可以对图像进行亮度、对比度、颜色和锐度调整。

ImageEnhance 模块提供以下 4 种图像增强滤镜(即 4 个类)。

(1) Brightness:调整图像亮度。

(2) Contrast:调整图像对比度。

(3) Color:调整图像颜色饱和度。

(4) Sharpness:调整图像锐度。

每个滤镜都可以通过 enhance 方法设定增强的强度,该方法接受一个浮点类型的参数值,表示增强的强度。如果是 1.0,表示效果不变;大于 1.0,表示更强的效果;小于 1.0,表示更弱的效果。例如,使用 Brightness 调整亮度,如果强度的值为 2.0,那么调整后的图像亮度会比原图亮度增加 100%;如果强度值为 0.5,那么调整后的图像亮度是原图亮度的 50%。

我们通常使用 RGB 色彩模式的图像,不过在一些场景下,需要使用其他色彩模式(如 CMYK)的图像,使用 Image. convert 方法可以将 RGB 色彩模式下的图像转换为其他色彩模式的图像。例如,下面的代码将 RGB 色彩模式转换为 CMYK 色彩模式。

```
cmyk_image = rgb_image.convert('CMYK')
```

CMYK 和 RGB 用于不同的设备和用途,下面是它们的主要区别。

1. RGB

(1) RGB 色彩模式使用红色、绿色和蓝色 3 个颜色通道来表示各种颜色。

(2) 用于显示设备,如电视屏幕、电脑屏幕和数字相机。

(3) RGB 可产生广范围的颜色,是一种加性色彩模式。

2. CMYK

(1) CMYK 色彩模式使用青色、洋红色、黄色和黑色四个颜色通道来表示各种颜色。

(2) 主要用于印刷设备,如印刷机、平版印刷机等。

(3) CMYK 是一种减性色彩模式,通过调节四种墨水的混合比例来产生各种颜色。

(4) CMYK 模式下的黑色会更加浓郁,适合印刷需求。

要将图像从 RGB 模式转换为 CMYK 模式,需要根据 CMYK 色彩模式的原理,计算每个通道的值。

RGB 到 CMYK 的转换公式如下:

(1) $C=1-R$

(2) M＝1－G

(3) Y＝1－B

(4) K＝min(C,M,Y)

(5) C＝(C－K)/(1－K)

(6) M＝(M－K)/(1－K)

(7) Y＝(Y－K)/(1－K)

其中，R、G、B、C、M、Y 和 K 的值域都是 0～1(需要将 0～255 映射到 0～1 区间)。C 表示青色(Cyan)，M 表示洋红色(Magenta)，Y 表示黄色(Yellow)，K 表示黑色(Key)①。

这个公式的含义如下。

(1) 计算补色 C、M、Y (1－R、1－G、1－B)。

(2) 找出 C、M、Y 三者中的最小值 K。

(3) C、M、Y 减去 K，得到最终的 C、M、Y 值。

(4) K 为黑色墨水的比例。

下面的例子将图像转换为 CMYK 色彩模式，并保存为 cmyk_example.jpg 文件。然后调整原图的亮度、对比度、饱和度和锐度，并将调整结果原图水平放到了一张图上，如图 9-6 所示。从左到右依次是原图、增强亮度的效果、增强对比度的效果、增强饱和度的效果、增强锐度的效果。

图 9-6　图像增强滤镜

代码位置：src/image_effects/image_enhance.py

```
from PIL import Image, ImageEnhance
import numpy as np
# 打开原始图像
original_image = Image.open('images/girl1.jpg')
# 转换颜色模式为 CMYK
cmyk_image = original_image.convert('CMYK')
```

① CMYK 之所以不用 B(Black)表示黑色，而用 K(Key)表示黑色，有如下原因。①避免混淆。CMYK 色彩模式已经使用了 C、M、Y 三个字母代表青、洋红、黄三个颜色。如果再用 B 代表黑色，容易与蓝色(Blue)的 B 混淆，造成误解。②历史原因。CMYK 色彩模式发展历史较长，早期印刷设备使用的墨水色素中，并没有纯黑色墨水。最深的墨水是青色，所以用 Cyan 的 C 来代表最深的墨水，也就是黑色。后来随着技术发展，出现了纯黑色墨水，但是字母 K 已经被沿用下来，所以仍然使用字母 K 代表黑色。

```
# 保存转换后的图像
cmyk_image.save('cmyk_example.jpg')
# 调整图像亮度
brightness = ImageEnhance.Brightness(original_image)
bright_image = brightness.enhance(1.0)                # 亮度增加 200%
# 调整图像对比度
contrast = ImageEnhance.Contrast(original_image)
contrast_image = contrast.enhance(5.0)                # 对比度增加 400%
contrast_image.save('contrast_example.jpg')
# 调整图像饱和度
saturation = ImageEnhance.Color(original_image)
saturated_image = saturation.enhance(4)               # 饱和度增加 300%
# 调整图像锐度
sharpened = ImageEnhance.Sharpness(original_image)
sharpened_image = sharpened.enhance(20.0)             # 增加锐度 1900%

# 将原图和增强效果的 4 张图像水平组合到一起
combined = np.hstack((original_image, bright_image, contrast_image, saturated_image,
sharpened_image))
# 将 numpy.ndarray 转换为 PIL.Image.Image
combined = Image.fromarray(combined)
combined.save('enhance.jpg')
combined.show('result')
```

9.1.7　图像色彩通道

图像的色彩通道(color channel)指的是图像中代表不同颜色分量的通道。最典型的例子就是 RGB 色彩模式的图片，包含的色彩通道如下。

(1) 红色通道(Red channel)：代表图像中的红色分量信息。

(2) 绿色通道(Green channel)：代表图像中的绿色分量信息。

(3) 蓝色通道(Blue channel)：代表图像中的蓝色分量信息。

这 3 个通道的信息在图像存储和显示时组合在一起，生成我们看到的全彩 RGB 图像。

除 RGB 色彩模式外，其他色彩模式也有各自的色彩通道：

(1) CMYK 色彩模式有 Cyan、Magenta、Yellow、Key(黑色)4 个色彩通道。

(2) HSV 色彩模式有 Hue(色调)、Saturation(饱和度)、Value(亮度)3 个色彩通道。

(3) YUV 色彩模式还有 3 个色彩通道，代表亮度和颜色差分信息。

这些色彩通道中的信息决定了图像的颜色展现。一张彩色图像之所以看上去五彩斑斓，正是因为它包含表示各种颜色的色彩通道信息。

通过调用 **PIL.Image.split** 方法分割图像时，可以分离出这几个色彩通道，获得单独的通道图像。

例如，RGB 图像在使用 split 方法后，就得到 3 个灰度图像，但每个图像代表一种色彩通道的信息：

(1) 红色通道图像包含原图像中的红色分量信息。

（2）绿色通道图像包含原图像中的绿色分量信息。

（3）蓝色通道图像包含原图像中的蓝色分量信息。

这3个灰度图像虽然失去了颜色，但色彩信息被保存在3个通道中，我们可以据此进行进一步的图像处理，然后通过 Image.merge 方法将3个通道信息重新合成彩色图像。

所以，色彩通道包含了图像的颜色信息，是图像实现色彩展现的基础。理解色彩通道对学习图像处理有很大帮助。

Image 类还有其他可以操作通道和像素点的方法，例如，**Image.putalpha(alpha)**方法可以添加或替换图像的透明度层(alpha 层)，没有返回值。参数 alpha 可以是一个整数、一个单通道图像或者 None。如果 alpha 是一个整数，那么它表示透明度层的统一值，0 表示完全透明，255 表示完全不透明。如果 alpha 是一个单通道图像，那么它必须与输入图像的大小相同，它表示透明度层的每个像素值。如果 alpha 是 None，那么透明度层将被删除。

如果想修改像素点的值，可以使用 Image.point 方法，该方法可以使用一个查找表(lut)来指定每个像素值的映射，或者使用一个函数来计算每个像素值的变化。例如，如果想把图像的亮度降低一半，可以使用下面的代码实现：

```
from PIL import Image
img = Image.open("example.jpg")
img = img.point(lambda p: p * 0.5)
img.show()
```

下面的例子通过 Image 类的相关方法分离 RGB 色彩模式的通道，并将红色通道的像素点值降低一半，然后合并3个色彩通道，最后添加半透明层，效果如图 9-7 所示。

图 9-7　图像色彩通道

代码位置：src/image_effects/image_channel.py

```
from PIL import Image
# 打开图像文件
image = Image.open('robot.jpg')
# 分离图像的通道
r, g, b = image.split()
# 修改红色通道的像素值(像素值降低一半)
```

```
r = r.point(lambda i: i * 0.5)
# 合并图像的通道
image = Image.merge('RGB', (r, g, b))

# 添加 Alpha 通道(半透明)
image.putalpha(128)
# 保存修改后的结果
image.save('modified_image.png')
# 显示处理后的图像
image.show('result')
```

9.1.8 在图像上添加和旋转文字

在图像上添加文字时需要使用 PIL 模块中的 Image、ImageDraw 和 ImageFont 类。其中，Image 类用于打开图像文件，并返回一个 Image 对象。要想在图像上绘制文本，需要使用 ImageDraw. Draw 方法将 Image 对象包装成 ImageDraw 对象。最后，根据要绘制的文本，采用不同的字体，例如，如果要绘制英文，可以使用 arial. ttf 或任何支持英文字符的字体。如果要绘制包含中文的文字，就需要使用支持中文字符的字体，例如，可以使用微软雅黑字体(msyh. ttc)。通常需要将这些字体文件随程序一起发布，否则程序会由于缺乏字体文件而无法成功绘制文本。读者可以在自己的机器上搜索扩展名为 ttf 或 ttc 的文件，选择一个适合要绘制文本的字体文件，可以直接将选中的字体文件复制出来，并使用 ImageFont. truetype 方法装载该字体文件。

ImageDraw 类并不支持旋转文字，不过可以曲线救国——先创建一个新的图像，然后将文本绘制在新图像上，并旋转图像，最后将被旋转的图像粘贴在原图上。

图 9-8 在图像上添加文字

下面的例子使用介绍的方式在图像上绘制了中英文文本，并将中文文字旋转 45°，如图 9-8 所示。

代码位置：src/image_effects/image_text. py

```
from PIL import Image, ImageDraw, ImageFont
# 打开图像文件
image = Image.open('images/girl1.jpg')
# 创建一个 ImageDraw 对象
draw = ImageDraw.Draw(image)
# 选择字体和大小,36 是字号
font = ImageFont.truetype('arial.ttf', 36)
# 在图像上添加英文文字
draw.text((10, 10), 'Hello, World!', fill = 'red', font = font,angle = 45)
```

```
# 选择字体和大小
font = ImageFont.truetype('msyh.ttc', 36)
text = '我爱 Python'
left, top, right, bottom = draw.textbbox((0, 0), text, font = font)
# 计算文本的长度
text_width = right - left
text_height = bottom - top
# 创建新图像,用于绘制待旋转的文字
text_image = Image.new('RGBA', (text_width, text_height + 20), (0, 0, 0, 0))
text_draw = ImageDraw.Draw(text_image)
# 在新图像上绘制文字
text_draw.text((0, 0), text, fill = 'blue', font = font)
# 将新图像旋转 45 度
text_image = text_image.rotate(20, expand = True)
# 计算旋转后的文字位置
x = 10 + text_image.width / 2
y = 10 + text_image.height / 2
# 将旋转后的文字粘贴到原始图像上
image.paste(text_image, (int(x - text_image.width / 2), int(y - text_image.height / 2 ) +
30), text_image)
# 在图像上添加中文文字
draw.text((750, 50),text, fill = 'green', font = font, angle = 45)
image.save('image_text.jpg')
# 显示处理后的图像
image.show('result')
```

运行程序之前,要保证当前目录包含 arial.ttf 和 msyh.ttc 字体文件。读者也可以使用其他字体文件代替 arial.ttf 和 msyh.ttc,但要保证用于绘制中文的字体文件支持中文字符。

9.1.9 混合图像

PIL.Image.blend 方法用于将两幅图像混合在一起,该方法的原型如下:

```
def blend(image1, image2, alpha)
```

参数含义如下。

(1) image1:第 1 幅图像。

(2) image2:第 2 幅图像。

(3) alpha:混合系数,取值范围为[0, 1],表示两张图像的混合比例。当 alpha=0 时,只显示第 1 张图像;当 alpha=1 时,只显示第 2 张图像。也可以理解为 alpha 是第 image2 的透明度。如果 alpha=0,那么 image2 完全透明,所以只显示第 1 张图像;如果 alpha=1,image2 完全不透明,会将 image1 完全覆盖,所以会只显示 image2。

在使用 blend 方法混合图像时,image1 和 image2 的尺寸必须相同,否则会抛出如下异常:

```
ValueError: images do not match
```

图 9-9　混合图像

如果要混合两个不同尺寸的图像，需要事先使用 Image.resize 方法拉伸两个图像，让这两个图像的尺寸相同。

如果要混合 3 张或者更多张图像，可以先混合其中两张图像，然后再用混合结果与另一张图像进行混合，以此类推。

下面的例子使用不同的 alpha 值混合了 3 张图像，并将混合结果保存为 blended_image.jpg 文件，效果如图 9-9 所示。

代码位置：src/image_effects/blend_image.py

```
from PIL import Image
# 打开第 1 张图片
image1 = Image.open("images/image1.jpg")
# 打开第 2 张图片
image2 = Image.open("images/image2.jpg")
# 打开第 3 张图片
image3 = Image.open("images/girl1.jpg")
# 设置 image2 的透明度
image2_alpha = 0.5
# 设置 image3 的透明度
image3_alpha = 0.3
# 混合两张图片
blended_image = Image.blend(image1, image2, image2_alpha)
blended_image = Image.blend(blended_image, image3, image3_alpha)
# 显示混合后的图片
blended_image.show()
# 保存混合后的图片
blended_image.save("blended_image.jpg")
```

9.1.10　制作图像矩阵

图像矩阵是指将若干个小图放到一张大图中，并按行列排列，像一个矩阵。这里涉及的主要 API 是 Image.paste 方法，用于将一个图像粘贴到另一个图像上，paste 方法的原型如下：

```
def paste(im, box = None, mask = None)
```

参数含义如下。

(1) im：要粘贴的图片，必须是一个 Image 对象。

(2) box：粘贴的位置，可以是一个二元组(左上角坐标)，也可以是一个四元组(左、上、右、下像素坐标)，或者是 None(默认为(0,0))。

(3) mask：粘贴的掩码，可以是一个 Image 对象，用来指定哪些像素需要被粘贴，哪些像素需要被忽略。掩码的模式可以是 1(二值图像)，L(灰度图像)或者 RGBA(带有透明度的图像)。如果没有指定掩码,则直接覆盖原图像。

如果 box 的尺寸小于 im 的尺寸,im 不会被拉伸。paste 方法会将 im 裁剪为 box 大小后再进行粘贴。超出 box 范围的部分会被裁剪掉,不参与粘贴。

下面的例子会将 images 目录中所有 jpg 图像生成一个图像矩阵。矩阵的行和列会根据图像总数拆分成最接近的行数和列数,行数小于等于列数。例如,如果有 20 个 jpg 文件,那么会生成 4 行 5 列的图像矩阵;如果是 10 个图像,会生成 2 行 5 列的图像矩阵;如果是 17 个图像,会生成 1 行 17 列的图像矩阵。图像矩阵的每一个单元格的尺寸是 100×100,单元格和单元格之间间隔 10 个像素。最后将图像矩阵保存为 image_matrix.jpg 文件,效果如图 9-10 所示。

图 9-10 包含 21 个图的图像矩阵

代码位置:src/image_effects/image_matrix.py

```
# 导入 PIL 库
from PIL import Image
import os
# 扫描 images 目录,获取所有 jpg 图像文件名
img_names = []
for filename in os.listdir('images'):
    if filename.endswith('.jpg'):
        img_names.append(filename)
# 获取 jpg 图像总数,例如扫描到 20 张 jpg 图像
total_img = len(img_names)
# 根据图像文件总数,返回获取行和列
def split_integer(n):
  # 初始化两个变量 a 和 b,分别表示拆分后的两个整数
  a = 1
  b = n
  # 初始化一个变量 d,表示两个整数的差值
  d = n - 1
  # 从 1 开始遍历到 n 的平方根,寻找可能的拆分方式
```

```
    for i in range(1, int(n ** 0.5) + 1):
        # 如果n能被i整除,说明i是一个因子
        if n % i == 0:
            # 计算另一个因子j
            j = n // i
            # 如果i和j的差值小于d,说明这是一个更接近的拆分方式
            if j - i < d:
                # 更新a和b为i和j
                a = i
                b = j
                # 更新d为i和j的差值
                d = j - i
    # 返回a和b作为结果
    return a, b
# 计算行和列(m和n)
m,n = split_integer(total_img)
# 创建空白图像,图像宽度是n*(100+20)+10,高度是m*(100+20)+10,100是单元格宽高,
# 20是单元格间隔,外边距10
width = n * (100 + 20) + 10
height = m * (100 + 20) + 10
blank_img = Image.new(mode='RGB', size=(width, height), color=(255, 255, 255))
# 遍历所有jpg图像
index = 0
for i in range(m):
    for j in range(n):
        # 如果图像索引大于总图像数,则退出循环
        if index > total_img - 1:
            break
        # 计算paste的左上角位置,i*(100+20)+10表示第i行,j*(100+20)+10表示第j列
        x = j * (100 + 20) + 10
        y = i * (100 + 20) + 10
        # 打开当前jpg图像
        img = Image.open(os.path.join('images', img_names[index]))
        # 获取当前jpg图像宽高
        w, h = img.size
        # 计算缩放比例,要将图像等比例缩放到100*100的矩形中
        scale = min(100 / w, 100 / h)
        # 缩放当前图像
        img = img.resize((int(w * scale), int(h * scale)))
        # 将当前图像粘贴到空白图像上,paste不拉伸图像
        blank_img.paste(img, (x, y))
        # 图像索引增加1
        index += 1
# 显示结果图像
blank_img.show()
# 保存结果图像
blank_img.save('image_matrix.jpg')
```

9.2 仿射变换

仿射变换是一种几何变换，它会按比例改变图形的尺寸和方向，并平移其位置，但不会改变其形状。它可以描述为一个矩阵与向量的乘积形式：

```
f(x) = Ax + b
```

参数含义如下。

(1) x：输入向量，通常为(x,y)。

(2) A：2×2 的矩阵，表示旋转、缩放和倾斜变换。

(3) 如果 A 是单位矩阵，则不进行旋转、缩放和倾斜。

(4) b 是 2×1 的向量，表示平移变换。

(5) f(x)是输出向量，表示变换后的新坐标。

在二维平面上，仿射变换可以表示为如图 9-11 所示的公式。

$$\begin{bmatrix} X' \\ Y' \end{bmatrix} = \begin{bmatrix} a & b \\ c & d \end{bmatrix} \begin{bmatrix} X \\ Y \end{bmatrix} + \begin{bmatrix} e \\ f \end{bmatrix}$$

图 9-11　二维平面的仿射变换公式

如图 9-11 所示的公式也可以写成如图 9-12 所示的样式。

$$\begin{bmatrix} x' \\ y' \\ 1 \end{bmatrix} = \begin{bmatrix} a & b & c \\ d & e & f \\ 0 & 0 & 1 \end{bmatrix} \begin{bmatrix} x \\ y \\ 1 \end{bmatrix}$$

图 9-12　另一种形式的二维平面仿射变换公式

其中，3×3 的矩阵是一个仿射变换矩阵的形式，其中第 3 行是固定的，表示不变换；(a,b)表示缩放；(c,d)表示旋转；(e,f)表示平移。

ImageTransform. AffineTransform 是 PIL 模块中的一个类，用于定义仿射变换。该类继承自 Transform 类，可以对图像进行旋转、缩放、剪切等操作。AffineTransform 类构造方法的原型如下：

```
def AffineTransform(data = None)
```

其中，data 参数是一个 6 元组，表示仿射变换矩阵的前两行。具体来说，这个元组包含了 6 个浮点数，分别表示仿射变换矩阵的前两行的 6 个元素(a,b,c,d,e,f)。

PIL 模块中的 Image. transform 方法可以对图像进行变换，包括旋转、缩放、剪切等操作。该方法的原型如下：

```
def transform(size, method, data = None, resample = 0, fill = 1, fillcolor = None)
```

参数含义如下。

（1）size：输出图像的大小。

（2）method：变换方法。

（3）data：传递给变换方法的额外数据。

（4）resample：可选的重采样滤波器。该参数可以设置的值包括 PIL. Image. NEAREST（最近邻插值）、PIL. Image. BOX（盒子插值）、PIL. Image. BILINEAR（双线性插值）、PIL. Image. HAMMING（汉明窗插值）、PIL. Image. BICUBIC（双三次插值）和 PIL. Image. LANCZOS（Lanczos 窗插值）。

（5）fill：填充值。

（6）fillcolor：用于指定填充颜色。如果指定了该参数，则在变换后的图像中，所有超出原始图像边界的区域都将被填充为指定的颜色。如果未指定该参数，则默认情况下将使用黑色填充。

下面的例子使用仿射变换对一张图像进行缩放、旋转和平移的组合变换，并显示变换前后的图像。效果如图 9-13 所示。

图 9-13 仿射变换后的图形

代码位置：src/image_effects/affine. py

```
# 导入 Pillow 库
from PIL import Image, ImageTransform
# 读取图像文件
im = Image.open("images/image1.jpg")
# 定义一个仿射变换对象,指定一个 6 元组(a, b, c, d, e, f)作为变换矩阵
# 这里我们使用(0.8, 0.2, -50, -0.2, 0.8, 100)作为示例,可以自己调整参数
affine = ImageTransform.AffineTransform((0.8, 0.2, -50, -0.2, 0.8, 100))
# 对图像进行仿射变换,指定输出尺寸和插值方法
# 这里我们使用原图的尺寸和双线性插值
im2 = im.transform(im.size, affine, resample = Image.BILINEAR)
# 显示原图和变换后的图像
im2.save('affine.jpg')
im.show()
im2.show()
```

9.3 基于像素的图像算法

不管是什么效果的图像处理算法，在底层都是基于像素点的。本节会介绍如何直接利用像素点实现将 RGB 转换为灰度。

用现成的 API（如 OpenCV 中的函数）很容易实现将 RGB 变为灰度，不过本节要完全从最底层的像素点解决这个问题，不使用任何现成的 API。

RGB 是三原色（红、绿和蓝），而灰度只有一个颜色，颜色的取值范围是 0～255。所以需要将 RGB 中的所有像素点的 3 个颜色值转换为灰度中对应像素点的一个颜色值。转换的

基本方法是：RGB 中的每一个颜色值乘以一个系数，然后将这 3 个乘积相加，就得到了对应的灰度值。其实就是对 RGB 取加权平均数，根据系数不同，计算公式可以分为如下几种。

1. 亮度法

```
gray = 0.299 * r + 0.587 * g + 0.114 * b
```

这个公式计算得到的 gray 值会偏蓝，这是因为人眼对绿色更敏感，所以在计算灰度值时，绿色的权重更高。如果使用下面的公式，可以得到更准确的灰度值：

```
gray = 0.2126 * r + 0.7152 * g + 0.0722 * b
```

2. 平均值法

```
gray = (r + g + b) / 3
```

这个公式简单，但不能很好地表示人眼的视觉感知。

3. 鲁棒平均值

```
if max - min < T
    gray = (r + g + b) / 3
otherwise
    gray = (r + g + b) / 2
```

其中，max 和 min 是 RGB 中颜色通道的最大值和最小值。T 是一个阈值，当 RGB 值的最大值和最小值之差小于 T 时使用平均值法，否则使用除 2 来增强灰度对比。

4. 自定义加权平均值

```
gray = wr * r + wg * g + wb * b
```

可以根据需要指定 RGB 中每个颜色值的权重系数(wr，wg，wb)。

5. NTSC 公式

```
gray = 0.299 * r + 0.587 * g + 0.114 * b
```

综上，RGB 到灰度转换的主要计算公式是亮度法和平均值法。亮度法更加准确，平均值法更简单。

亮度法的 Python 代码：

```
gray = int(0.299 * r + 0.587 * g + 0.114 * b)
```

平均值法的 Python 代码：

```
gray = int((r + g + b) / 3)
```

获取图像中某一个的像素值时，可以使用 PIL 模块中的 Image. getpixel 方法；设置某一个点的像素值时，可以使用 Image. putpixel 方法。

getpixel 和 putpixel 方法的原型如下：

```
def getpixel(xy)
def putpixel(xy, value)
```

getpixel 方法返回给定位置的像素值。xy 是一个二元组，表示像素的坐标。如果图像模式为“RGB”或“RGBA”，则返回一个元组，表示红、绿、蓝（和透明度）值。如果图像模式为“L”或“1”（灰度图像），则返回一个整数。

putpixel 方法将给定位置的像素设置为给定值。xy 与 getpixel 方法中的 xy 参数的含义完全一样。value 是一个整数或元组，表示要设置的像素值。如果图像模式为“RGB”或“RGBA”，则 value 必须是一个元组，表示红、绿、蓝（和透明度）值。如果图像模式为“L”或“1”，则 value 也需要是一个元组，只是元组的 3 个值都一样，如(gray, gray, gray)。

下面的例子使用亮度法将 RGB 图像 image1.png 转换为灰度图像，并将转换结果保持为 gray.jpg。

代码位置：src/image_effects/rgb2grab.py

```
from PIL import Image
img = Image.open("images/image1.png")                     # 打开彩色图像
if img.mode == "RGBA":
    img = img.convert("RGB")
width, height = img.size                                  # 获取图像宽高
for x in range(width):                                    # 遍历每一行
    for y in range(height):                               # 遍历每一列
        r, g, b = img.getpixel((x, y))                    # 获取该像素点 RGB 值
        gray = int(r * 0.299 + g * 0.587 + b * 0.114)     # 灰度化公式
        img.putpixel((x, y), (gray, gray, gray))          # 设置新的灰度像素点
img.save("gray.jpg")                                      # 保存灰度图像
```

9.4 PS 滤镜

本节深入介绍了常用 PS 滤镜的实现原理和实现过程，这些 PS 滤镜包括锐化、油画、光照、波浪扭曲、极坐标扭曲、挤压扭曲、3D 凹凸特效、浮雕效果、3D 发现和图像模糊特效。

9.4.1 锐化

图像锐化的原理是通过增强图像中的边缘和细节，使图像看起来更清晰。图像锐化的一种常用方法是使用卷积核（也就是一个小的矩阵）对图像的每个像素进行数学运算。卷积核可以根据不同的目的设计，如锐化、模糊、边缘检测等。

锐化的公式如图 9-14 所示。

$$L_{\text{sharp}}(x) = L(x) + k_{\text{sharp}} \times [L(x) - L(x - V)]$$

图 9-14 锐化公式

其中，$L(x)$是输入像素的灰度值，$L_{\text{sharp}}(x)$是锐化后像素的灰度值，k_{sharp} 是锐化常数（和软件中的滑动条设置相关），V 是用于锐化的偏移量（和锐化半径有关）。

一个简单的锐化卷积核如图 9-15 所示。

$$\begin{bmatrix} 0 & -1 & 0 \\ -1 & 5 & -1 \\ 0 & -1 & 0 \end{bmatrix}$$

图 9-15 锐化卷积核

这个卷积核的作用是将每个像素与其上下左右 4 个“邻居”相减，然后加上原来的像素值，从而增强了中心像素与周围像素的差异。

各种卷积核的矩阵通过以下几个步骤确定。

1. 选择卷积核的大小

卷积核通常的尺寸 3×3、5×5 或 7×7。较小的核更适合检测细微的特征，较大的核对大尺度的特征响应更强。

2. 选择卷积核的类型

卷积核类型主要有以下几种。

(1) 一阶或二阶导数核：用于边缘检测，如 Sobel、Scharr、Laplacian 核。

(2) 高斯模糊核：用于图像平滑和低通过滤。

(3) 锐化核：如 Unsharp Masking。

(4) 自定义核：根据实际需要自行设计。

3. 确定中心点的值

这通常取决于卷积核的类型。

(1) 导数核中心点值为 0。

(2) 高斯核中心点值为正值，如 2 或 4。

(3) 锐化核中心点值为大正值，如 9。

(4) 自定义核中心点可正可负，取决于实际效果。

4. 确定周围点的值

这也依赖于卷积核的类型。

(1) 导数核周围点为负值，如−1、−2、−3，用于检测像素间的变化。

(2) 高斯核周围点值为正值但小于中心点，如 1、2，用于平滑图像。

(3) 锐化核部分周围点为负值，如−1、−1、−1、−1、−1、−1、−1、−1、−1，用于图像对比度增强。

(4) 自定义核周围值根据实际效果确定。

5. 根据上述步骤确定的中心点和周围点的值，构建卷积核矩阵

6. 检查卷积核矩阵并调整参数，确保达到理想的效果。这通常需要反复实验

综上所述，很多卷积核都是标准的，读者可以在相关图像处理的书籍或文档中查到，如果读者有特殊的需求，也可以根据经验以及相关的数学方式自己定制卷积核。当然，很多时候需要自己不断试验和调整，才能得到一个比较满意的卷积核，像 Photoshop 这样的图像处理软件中的各种特效，很多都是通过各种卷积核实现的。

ImageFilter.Kernel 是 PIL 模块提供的一个卷积核类，每一个 Kernel 对象可以封装一个卷积核，Kernel 类构造方法的原型如下：

```
def Kernel(size, kernel, scale = None, offset = 0)
```

参数含义如下。

(1) size：卷积核的尺寸，包含 2 个值的元组，表示卷积核的行和列数，如(3,3)、(5,5)等。

(2) kernel：卷积核的值，可以是一个一维数组或二维数组。如果是一个一维数组，则表示卷积核是一个正方形矩阵；如果是一个二维数组，则表示卷积核可以是任意形状。

(3) scale：卷积核的缩放因子，可以是一个浮点数或 None。如果不为 None，则会将卷积核中的所有值乘以该因子。

(4) offset：卷积核的偏移量，可以是一个浮点数或一个长度为 3 或 4 的元组。如果是一个浮点数，则会将卷积核中的所有值加上该偏移量；如果是一个长度为 3 或 4 的元组，则会将卷积核中的每个通道分别加上该偏移量。

Image.filter 方法用于对图像进行滤波处理。该方法的原型如下：

```
def filter(filter)
```

其中，filter 是一个滤波器对象，可以是 ImageFilter 模块中定义的任意一种滤波器。

下面的例子将 robot.png 进行锐化，并将原图与处理结果水平方向放到一起，保存为 robot_sharp.jpg，效果如图 9-16 所示，左侧是原图，右侧是经过锐化的效果。

图 9-16　原图和锐化后的对比图

代码位置：src/image_effects/sharpening.py

```
# 导入 Pillow 库
from PIL import Image, ImageFilter
import numpy as np
# 打开一张图片
img = Image.open("images/robot.png")
if img.mode == "RGBA":
    img = img.convert("RGB")
# 定义一个锐化卷积核
kernel = ImageFilter.Kernel(
    size = (3, 3),
    kernel = [ -1, -1, -1, -1, 9, -1, -1, -1, -1],
```

```
        scale = None,
        offset = 0
    )
    # 使用卷积核对图片进行滤波
    img_sharp = img.filter(kernel)
    combined = np.hstack((img, img_sharp))
    # 将 numpy.ndarray 转换为 PIL.Image.Image
    combined = Image.fromarray(combined)
    combined.show()
    # 保存锐化后的图片
    combined.save("robot_sharp.jpg")
```

9.4.2 油画

油画效果的原理是将图像中相近的颜色值替换为同一种颜色值，从而形成一种类似于油画笔触的效果。为了实现这个效果，我们需要对图像中的每个像素点进行以下操作。

(1) 定义一个半径为 r 的正方形区域，以当前像素点为中心，覆盖周围的像素点。

(2) 将颜色值分为 n 个区间，每个区间的范围是 $256/n$。例如，如果 $n=16$，那么第一个区间是[0, 16)，第二个区间是[16, 32)，以此类推，直到最后一个区间是[240, 256)。

(3) 统计区域内每个区间的颜色值出现的次数，找出出现次数最多的区间。

(4) 计算出现次数最多的区间内所有像素点的颜色值的平均值，作为当前像素点的新颜色值。

用数学公式表示，假设原始图像为 I，输出图像为 O，半径为 r，颜色区间数为 n，那么对于任意一个像素点 $O[i, j]$，有如图 9-17 所示的公式。

$$O[i,j]=\frac{\sum_{k=i-r}^{i+r}\sum_{l=j-r}^{j+r} I[k,l]\cdot I(I[k,l]\in B_m)}{\sum_{k=i-r}^{i+r}\sum_{l=j-r}^{j+r} I(I[k,l]\in B_m)}$$

图 9-17 油画公式

其中，B_m 表示出现次数最多的颜色空间，$I(x)$表示指示函数，当 x 为真时取值为 1，否则为 0。

下面的例子通过高斯滤波、Canny 算法以及上述算法，将 image.png 转换为油画效果，如图 9-18 所示。

图 9-18 油画效果

代码位置：src/image_effects/oilify. py

```
# 导入必要的模块
import cv2 # 用于图像处理
import numpy as np # 用于矩阵运算
# 读取原始图像
img = cv2.imread('image.png')
# 转换为灰度图像
gray = cv2.cvtColor(img, cv2.COLOR_BGR2GRAY)
# 使用高斯滤波平滑图像
blur = cv2.GaussianBlur(gray, (5, 5), 0)
# 使用 Canny 算法检测边缘
edges = cv2.Canny(blur, 50, 150)
# 将边缘图像转换为三通道
edges = cv2.cvtColor(edges, cv2.COLOR_GRAY2BGR)
# 创建一个空白的画布,用于绘制油画效果
canvas = np.zeros_like(img)
# 设置画笔的半径和颜色数量
radius = 3 # 半径越大,油画效果越明显
bins = 16 # 颜色数量越多,油画效果越细腻
# 遍历图像的每个像素点
for i in range(radius, img.shape[0] - radius):
    for j in range(radius, img.shape[1] - radius):
        # 获取当前像素点周围的区域
        patch = img[i - radius:i + radius + 1, j - radius:j + radius + 1]
        # 统计区域内每个颜色的出现次数
        hist = np.zeros(bins)
        for k in range(patch.shape[0]):
            for l in range(patch.shape[1]):
                # 将颜色值映射到 bins 个区间中
                index = int(np.sum(patch[k, l]) / 3 / (256 / bins))
                hist[index] += 1
        # 找出出现次数最多的颜色区间
        max_index = np.argmax(hist)
        # 计算该区间的平均颜色值
        avg_color = np.zeros(3)
        count = 0
        for k in range(patch.shape[0]):
            for l in range(patch.shape[1]):
                index = int(np.sum(patch[k, l]) / 3 / (256 / bins))
                if index == max_index:
                    avg_color += patch[k, l]
                    count += 1
        avg_color /= count
        # 将平均颜色值赋给画布上对应的像素点
        canvas[i, j] = avg_color
# 将边缘图像和画布图像混合,增加细节和对比度
output = cv2.addWeighted(canvas, 0.9, edges, 0.1, 0)
# 显示输出图像
cv2.imshow('output', output)
output.save("oilify.jpg")
```

```
# 等待按键退出
cv2.waitKey(0)
# 销毁所有窗口
cv2.destroyAllWindows()
```

9.4.3 光照

光照效果的实现步骤如下。

(1) 加载输入图像,并归一化像素值到0～1。

(2) 定义光照模型的参数,如光源位置、光源强度、环境光强度等。

(3) 计算每个像素到光源的距离。这是通过计算像素坐标与光源位置之间的欧几里得距离实现的。

(4) 根据距离计算每个像素的光照强度。这遵循光强度与距离的平方呈反比的定律,并加上环境光的成分。

(5) 将输入图像与光照强度进行点乘,得到光照效果下的渲染图像。

根据上述步骤实现光照效果,要使用到 skimage 模块的相关 API。skimage 是一个基于 Python 的数字图像处理库,提供了许多常用的图像处理算法和工具。它是 Scipy 生态系统中的一部分,可以与其他科学计算库(如 Numpy、Scipy、Matplotlib 等)无缝集成。skimage 提供了许多子模块,如下所示。

(1) color:颜色空间转换和颜色空间相关的工具。

(2) data:一些示例数据和图像。

(3) draw:绘制几何形状、文本和随机样本。

(4) exposure:图像强度调整和直方图处理。

(5) feature:特征检测和提取。

(6) filters:各种滤波器,如边缘检测、去噪等。

(7) graph:图像分割和标记工具。

(8) io:读写各种图像格式的工具。

(9) measure:测量图像属性,如区域面积、周长等。

(10) morphology:形态学操作,如膨胀、腐蚀等。

(11) restoration:去噪和恢复工具。

图 9-19 光照效果

(12) segmentation:图像分割工具。

下面的例子根据上述步骤,对 image2.jpg 进行光照效果渲染,效果如图 9-19 所示。左侧是原图,右侧是光照后的效果。读者可以通过调整光源位置(light_position)、光照强度(light_intensity)和环境光强度(ambient_light)来呈现不同的光照效果。

代码位置：src/image_effects/light.py

```
from skimage import io
import numpy as np
# 读取图像
image = io.imread('images/image2.jpg')
# 将图像数据归一化到[0..1]范围内
image = image / 255.0
# 定义光照模型参数
light_position = (100, 2)                       # 光源位置
light_intensity = 1.1                           # 光源强度
ambient_light = 0.3                             # 环境光强度
# 计算每个像素与光源的距离
x = np.arange(image.shape[1])
y = np.arange(image.shape[0])
# 生成坐标矩阵
xx, yy = np.meshgrid(x, y)
distance = np.sqrt((xx - light_position[0]) ** 2 + (yy - light_position[1]) ** 2)
# 计算每个像素的光照强度
intensity = light_intensity / (distance + 1) + ambient_light
# 渲染图像
rendered = image * intensity[:, :, np.newaxis]
# 将原图和渲染后的图像放在一个图像上,左右排列
combined = np.hstack((image, rendered))
# 显示渲染后的图像
io.imshow(combined)
io.show()
```

9.4.4 波浪扭曲

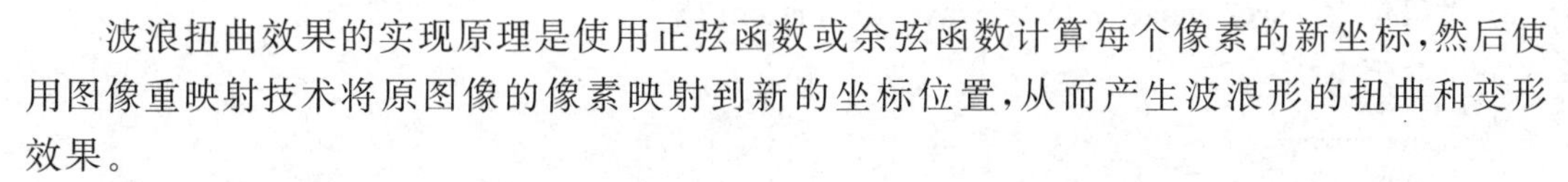

波浪扭曲效果的实现原理是使用正弦函数或余弦函数计算每个像素的新坐标，然后使用图像重映射技术将原图像的像素映射到新的坐标位置，从而产生波浪形的扭曲和变形效果。

具体来说，其原理可以归纳为以下几点。

(1) 为输入图像的每个像素(x, y)计算新的坐标(new_x, new_y)。

(2) new_x 和 new_y 的值是 x 和 y 加上正弦函数或余弦函数的振幅。函数的周期决定了波形的频率。

(3) 通过 new_x = x + A * sin(ωx + φ) 和 new_y = y + B * cos(ωy + φ) 计算扭曲后的新坐标。其中 x 和 y 是输入图像中像素的坐标；new_x 和 new_y 是扭曲后新的像素坐标；A 和 B 是振幅，控制扭曲的程度；ωx 和 ωy 是角速度(弧度/像素)，控制波形的频率；φ 是相位差，控制波形的起始位置。

(4) 创建新坐标的映射矩阵，存储每个像素的新坐标。

(5) 使用 OpenCV 的 remap 函数应用坐标映射矩阵，将输入图像的每个像素映射到新的坐标位置。

(6) 这样就可以实现基于正弦函数的图像波形扭曲效果。通过调节 A、B、ω 和 φ 的参

数，可以产生不同的扭曲效果。

所以，波浪扭曲的原理实质上是使用基于正弦函数的坐标变换，通过图像重映射技术将输入图像变换到新的波浪形状的图像空间。它能够产生很有趣的图像扭曲与变形效果。

实现波浪扭曲效果的步骤如下。

(1) 读取输入图像，获取其宽度和高度。

(2) 创建映射矩阵 map_x 和 map_y，用于存储新的像素坐标。

(3) 定义 wave_distortion_effect 函数，用于计算每个像素的新坐标。

(4) 对图像的每一个像素(x, y)，计算新的坐标 new_x 和 new_y。

(5) 调用 wave_distortion_effect 函数，计算每个像素的新坐标，并设置到映射矩阵。

(6) 转置输入图像，以适应 OpenCV 的 remap 函数。

(7) 使用 remap 函数应用映射矩阵，得到扭曲后的图像 result。

下面的例子根据上述步骤实现了图像波浪扭曲的效果，如图 9-20 所示。左侧是原图，右侧是波浪扭曲后的效果。

图 9-20 波浪扭曲

代码位置：src/image_effects/wave_distortion.py

```
import cv2
import numpy as np
# 读取图像
image = cv2.imread('images/robot.png')
# 获取图像的宽度和高度
width, height = image.shape[:2]
# 创建映射矩阵
map_x = np.zeros((width, height), np.float32)
map_y = np.zeros((width, height), np.float32)
# 定义波浪扭曲函数
def wave_distortion_effect(image, map_x, map_y):
    # 获取图像的宽度和高度
    width, height = image.shape[:2]
    # 遍历每个像素点
    for x in range(width):
        for y in range(height):
            # 计算新的坐标
            new_x = x + 10 * np.sin(2 * np.pi * y / 64)
            new_y = y + 10 * np.cos(2 * np.pi * x / 64)
```

```
                # 设置映射矩阵的值
                map_x[x, y] = new_x
                map_y[x, y] = new_y
    # 调用波浪扭曲函数
    wave_distortion_effect(image, map_x, map_y)
    # 转置图像矩阵
    image1 = cv2.transpose(image)
    # 应用波浪扭曲效果
    result = cv2.remap(image1, map_x, map_y, cv2.INTER_LINEAR)
    combined = np.hstack((image, result))
    cv2.imwrite('wave.jpg', combined)
    # 显示结果图像
    cv2.imshow('Result', combined)
    cv2.waitKey(0)
```

cv2.remap函数是OpenCV中的一个重映射函数，提供了更方便、更自由的映射方式。它可以将一幅图像内的像素点放置到另外一幅图像内的指定位置。cv2.remap函数的原型如下：

```
    dst = cv2.remap(src,map1,map2,interpolation,borderMode[,borderValue])
```

参数含义如下。

(1) dst：目标图像(映射后的图像)。

(2) src：输入图像，与dst具有相同的尺寸和类型。

(3) map1：针对坐标x的反向映射。反向映射是指对于一个目标图像中的像素点，找到它在源图像中的对应位置。

(4) map1：针对坐标y的反向映射。

(5) interpolation：参数是插值方法，用于确定像素点的值。常用的插值方法有cv2.INTER_NEAREST(最近邻插值法)、cv2.INTER_LINEAR(双线性插值法)、cv2.INTER_AREA(区域插值法)、cv2.INTER_CUBIC(三次样条插值法)、cv2.INTER_LANCZOS4(Lanczos插值法)。

(6) borderMode：边界模式，用于处理图像边界。常用的边界模式有cv2.BORDER_CONSTANT(常数填充)，常数由borderValue参数指定；cv2.BORDER_REPLICATE(复制边界像素)；cv2.BORDER_REFLECT(反射边界像素)；cv2.BORDER_WRAP(环绕边界像素)。

(7) borderValue：使用cv2.BORDER_CONSTANT时，指定的常数填充值。

cv2.remap函数在判断映射关系和映射时使用的内部坐标系与我们通常使用的图像坐标系不同，普通的图像坐标系的原点(0,0)在左上角，x轴向右，y轴向下。而remap函数的内部坐标系的原点(0,0)也在左上角，但x轴向下，y轴向右。所以remap函数的内部坐标系正好是标准坐标系顺时针旋转90°的结果，这导致如果输入图像时使用普通坐标系，remap的映射结果会产生旋转，以匹配其内部坐标系。为避免这个问题，我们需要在调用

remap 前使用 cv2.transpose 函数将输入图像逆时针旋转 90°到 remap 的内部坐标系，这样 remap 的映射结果就不会产生旋转。

9.4.5 极坐标扭曲

极坐标扭曲是一种图像变换效果，它将图像从常规的矩形坐标系转换到极坐标系。在极坐标系中，每个点都可以用(ρ,θ)来表示，其中 ρ 表示点到原点的距离，θ 表示与 x 轴的夹角。

cv2.linearPolar 函数可以实现图像从矩形坐标到极坐标的转换，产生极坐标扭曲效果。该函数的原型如下：

```
dst = cv2.linearPolar(src, center, maxRadius, flags)
```

参数含义如下。

(1) dst：输出结果图像。

(2) src：输入源图像。

(3) center：极坐标系的原点坐标。所有点到原点的距离 ρ 都按比例映射到结果图像上。原点选择图像中心可以实现图像放大效果。

(4) maxRadius：极坐标的最大半径决定了输出图像的大小。半径在 0 到 maxRadius 之间的点会映射到结果图像上，大于 maxRadius 的点会截断。maxRadius 越大，结果图像越大。

(5) flags：插值方法，默认为 cv2.INTER_LINEAR。

cv2.linearPolar 函数的原理如下：

(1) 将输入图像的每个像素点的坐标(x, y)转换到极坐标系，得到(ρ, θ)，其中 ρ=sqrt(x^2 + y^2)，θ=arctan(y/x)。

(2) 根据 ρ 在 0～maxRadius 的比例，映射每个点到结果图像的对应半径上。ρ 为 0 时映射到图像中心，ρ 为 maxRadius 时映射到图像边缘。

(3) 根据 θ 在 0～360°的比例，映射每个点到结果图像的对应角度上。

(4) 使用插值方法 cv2.WARP_FILL_OUTLINERS 处理图像中每个像素的值。

标准极坐标系与 OpenCV 中的极坐标系不同。在 OpenCV 中，极坐标系的极径方向是从原点开始的正方向，这一点与标准极坐标系相同。但极角方向是顺时针方向。而标准极坐标系的极角方向是逆时针方向。

在极坐标系中，极径 r 代表图像平面上的距离，极角 θ 代表角度。当 θ 为顺时针方向时，这会导致转换后的图像左右翻转，上下不变。要使转换后的图像正常显示，我们需要对含有顺时针 θ 的结果使用 cv2.flip 函数进行水平翻转，将左右方向翻转过来。cv2.flip 函数的原型如下：

```
dst = cv2.flip(src, flipCode)
```

参数含义如下。

(1) src：输入源图像。

(2) dst：输出结果图像。

(3) flipCode：翻转方向标识符。flipCode 可以取 0、1、-1 三个值，含义如下：

① 0：垂直翻转(沿 x 轴翻转)，实现顺时针旋转 90°；

② 1：水平翻转(沿 y 轴翻转)，实现镜像效果；

③ -1：水平垂直翻转(先沿 x 轴翻转，再沿 y 轴翻转)，实现 180°旋转。

下面的例子使用 cv2. linearPolar 函数实现图像的极坐标扭曲，返回使用 cv2. flip 函数将扭曲的结果垂直翻转，效果如图 9-21 所示，左侧是原图，右侧是扭曲后的效果。

图 9-21　极坐标扭曲

代码位置：src/image_effects/polar_distortion. py

```
import cv2
import numpy as np
# 读取图像
image = cv2.imread('images/robot.png')
# 获取图像的宽度和高度
width, height = image.shape[:2]


# 定义极坐标扭曲函数
def polar_warp(image):
    # 获取图像的宽度和高度
    width, height = image.shape[:2]
    # 计算图像的中心点坐标
    center = (width / 2, height / 2)
    # 计算最大半径
    max_radius = np.sqrt(center[0] ** 2 + center[1] ** 2)
    # 应用极坐标扭曲效果
    result = cv2.linearPolar(image, center, max_radius, cv2.WARP_FILL_OUTLIERS)
    # 翻转图像
    result = cv2.flip(result, 0)
    # 返回结果图像
    return result
# 调用极坐标扭曲函数
result = polar_warp(image)
```

```
combined = np.hstack((image, result))
cv2.imwrite('polar_distortion.jpg', combined)
# 显示结果图像
cv2.imshow('Result', combined)
cv2.waitKey(0)
```

9.4.6 挤压扭曲

挤压扭曲的原理是通过计算挤压扭曲后的坐标映射矩阵，实现图像从左右向中间的挤压扭曲效果。所以，挤压扭曲同样是坐标点的映射。

坐标点坐标是 x 和 y，表示转换后 x 序列的是 map_x，表示转换后 y 序列的是 map_y，所以有如下公式：

```
map_x[y, x] = w / 2 + (x - new_w / 2) / (1 - squeeze_factor * abs(y - h / 2) / (h / 2))
map_y[y, x] = y
```

这两个公式的推导过程如下。

(1) 首先考虑 y 坐标。由于这个效果只是在 x 方向上实现挤压，y 方向并未发生变化。所以 y 坐标的映射关系很简单：map_y[y, x]=y。

(2) 然后考虑 x 坐标。我们首先需要确定几个基准点：

- 输入图像的宽度 w 和高度 h。
- 挤压因子 squeeze_factor，它控制挤压的强度，值范围为 0～1。
- 输出图像的宽度 new_w=w * (1－squeeze_factor)。
- 输入图像的中点坐标(w/2, h/2)。

(3) 我们要实现的效果是图像从两边向中间挤压，所以输出图像的中点 new_w/2 需要映射到输入图像的中点 w/2。两边被挤压的部分需要映射到输入图像更宽的区域。

(4) 由于实现的是一个上下对称的效果，所以上下位置也需要考虑在映射关系中。上下靠近中点的部分挤压幅度更大，上下两端挤压幅度更小。

根据以上考虑，我们可以推导出 x 坐标的映射关系：

```
map_x[y, x] = w / 2 + (x - new_w / 2)
```

(5) 我们要实现的效果是：上下位置越靠近中点，挤压越强烈。这要求挤压系数与 y 的值有关，需要一个函数来表达这种关系。首先考虑使用挤压幅度 squeeze_factor 直接作为挤压系数。但是，这样无法实现和 y 相关的效果。所以，需要对 squeeze_factor 进行修正。修正的方式是将 squeeze_factor 与 y 的距离比值相乘。y 的距离使用 abs(y－h/2)表示。为了归一化(某个变量的值范围映射到 0～1)，我们把它除以 h/2。所以，修正后的挤压系数为 **squeeze_factor * abs(y－h/2)/(h/2)**。然后用 1 减去这个值，得到最后的挤压系数表达方式 **1－squeeze_factor * abs(y－h/2)/(h/2)**。这个表达式的值与 y 成反比，实现了我们想要的效果——y 越靠近中点，表达式的值越小，挤压系数越大，映射程度越高。

(6) 为了得到映射关系,我们需要以这个挤压系数为分母。x坐标与此成正比,所以选择作为分母。

(7) 通过 remap 函数根据 map_x 和 map_y 实现图像的像素重映射,就可以得到挤压扭曲的效果。

下面的代码使用上述方式挤压扭曲图像,并显示扭曲结果,以及将扭曲结果保持为 squeeze_warp.jpg。效果如图 9-22 所示,左侧是原图,右侧是挤压扭曲的效果。

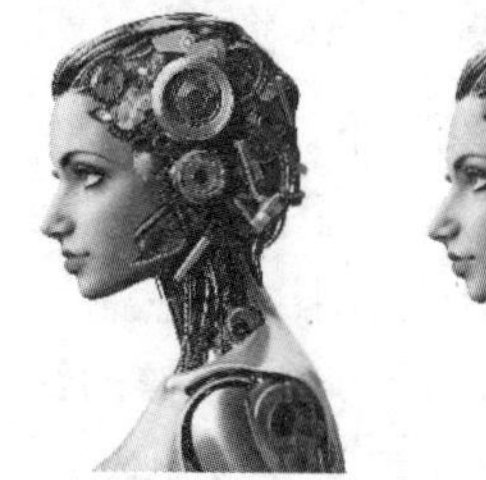

图 9-22　挤压扭曲

代码位置:src/image_effects/squeeze_warp.py

```
import cv2
import numpy as np
def squeeze_warp(image):
    # 获取图像的宽度和高度
    h, w = image.shape[:2]
    # 定义挤压扭曲的幅度
    squeeze_factor = 0.3

    # 计算挤压扭曲后的宽度
    new_w = int(w * (1 - squeeze_factor))
    # 计算挤压扭曲后的坐标映射矩阵
    map_x = np.zeros((h, new_w), np.float32)
    map_y = np.zeros((h, new_w), np.float32)
    for y in range(h):
        for x in range(new_w):
            map_x[y, x] = w / 2 + (x - new_w / 2) / (1 - squeeze_factor * abs(y - h / 2) /
(h / 2))
            map_y[y, x] = y
    # 使用 remap 函数进行坐标映射,实现挤压扭曲效果
    result = cv2.remap(image, map_x, map_y, cv2.INTER_LINEAR)
    return result
# 读取图像并显示原图
image = cv2.imread('images/robot.png')
# 进行挤压扭曲并显示结果
result = squeeze_warp(image)
# 将原图和渲染后的图像放在一个图像上,左右排列
combined = np.hstack((image, result))
cv2.imwrite('squeeze_warp.jpg', combined)
cv2.imshow('Result', combined)
# 等待按键并退出
cv2.waitKey(0)
cv2.destroyAllWindows()
```

9.4.7　3D 凹凸特效

通过 cv2.filter2D 函数和相应的卷积核,可以实现图像的 3D 凹凸特效。cv2filter 函数是 OpenCV 中使用卷积核对图像进行卷积运算的函数,该函数能对图像进行任意的线性滤

波处理，具体滤波方式由卷积核确定。该函数的原型如下：

```
dst = cv2.filter2D(src, ddepth, kernel[, dst[, anchor[, delta[, borderType]]]])
```

参数含义如下。

（1）src：输入图像。

（2）dst：输出图像。

（3）ddepth：输出图像的深度，当 ddepth＝－1 时，输出图像的深度与输入图像相同。

（4）kernel：卷积核矩阵。

（5）anchor：锚点位置，表示卷积核中心的位置，默认值为(－1，－1)，表示锚点位于卷积核中心。

（6）delta：可选的增量，默认值为 0。

（7）borderType：边界模式，默认值为 cv2.BORDER_DEFAULT。

下面的例子使用 cv2.filter2D 函数以及一个卷积核，实现了图像的 3D 凹凸效果，并将处理后的效果保存到 3d_concave_convex.jpg 文件中。如图 9-23 所示，左侧是原图，右侧是 3D 凹凸效果。

图 9-23　3D 凹凸特效

代码位置：src/image_effects/3d_concave_convex.py

```
import cv2
import numpy as np
def emboss_filter(image):
    # 定义卷积核
    kernel = np.array([[0, -1, -1],
                       [1, 0, -1],
                       [1, 1, 0]])
    # 使用 filter2D 函数进行卷积运算,实现凹凸特效
    result = cv2.filter2D(image, -1, kernel)
    return result
# 读取图像并显示原图
image = cv2.imread('images/image1.jpg')
# 进行凹凸图滤镜处理并显示结果
result = emboss_filter(image)
combined = np.hstack((image, result))
```

```
cv2.imwrite('3d_concave_convex.jpg', combined)
cv2.imshow('Emboss Filter Result', result)
# 等待按键并退出
cv2.waitKey(0)
cv2.destroyAllWindows()
```

9.4.8 浮雕效果

使用特定的卷积核与cv2.filter2D函数，可以实现浮雕效果。浮雕效果是通过增强图像中的边缘来实现的。通过卷积核能够突出图像的边缘，从而产生浮雕效果。

可以实现浮雕效果的卷积核不止一个，通过设置不同的卷积核，可以呈现不同的浮雕效果，例如，图9-24包含3个3×3的矩阵，每一个矩阵都是一个可以实现特定浮雕效果的卷积核。

$$\begin{bmatrix} -2 & -1 & 0 \\ -1 & 1 & 1 \\ 0 & 1 & 2 \end{bmatrix} \begin{bmatrix} 0 & -1 & -2 \\ 1 & 1 & -1 \\ 2 & 1 & 0 \end{bmatrix} \begin{bmatrix} 2 & 1 & 0 \\ 1 & 1 & -1 \\ 0 & -1 & -2 \end{bmatrix}$$

图9-24 实现浮雕效果的卷积核

下面的例子使用其中一个卷积核将原图转换为浮雕效果，并将处理结果保存在emboss.jpg文件中，效果如图9-25所示，左侧是原图，右侧是浮雕效果。

图9-25 浮雕效果

代码位置：src/image_effects/emboss.py

```
import cv2
import numpy as np
def emboss_effect(image):
    # 定义卷积核
    kernel = np.array([[2, 1, 0],
                       [1, 1, -1],
                       [0, -1, -2]])
    # 使用filter2D函数进行卷积运算，实现浮雕效果
    result = cv2.filter2D(image, -1, kernel)
    return result
```

```
# 读取图像并显示原图
image = cv2.imread('images/robot.png')
cv2.imshow('Original Image', image)
# 进行浮雕效果处理并显示结果
result = emboss_effect(image)
combined = np.hstack((image, result))
cv2.imwrite('emboss.jpg', combined)
cv2.imshow('Emboss Effect Result', combined)
# 等待按键并退出
cv2.waitKey(0)
cv2.destroyAllWindows()
```

9.4.9 3D法线

法线图像通常用于计算机图形学中，用于表示表面的方向和倾斜程度。在法线图像中，颜色的RGB分量分别对应于法线的x、y和z分量。由于法线的分量值在[−1, 1]内，因此需要将其映射到[0, 1]内才能将其可视化为颜色。这就是法线图像通常呈现紫色调的原因。

计算法线的基本步骤如下：

(1) 导入numpy、skimage等库，用于图像处理和数学运算。

(2) 使用skimage.io.imread函数读取图像，得到一个numpy数组，其形状为高度、宽度、通道数。

(3) 使用skimage.filters.sobel_h和sobel_v函数分别计算图像每个颜色通道的水平和垂直梯度，得到6个数组，分别表示红色、绿色、蓝色通道的x和y轴方向的梯度。

(4) 使用np.dstack函数将每个颜色通道的梯度组合成一个三维向量，表示该像素点的法向量。由于梯度方向与法向量方向相反，所以需要加上负号。同时，在第三个维度上加上一个全1数组，表示该像素点的深度值为1。

(5) 使用np.sqrt和np.sum函数计算每个颜色通道的法向量的模长，即向量的长度。然后，使用除法运算将每个颜色通道的法向量归一化，即使其长度为1。

(6) 使用加法运算将三个颜色通道的法向量求平均，得到一个代表整个图像的法向量数组。

(7) 使用加法和除法运算将法向量映射到颜色空间，即使其取值范围在0～1，这样可以使法线图像更容易观察。

图9-26 3D法线

(8) 使用skimage.util.img_as_ubyte函数将法向量数组转换为无符号8位整数类型，即使其取值范围在0～255。这样可以使法线图像符合常见的图像格式。

(9) 使用skimage.io.imsave函数将法线图像保存为一个新的文件。

下面的例子将robot.png图像转换为3D法线特效，并将结果保存为3D_normal.png文件，效果如图9-26所示。

代码位置：src/image_effects/3D_normal. py

```
import numpy as np
from skimage import io, filters
from skimage.util import img_as_ubyte
# 读取图像
image = io.imread('images/robot.png')
# 计算每个颜色通道的梯度
sobelx_r = filters.sobel_h(image[..., 0])
sobely_r = filters.sobel_v(image[..., 0])
sobelx_g = filters.sobel_h(image[..., 1])
sobely_g = filters.sobel_v(image[..., 1])
sobelx_b = filters.sobel_h(image[..., 2])
sobely_b = filters.sobel_v(image[..., 2])
# 计算法线
normal_r = np.dstack((-sobelx_r, -sobely_r, np.ones_like(image[..., 0])))
normal_g = np.dstack((-sobelx_g, -sobely_g, np.ones_like(image[..., 1])))
normal_b = np.dstack((-sobelx_b, -sobely_b, np.ones_like(image[..., 2])))
norm_r = np.sqrt(np.sum(normal_r**2, axis=2))
norm_g = np.sqrt(np.sum(normal_g**2, axis=2))
norm_b = np.sqrt(np.sum(normal_b**2, axis=2))
normal_r /= norm_r[..., np.newaxis]
normal_g /= norm_g[..., np.newaxis]
normal_b /= norm_b[..., np.newaxis]
# 组合法线
normal = (normal_r + normal_g + normal_b) / 3
# 将法线映射到颜色空间
normal = (normal + 1) / 2
# 转换数据类型
normal = img_as_ubyte(normal)
# 保存图像
io.imsave('3D_normal.png', normal)
```

如果希望调整法线图像的效果，可以尝试更改计算梯度时使用的算子。上面给出的示例代码使用了 skimage. filters 模块中的 sobel_h 和 sobel_v 函数来计算梯度。也可以尝试使用其他算子，例如 Scharr 算子或 Prewitt 算子，来计算梯度，并观察它们对最终效果的影响。

此外，还可以尝试更改法线计算公式中的参数，例如将 np. ones_like(image[…, 0])替换为其他值，以调整法线的 z 分量。

9.4.10 图像模糊特效

OpenCV 支持多种图像模糊算法，例如高斯模糊、均值模糊、中值模糊和双边滤波。这些都是一些常用的图像平滑和去噪的技术，它们的原理和效果如下。

(1) 高斯模糊(cv2. GaussianBlur)：使用高斯核对图像进行卷积，可以有效地去除高斯噪声。高斯核的大小和标准差可以自定义。一般来说，核越大，模糊效果越明显。高斯模糊可以保留图像的边缘信息，但是会造成一定程度的模糊。

(2) 均值模糊(cv2.blur)：使用均匀的核对图像进行卷积，可以有效地去除均匀分布的噪声。均值模糊的核大小可以自定义，一般来说，核越大，模糊效果越明显。均值模糊会平滑图像的细节和纹理，但是会造成边缘的损失。

(3) 中值模糊(cv2.medianBlur)：使用中值滤波器对图像进行处理，可以有效地去除椒盐噪声。中值滤波器的原理是用每个像素周围的像素的中值来替换该像素的值。中值模糊的核大小可以自定义，一般来说，核越大，模糊效果越明显。中值模糊可以保留图像的边缘信息，但是会造成一定程度的模糊。

(4) 双边滤波(cv2.bilateralFilter)：使用双边滤波器对图像进行处理，可以有效地去除噪声，同时保留图像的边缘和细节。双边滤波器的原理是考虑每个像素周围的像素的空间距离和灰度差异，给予不同的权重来计算该像素的新值。双边滤波器的参数包括核大小、空间标准差、灰度标准差等，一般来说，参数越大，平滑效果越明显。双边滤波可以在去噪的同时保持图像的锐利度。

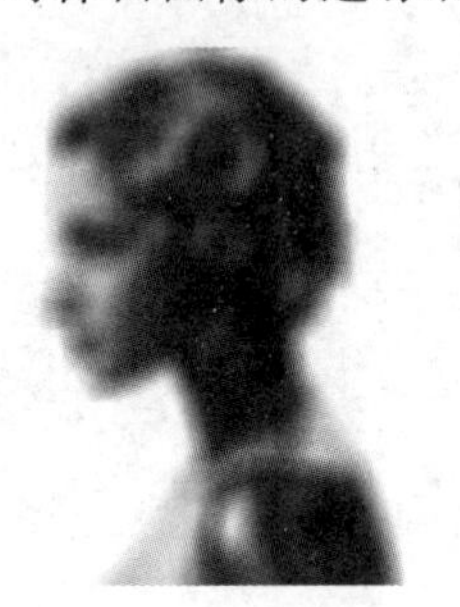

图 9-27 高斯模糊

下面的例子会显示一个菜单，包含 4 个菜单项(高斯模糊、均值模糊、中值模糊和双边滤波)，输入菜单项前面的序号，就可以使用相应的模糊算法处理图像。高斯模糊示例的效果如图 9-27 所示。

代码位置：src/image_effects/image_blur.py

```
import cv2
# 读取图像
image = cv2.imread('images/robot.png')
# 显示菜单
print('请选择模糊算法:')
print('1. 高斯模糊')
print('2. 均值模糊')
print('3. 中值模糊')
print('4. 双边滤波')
# 获取用户输入
choice = int(input('请输入菜单项索引:'))
# 根据用户选择应用不同的模糊算法
if choice == 1:
    # 高斯模糊
    radius = 15
    sigma = 4
    blurred_image = cv2.GaussianBlur(image, (radius, radius), sigma)
elif choice == 2:
    # 均值模糊
    ksize = 55
    blurred_image = cv2.blur(image, (ksize, ksize))
elif choice == 3:
    # 中值模糊
    ksize = 30
```

```
        blurred_image = cv2.medianBlur(image, ksize)
    elif choice == 4:
        # 双边滤波
        d = 5
        sigmaColor = 75
        sigmaSpace = 75
        blurred_image = cv2.bilateralFilter(image, d, sigmaColor, sigmaSpace)
    else:
        print('无效的输入!')
        exit()
    # 保存处理结果
    cv2.imwrite('blurred_image.jpg', blurred_image)
    # 显示原始图像和模糊后的图像
    cv2.imshow('Original Image', image)
    cv2.imshow('Blurred Image', blurred_image)

    # 等待用户按键退出
    cv2.waitKey(0)
    cv2.destroyAllWindows()
```

9.5 小结

截至目前,大家看到的只是 Python 的冰山一角,Python 远比你想象的强大得多。尽管本章主要介绍了 Python 如何实现图像特效,但 Python 几乎可以做任何事情,甚至很多底层的操作。这得益于 Python 可以与 C++等语言交互,有很多第三方模块底层使用的都是 C++,所以,从理论上来说,只要 C++能做,Python 就能做。就以本章介绍的图像特效为例,通过 PIL、cv2 等模块,完全可以用 Python 做一个与 Photoshop 匹敌的图像处理系统,相信广大的读者已经跃跃欲试了,接下来让我们开始吧!

第10章

视频特效

Python不仅可以实现丰富的图像特效，还可以实现炫酷的视频特效。视频是由图像组成的，其实视频特效就是图像特效的升级版。理论上来说，任何图像特效都可以用在视频特效中。不过Python通过很多第三方模块提供了大量的API，让我们可以不单独操作视频中的图像，就可以实现丰富多彩的视频特效。

10.1 旋转视频

使用moviepy模块可以实现非常酷的视频特效，包括本节要讲的旋转视频。moviepy是一个Python视频编辑库，它可以轻松地对视频进行各种操作，如剪切、拼接、添加滤镜等。

moviepy模块具有如下特点。

(1) 简单易用：moviepy的API非常简单，很容易上手，可快速编辑视频。

(2) 高性能：moviepy可以利用OpenCV和FFmpeg，运行速度快，支持多种视频格式。

(3) 丰富的功能：支持裁剪、拼接、旋转、淡入淡出、颜色过滤、加速、倒放等视频操作。

(4) 支持GIF格式：可以方便地将视频转换为GIF动画。

(5) 丰富的滤镜：提供许多视频滤镜，如黑白、复古、色彩过渡等。

(6) 强大的合成：可以将多个视频轻松合成一个完整的视频。

(7) 基于关键帧：moviepy的多数操作都是基于视频的关键帧进行的。

(8) 易于部署：moviepy不需要编译，直接通过pip安装即可使用。

moviepy模块的主要功能接口如下。

(1) VideoClip：表示视频片段，用于对视频剪切、滤镜、旋转、加速等操作。

(2) VideoFileClip：从视频文件中读取视频片段。

(3) TextClip：用于在视频上添加文字。

(4) AudioClip：用于添加或替换视频的音频。

(5) ImageClip：用于添加静态图像。

(6) clips_array：用于将多个视频片段拼接在一起。

(7) fx：提供各种视频效果，如黑白、色彩减弱、加速等。

所以，moviepy 是一个功能强大且易于使用的视频编辑库，通过简单的代码就可以实现各种视频效果和操作。如果你想快速开发一个视频剪辑或特效应用，moviepy 无疑是一个很好的选择。

通过 moviepy 中的 VideoFileClip. rotate 方法可以将视频旋转特定的角度，旋转视频本质上就是旋转视频中的每一帧画面。rotate 方法的原型如下：

```
def rotate(angle, unit = 'deg', resample = 'bicubic', expand = False)
```

参数含义如下。

(1) angle：旋转的角度，可以是正数或负数，表示顺时针或逆时针旋转。

(2) unit：旋转的单位。可以是'deg'，表示度数；或者是'rad'，表示弧度。

(3) resample：重采样的方法，可以是'nearest'，表示最近邻插值；或者是'bilinear'，表示双线性插值；或者是'bicubic'，表示双三次插值。

(4) expand：是否扩展输出的尺寸以适应旋转后的视频片段，如果为 True，则输出的尺寸可能会增大。

rotate 方法返回一个新的旋转后的视频片段对象，该对象是 moviepy. video. io. VideoFileClip. VideoFileClip 类的实例。通过 VideoFileClip. write_videofile 方法可以将旋转后的结果写入新的视频中，该方法的原型如下：

```
def write_videofile(filename, fps = None, codec = None, bitrate = None, audio = True, audio_fps =
44100, preset = 'medium', audio_nbytes = 4, audio_codec = None, audio_bitrate = None, audio_bufsize =
2000, temp_audiofile = None, rewrite_audio = True, remove_temp = True, write_logfile = False,
verbose = True)
```

参数含义如下。

(1) filename：输出的视频文件名称，可以是 mp4、avi、webm、gif 等格式。

(2) fps：输出的视频文件的帧率，如果为 None，则使用视频片段的原始帧率。

(3) codec：输出的视频文件的编码器，如果为 None，则根据文件格式自动选择合适的编码器。

(4) bitrate：输出的视频文件的比特率，如果为 None，则根据文件格式自动选择合适的比特率。

(5) audio：是否保留视频片段的音频部分，如果为 True，则输出的视频文件包含音频部分。

(6) audio_fps：输出的视频文件的音频采样率，如果为 None，则使用视频片段的原始音频采样率。

(7) preset：输出的视频文件的压缩质量，可以是'ultrafast'、'superfast'、'veryfast'、'faster'、'fast'、'medium'、'slow'、'slower'、'veryslow'等选项。

(8) audio_nbytes：输出的视频文件的音频采样深度，可以是 1 字节、2 字节、3 字节或 4 字节。

(9) audio_codec：输出的视频文件的音频编码器，如果为 None，则根据文件格式自动选择合适的音频编码器。

(10) audio_bitrate：输出的视频文件的音频比特率，如果为 None，则根据文件格式自动选择合适的音频比特率。

(11) audio_bufsize：输出的视频文件的音频缓冲区大小。

(12) temp_audiofile：临时存储音频部分的文件名称，如果为 None，则自动生成一个随机名称。

(13) rewrite_audio：是否重写临时存储音频部分的文件，在某些情况下可能需要设置为 False，以避免错误。

(14) remove_temp：是否在写入完成后删除临时存储音频部分的文件，在某些情况下可能需要设置为 False，以保留该文件。

(15) write_logfile：是否在写入过程中生成一个日志文件，在调试时可能有用。

(16) verbose：是否在写入过程中打印一些信息，在调试时可能有用。

要注意的是：rotate 方法只是设置了旋转的规则，并没有真正旋转视频，而使用 write_videofile 方法写入视频时才真正旋转视频。

下面的例子使用 rotate 方法将 input.mp4 逆时针旋转 45°，然后将旋转的结果保存为 rotate_output.mp4 文件，旋转后的效果如图 10-1 所示。

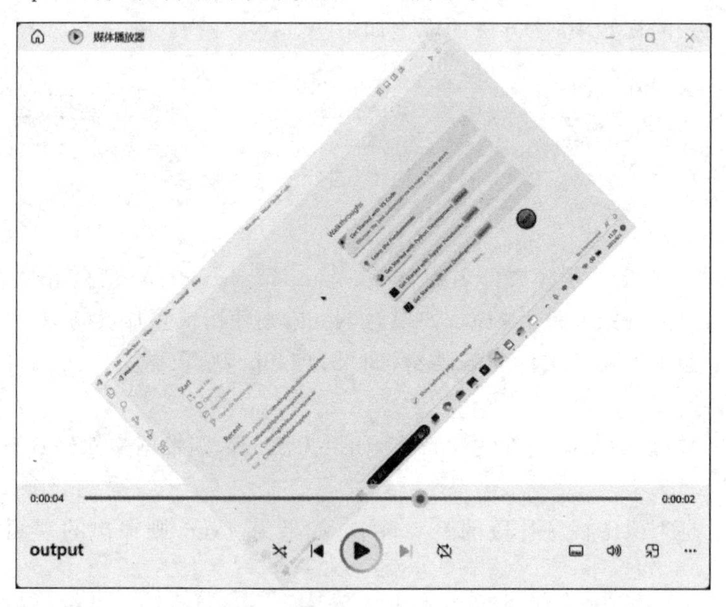

图 10-1　逆时针旋转 45°的视频

代码位置：src/video_effects/rotate_video.py

```
from moviepy.editor import VideoFileClip
# 加载视频文件
```

```
clip = VideoFileClip("input.mp4")
# 将视频逆时针旋转 45 度
rotated_clip = clip.rotate(45)
# 保存旋转后的视频
rotated_clip.write_videofile("rotate_output.mp4")
```

10.2 镜像视频

视频镜像可以将视频水平或垂直地反转，就像在镜子里看一样。如果一个视频中有人从左边走到右边，镜像就会让他从右边走到左边。这样做有各种各样的原因，例如，如果你在镜子里录制了一个视频，或者你想要改变视频的视觉效果。

通过 VideoFileClip. fx 方法可以水平镜像视频和垂直镜像视频，代码如下：

```
clip.fx(vfx.mirror_x)                  # 水平镜像视频
clip.fx(vfx.mirror_y)                  # 垂直镜像视频
```

下面的例子使用 fx 方法对 input. mp4 文件同时进行水平镜像和垂直镜像，并将镜像结果保存为 mirror_output. mp4 文件，效果如图 10-2 所示。

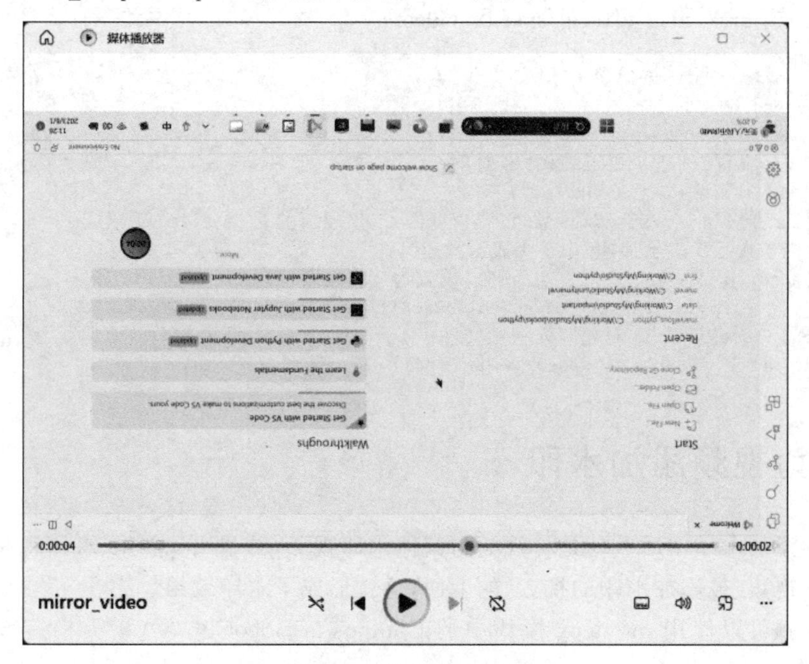

图 10-2 镜像后的视频

代码位置：src/video_effects/mirror_video. py

```
from moviepy.editor import VideoFileClip, vfx
# 加载视频文件
```

```
clip = VideoFileClip("input.mp4")
# 对视频进行水平镜像
mirrored_clip = clip.fx(vfx.mirror_x)
# 对视频进行垂直镜像
mirrored_clip = mirrored_clip.fx(vfx.mirror_y)
# 保存镜像后的视频
mirrored_clip.write_videofile("mirror_video.mp4")
```

10.3 变速视频

变速视频是指将视频播放速度变慢或变快，实现慢动作效果或快速回放效果。要注意，这里的变慢或变慢不是在播放过程中慢进或快进，而是直接让原始视频的播放速度变慢或变快。如果视频播放速度变慢，视频尺寸会变大；如果视频播放速度变快，视频尺寸会变小。

使用 fx(vfx.speedx，speed_factor)可以将视频变慢或变快，然后再使用 write_videofile 方法将改变了播放速度的视频保存为新的视频文件。

下面的例子使用 fx 方法将 input.mp4 文件的播放速度变成之前的两倍，并将新的视频保存为 speedx_video.mp4 文件。

代码位置：src/video_effects/speedx_video.py

```
# 导入 moviepy.editor 模块
from moviepy.editor import *

# 读取视频文件,创建 VideoFileClip 对象
clip = VideoFileClip("input.mp4")
# 使用 fx 方法和 vfx.speedx 函数,设置速度因子,生成新的 VideoFileClip 对象
# 速度因子大于 1 表示加速,小于 1 表示减速
speed_factor = 2                # 例如,设置为 2 表示两倍速
new_clip = clip.fx(vfx.speedx, speed_factor)
# 将新的 VideoFileClip 对象写入视频文件
new_clip.write_videofile("speedx_video.mp4")
```

10.4 为视频添加水印

为视频添加水印本质上就是将视频与其他水印视频（或图片）合并，水印视频（或图片）覆盖在背景视频（被添加水印的视频）的上面，这就形成了水印效果。

合并视频可以使用 moviepy 模块中的 CompositeVideoClip 类，该类构造方法的原型如下：

```
def CompositeVideoClip(clips, size = None, bg_color = None, use_bgclip = False, ismask = False)
```

参数含义如下。

(1) clips：一个列表，包含要合成的视频剪辑对象，每个对象都有一个属性 pos，表示其

在合成视频中的位置。pos 可以是一个元组(x,y),表示左上角的坐标,也可以是一个字符串,表示相对位置,如'center'、'top'等。如果 pos 是一个函数,它将根据时间 t 返回一个位置。

(2) size: 一个元组(width,height),表示合成视频的尺寸。如果没有指定,将根据 clips 中最大的尺寸确定。

(3) bg_color: 一个颜色值,表示合成视频的背景颜色。如果没有指定,默认为黑色。

(4) use_bgclip:一个布尔值,表示是否使用 clips 中的第一个剪辑文件作为背景剪辑。如果为 True,其他剪辑将叠加在背景剪辑之上; 如果为 False,背景剪辑将被忽略。

(5) ismask: 一个布尔值,表示合成视频是否是一个掩码。如果为 True,合成视频将只有黑白两种颜色; 如果为 False,合成视频将为彩色。

CompositeVideoClip 类构造方法的 clips 参数中的元素可以是视频或图片,也可以是文字。视频是 VideoFileClip 对象,图像是 ImageClip 对象,文字是 TextClip 对象。

通过 VideoFileClip 对象可以指定一个视频文件,也可以使用 subclip 方法截取视频中间的一段,代码如下:

```
clip1 = VideoFileClip("myvideo.mp4")
# 截取 myvideo2.mp4 的从第 50s 到第 60s 的视频段
clip2 = VideoFileClip("myvideo2.mp4").subclip(50,60)
```

使用 ImageClip 对象可以指定一个图片文件,代码如下:

```
logo = ImageClip("watermark.png")
```

使用 TextClip 对象可以指定文本以及其他属性。如果文本中包含中文,需要使用 font 参数指定支持中文的字体文件,代码如下:

```
text = TextClip("你好", fontsize = 100, color = "black", font = "msyh.ttc")
```

在 macOS 和 Linux 中,TextClip 会直接运行,但在 Windows 下,需要安装 ImageMagick。ImageMagick 是一个免费的开源软件套件,用于显示、转换和编辑数字图像。它可以读写超过 200 种图像文件格式,并且支持多种图像处理操作,例如缩放、裁剪和颜色校正。ImageMagick 是 moviepy 模块用以生成文本水印的软件,需要在你的电脑上安装它,并且在 moviepy 的配置文件 config_defaults.py 中指定它的路径。

如果读者不知道 moviepy 的安装位置,可以使用如下代码输出__init__.py 文件的路径,config_defaults.py 文件也在这个路径中。

```
print(moviepy.__file__)
```

首先要从下面的页面下载 ImageMagick: https://imagemagick.org/script/download.php。然后打开 config_defaults.py,找到 IMAGEMAGICK_BINARY,将其修改为如下内容,也就是将 IMAGEMAGICK_BINARY 的值直接指向 magick.exe 文件的绝对路径(读者应该指

向相应的 ImageMagick 版本的路径）。

```
IMAGEMAGICK_BINARY = r"C:\Program Files\ImageMagick-7.1.1-Q16-HDRI\magick.exe"
```

下面的例子使用前面介绍的 API 在视频前面的部分左上角插入了文本水印，右下角插入了图像水印，并将处理结果保存为 watermark_video.mp4 文件，效果如图 10-3 所示。

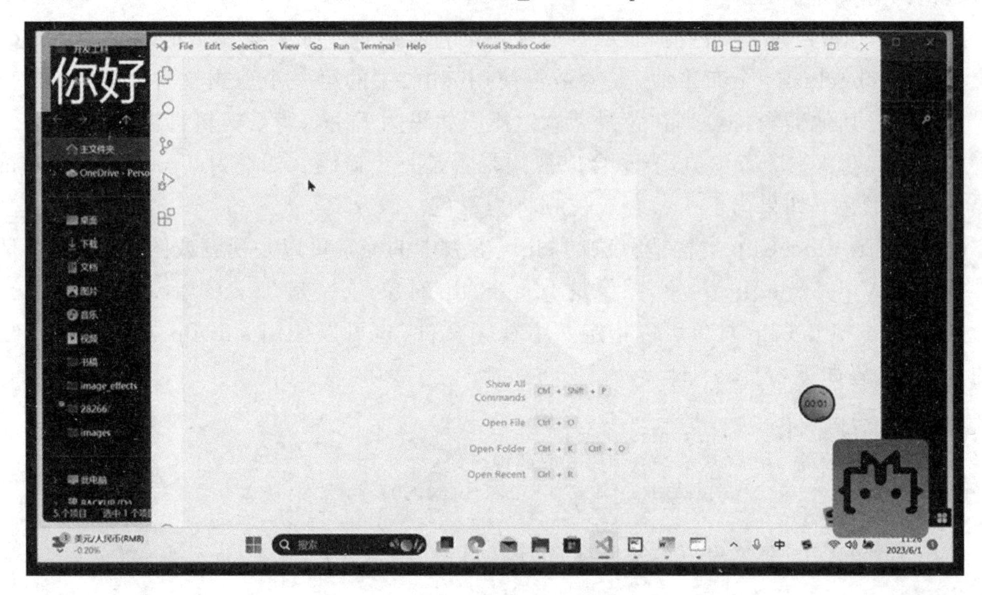

图 10-3　添加文字水印和图像水印

代码位置：src/video_effects/watermark_video.py

```
from moviepy.editor import *
# 读取视频文件,创建 VideoFileClip 对象
clip = VideoFileClip("input.mp4")
# 读取水印图片文件,创建 ImageClip 对象
logo = ImageClip("images/watermark.png")
# 设置水印图片的持续时间和位置
logo = logo.set_duration(clip.duration)                    # 持续时间与视频相同
logo = logo.resize(height = 200)                           # 调整大小
logo = logo.margin(right = 50, bottom = 50, opacity = 0)   # 设置边距和透明度
logo = logo.set_pos(("right","bottom"))                    # 设置位置(右下角)
# 创建文本水印,使用 TextClip 对象
text = TextClip("你好", fontsize = 100, color = "black", font = "msyh.ttc")
# 设置文本水印的持续时间和位置
text = text.set_duration(clip.duration)                    # 持续时间与视频相同
text = text.margin(left = 30, top = 30, opacity = 0.5)     # 设置边距和透明度
text = text.set_pos(("left","top"))                        # 设置位置(左上角)
# 使用 CompositeVideoClip 函数,将视频和两个水印合成一个新的 VideoFileClip 对象
final = CompositeVideoClip([clip, logo, text])
# 将新的 VideoFileClip 对象写入视频文件
final.write_videofile("watermark_video.mp4")
```

10.5　变形视频

使用 moviepy 模块的相关 API 可以对视频进行缩放、拉伸和透视(perspective)变换操作。

视频透视变换的作用是改变视频中物体的透视反射。它可以让远处的物体看起来更大,或者让物体产生倾斜的效果。这是通过改变视频帧图像的几何形状来实现的。

具体来说,视频透视变换需要以下几个步骤:

(1) 选取每一帧图像中要变换的四个角点的原始坐标,如[0, 0],[480, 0],[480, 360],[0, 360]。

(2) 确定变换后的四个角点的坐标,如[30, 30],[450, 20],[460, 360],[10, 350]。

(3) 使用 OpenCV 中的 getPerspectiveTransform 函数计算得到一个变换矩阵 matrix。

(4) 使用 warpPerspective 对每一帧图像应用这个变换矩阵,改变图像的形状。

(5) 将所有变换后的帧图像拼接生成新视频。

这样通过变换视频每一帧图像的 4 个角点的位置,可以实现整个视频场景的透视形变。

视频的缩放和拉伸都可以使用 VideoFileClip.resize 方法,如果要等比例缩放视频,可以直接设置视频的宽度或高度,或者设置缩放比例(小于 1 为缩小,大于 1 为放大)。代码如下:

```
# 宽度为 640 像素,宽度等比例改变
clip_resized = clip.resize(width = 640)
# 比例为原来的一半
clip_resized = clip_resized.resize(0.5)
```

如果设置了视频的宽度或高度,那么对应的高度或宽度会根据原视频的尺寸进行计算,让目标视频的尺寸仍然保持原视频的长宽比。

拉伸视频需要设置 resize 方法的 newsize 参数,该参数是一个包含两个元素的元组类型,第 1 个元素表示目标视频的宽度,第 2 个元素表示目标视频的高度。代码如下:

```
# x 轴拉伸 1.5 倍,y 轴压缩 0.5 倍
clip_stretched = clip.resize(newsize = (w * 1.5, h * 0.5))
```

透视变换首先需要使用 cv2.getPerspectiveTransform 函数计算透视变换矩阵。这个函数接受两个参数——src 和 dst。src 是一个包含 4 个点坐标的列表,表示原图像中四边形的顶点;dst 是一个包含四个点坐标的数组,表示目标图像中对应顶点的坐标。这个函数返回一个透视变换矩阵,它可以将原图像中的四边形映射到目标图像中对应的四边形。

如果想让变换后的目标视频包含整个原视频的画面,src 需要指定原视频的 4 个顶点,也就是 src 指定的矩形区域的尺寸与原视频的尺寸相同。src 和 dst 可以是任意四边形,如果 src 指定的四边形比原视频的尺寸小,那么四边形外部的区域将被忽略。

在获得透视变换矩阵后，需要使用 cv2. warpPerspective 函数对图像应用透视变换。这个函数接受几个参数，其中最重要的 3 个参数是 src、M 和 dsize。src 是原图像；M 是透视变换矩阵，它可以使用 cv2. getPerspectiveTransform 函数来计算；dsize 是目标图像的尺寸，该参数是一个元组，表示目标图像的宽度和高度。通过这个函数将返回一个新的图像，表示应用透视变换后的结果。

下面的例子对 input. mp4 文件进行缩放、拉伸和透视变换操作，并将处理结果分别保存为 output_resized. mp4、output_stretched. mp4 和 output_perspective. mp4。图 10-4 是视频拉伸后的效果，如图 10-5 是透视变换后的效果。

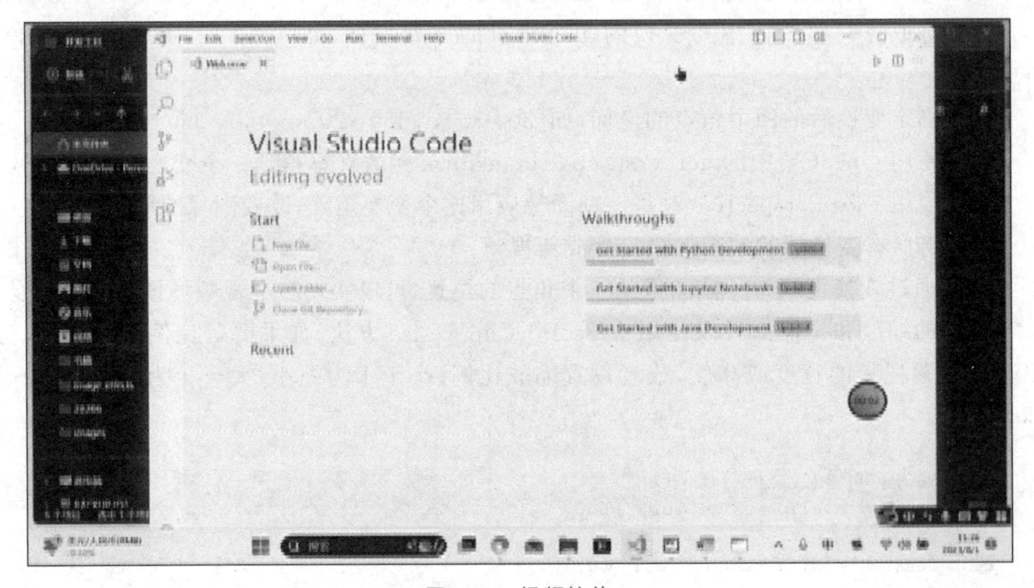

图 10-4　视频拉伸

图 10-5　视频透视变换

代码位置：src/video_effects/video_transform.py

```
from moviepy.editor import *
import cv2
import numpy as np
# 打开一个视频文件
clip = VideoFileClip("input.mp4")
# 获取视频尺寸
w,h = clip.size
# 缩放视频,可以指定宽度、高度或者比例
clip_resized = clip.resize(width=640)          # 宽度为 640 像素,宽度等比例改变
clip_resized = clip_resized.resize(0.5)        # 比例为原来的一半
# 拉伸视频,可以指定 x 轴和 y 轴的比例
clip_stretched = clip.resize(newsize=(w*1.5, h*0.5))    # x 轴拉伸 1.5 倍,y 轴压缩 0.5 倍
# 定义透视变换矩阵
# pts1 指定的原视频的尺寸,所以生成的目标视频会包含原视频中的所有画面
# 但会变形
pts1 = np.float32([[0,0], [w, 0], [0, h], [w,h]])
pts2 = np.float32([[0, 0], [600, 200], [200, 600], [600, 500]])
# 获取透视变换矩阵
M = cv2.getPerspectiveTransform(pts1, pts2)
# 定义透视变换函数
def warp_perspective(image):
    return cv2.warpPerspective(image, M, (600, 600))
# 对视频应用透视变换
clip_perspective = clip.fl_image(warp_perspective)
# 保存视频
clip_resized.write_videofile("output_resized.mp4")
clip_stretched.write_videofile("output_stretched.mp4")
# 保存处理后的视频
clip_perspective.write_videofile("output_perspective.mp4")
```

10.6 高斯模糊视频

使用 VideoFileClip.fl_image 方法以及合适的过滤器,可以让整个视频的图像或某一个区域变得模糊。fl_image 函数可以传入一个过滤器函数,该函数在处理视频的每一帧图像时,会将当前帧的图像传入过滤器函数,在过滤器函数中就可以利用各种方式对图像进行过滤,例如,通过 cv2.GaussianBlur 函数对图像进行高斯模糊,代码如下：

```
cv2.GaussianBlur(image,(15,15),0)
```

其中,image 表示要使用高斯模糊的图像；(15,15)是高斯核的尺寸,尺寸越大,图像就越模糊；0 表示 sigmaX,也就是高斯核在 X 方向上的标准,它控制了高斯核的形状。标准差越大,高斯核就越“平坦”,这意味着图像中的像素值会在更大的范围内进行平均,从而导致更高的模糊程度。

下面的例子对 input.mp4 文件左上角(300,300)的区域进行高斯模糊,并将处理结果保存为 output_gaussian_blur.mp4,效果如图 10-6 所示。可以看到,该截图只有左上角的

区域是模糊的，其他部分完全正常。

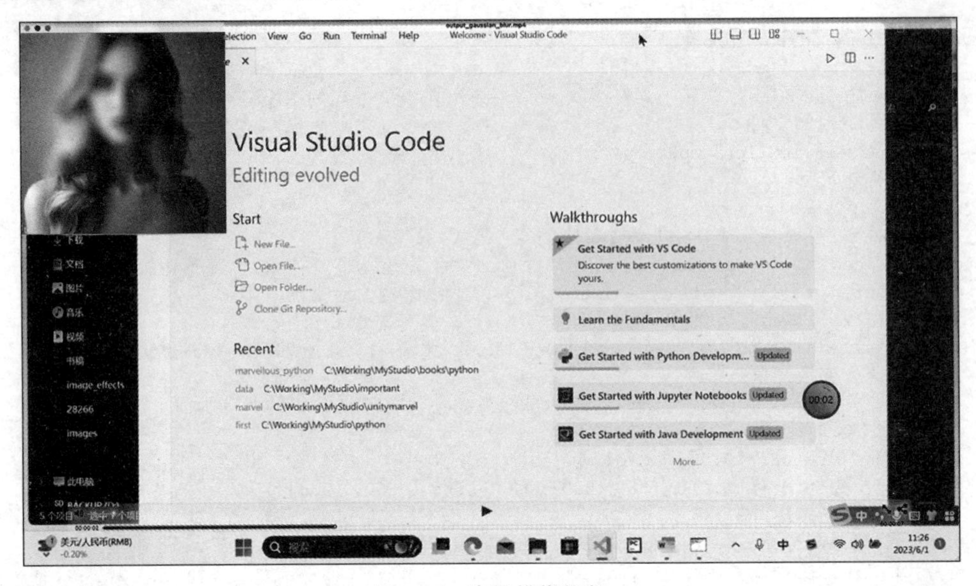

图 10-6　高斯模糊视频

代码位置：src/video_effects/video_filter.py

```
from moviepy.editor import VideoFileClip
import numpy as np
import cv2
def blur_region(image):
    # 由于 image 是只读的，所以这里必须复制一份
    image = np.copy(image)
    # 定义需要模糊的区域
    x1, y1, x2, y2 = 0, 0, 300, 300
    # 对该区域进行高斯模糊处理
    sub_image = image[y1:y2, x1:x2]
    sub_image = cv2.GaussianBlur(sub_image,(27,27),10)
    image[y1:y2, x1:x2] = sub_image
    return image
# 加载视频文件
clip = VideoFileClip("input.mp4")
# 应用过滤器
clip = clip.fl_image(blur_region)
# 输出处理后的视频文件
clip.write_videofile("output_gaussian_blur.mp4")
```

10.7　视频转码与压缩

指定 VideoFileClip.write_videofile 方法的 codec 和 audio_codec 参数，可以将当前视频格式转换为其他视频格式。其中，codec 参数用于指定视频编码，audio_codec 参数用于指定音频编码。如果想将 mp4 文件转换为 flv 格式的文件，codec 参数可以设置 flv 或 flv1。当然，也可以设置其他视频编码格式，如 libx264。不过有一些视频播放软件不支持 H.264 格式的 flv 视频文件，所以为了通用，最好将视频格式设置为 flv 或 flv1。读者可以使用 ffmpeg -codecs 命令查看你的 ffmpeg 版本支持的所有编解码器。在输出结果中，字母 D 表示支持解码，字母 E 表示支持编码，字母 V 表示视频编解码器，字母 A 表示音频编解码器。如下面的内容就是 ffmpeg 支持的部分编解码器。

```
D.AIL. wady_dpcm            DPCM Marble WADY
D.AI.S wavarc               Waveform Archiver
D.AI.. wavesynth            Wave synthesis pseudo-codec
DEAILS wavpack              WavPack
D.AIL. westwood_snd1        Westwood Audio (SND1) (decoders: ws_snd1 )
D.AI.S wmalossless          Windows Media Audio Lossless
D.AIL. wmapro               Windows Media Audio 9 Professional
DEAIL. wmav1                Windows Media Audio 1
```

audio_codec 参数用于指定视频的音频，对于 flv 格式的视频，可以指定音频格式为 libmp3lame(mp3 格式)。

压缩视频就是改变视频的尺寸，如将 1920×1080 的视频变为 1024×768 就是压缩视频，使用 VideoFileClip.resize 方法可以改变视频的尺寸，resize 方法的用法见 9.5 节，这里不再重复讲解。

下面的例子将 input.mp4 文件压缩为高度为 360 的视频，并将视频格式转换为 flv，并保存为 output.flv。

代码位置：src/video_effects/video_transcoding_compression.py

```
from moviepy.editor import *
# 加载视频文件
clip = VideoFileClip("input.mp4")
clip_resized = clip.resize(height=360)
# 转换视频格式并保存
clip_resized.write_videofile("output.flv", codec="flv1", audio_codec="libmp3lame")
```

10.8 设置视频的亮度和对比度

改变视频的亮度其实就是改变视频中每一帧图像的亮度。改变图像亮度的基本原理是将图像中每一个像素点的颜色值变大，所以需要首先需要将图像数据中每一个像素值类型转换为 np.int16，以避免在后续的计算中数据溢出。然后，我们将 brightness(亮度值) 参数的值加到图像的每个像素上，以调整图像的亮度。

对比度是指图像中明暗区域之间的差异程度。增加对比度会使图像中的明亮区域更亮，使暗区更暗，从而增强图像的视觉冲击力。相反地，降低对比度会使图像看起来更柔和。增加图像对比度的方法是将每一个像素值乘以某个数值(对比度)，这样可以放大图像中像素值的差异。假设对比度为 contrast，通常会将图像中每一个像素值乘以(contrast+1)。这里之所以将 contrast 加 1，因为对比度调整使用的是乘法。如果直接将图像乘以 contrast，那么当 contrast 值为 0 时，图像中所有像素的值都会变为 0，这显然不是我们想要的结果。

另外，如果为了保证在调整图像亮度和对比度的过程中，某些像素值的范围超过 255，需要使用 numpy 中的 clip 函数让像素值永远不超过 255，代码如下：

```
image = np.clip(image, 0, 255)
```

如果 image 中的像素值超过 255，那么就会直接取 255。

下面的例子修改了 input.mp4 的亮度和对比度，并将修改结果保存为 output_brightness_contrast.mp4。

代码位置：src/video_effects/video_brightness_contrast.py

```
from moviepy.editor import *
import numpy as np
# 加载视频文件
clip = VideoFileClip("input.mp4")
def adjust_brightness_contrast(image, brightness = 0, contrast = 0):
    image = image.astype(np.int16)
    image = image + brightness
    image = image * (contrast + 1)
    image = np.clip(image, 0, 255)
    return image.astype(np.uint8)
# 调整亮度、对比度和饱和度
clip_enhanced = clip.fl_image(lambda image: adjust_brightness_contrast(image, brightness =
20, contrast = 1))
# 保存调整后的视频,bitrate 表示新视频的码率
clip_enhanced.write_videofile("output_brightness_contrast.mp4", bitrate = "1000k")
```

10.9 视频的淡入淡出效果

通过 vfx.fadein 函数可以实现视频开头一段时间的淡入效果，vfx.fadeout 函数可以实现视频结尾一段时间的淡出效果。

下面的例子使用这两个函数分别让视频开头的 3s 淡入(逐渐显示)，让视频结尾的 3s 淡出(逐渐消失)。

代码位置：src/video_effects/video_fadeinout.py

```
from moviepy.editor import *
# 读入视频文件
clip = VideoFileClip("input.mp4")
# 对视频前 3s 进行淡入处理
clipColorx = clip.fx(vfx.fadein, 3)
# 对视频后 3s 进行淡出处理
clipColorx = clipColorx.fx(vfx.fadeout, 3)
```

```
# 输出调整后视频到结果视频文件
clipColorx.write_videofile("video_fadeinout.mp4")
```

10.10 向视频中添加动态图像

使用 CompositeVideoClip 对象可以将视频和图像组合在一起，但如果只是简单地组合视频和图像，那么图像在视频中是静态的。也就是说，图像在视频中每一帧的位置都是一样的。不过，如果 ImageClip.set_position 方法指定的是一个函数，就会让图像动起来。基本原理是让图像在每一帧的位置都不同，这样，当视频一帧一帧播放时，图像也会动起来。

set_position 方法指定的函数要有一个时间参数 t，用于控制在视频播放到某一个时间点返回的图像位置，代码如下：

```
def move(t):
    x = t * 10
    y = t * 20
    return (x, y)
```

如果想让图像在移动的同时旋转，可以使用 ImageClip.rotate 方法，同样需要为 rotate 方法指定一个函数，用来获取 logo 在每一帧图像中的角度。

```
def rotate(t):
    d = t * 10
    return d
```

下面的例子将 logo.png 插入 input.mp4 中，并让这个图像从视频的(200,200)位置朝右下角移动，同时逆时针旋转。效果如图 10-7 所示。中间的 logo 就是正在移动和旋转的图像。

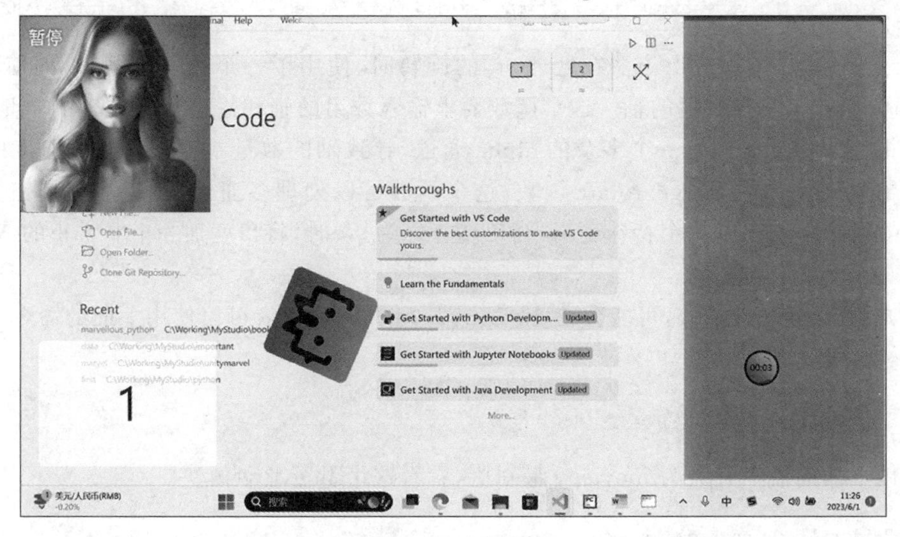

图 10-7 动态图像

代码位置：src/video_effects/dynamic_image_video.py

```
# 导入 moviepy 库
from moviepy.editor import *
import moviepy
# 读取一个视频文件,作为原始视频
video = VideoFileClip("input.mp4")
# 读取一个图片文件,作为背景图片
image = ImageClip("images/logo.png")
image = image.resize(height = 200)                # 调整大小
# 设置背景图片的大小和位置,使其与原始视频匹配
image = image.set_duration(video.duration)
image = image.set_position((200,200))
# 创建一个函数,根据时间 t 返回一个透明度值
def move(t):
    # 根据时间 t 计算图片的 x 坐标和 y 坐标
    x = 200 + t * 100
    y = 200 + t * 100
    # 返回一个元组,表示图片的位置坐标
    return (x, y)
def rotate(t):
    d = t * 20
    if d == 90:
        # 加一个很小的角度,以便略过 90°
        d += 0.0001
    return d
# 设置背景图片的位置为一个函数,根据时间变化
image = image.set_position(move)
image = image.rotate(rotate)
# 将原始视频和背景图片合成为一个新的视频,背景图片在下层,原始视频在上层
new_video = CompositeVideoClip([video,image])
# 将新的视频写入一个文件,指定编码格式和比特率
new_video.write_videofile("dynamic_image_video.mp4", codec = "libx264", bitrate = "3000k")
```

由于 ImageClip.rotate 方法在处理 90°的旋转时,使用了一个特殊的逻辑,即使用 np.transpose 函数来交换数组的轴。这个函数要求输入数组的轴和输出数组的轴的数量相同,否则会报错。而 png 图有一个多余的 alpha 通道,导致轴的数量不匹配。其他角度的旋转则使用了 pillow 包的 Image.rotate 函数,这个函数可以处理多通道图像,不会报错。所以在 rotate 函数中加入了一个特殊逻辑,当角度正好为 90°时,将角度加一个非常小的值,以便略过 90°。

官方称,这是一个 bug,可能会在 moviepy2.0 时解决,读者可以使用下面的命令升级为 moviepy2.0 开发版：

```
pip3 install moviepy --pre --upgrade
```

或者使用下面的命令升级为 moviepy 最新版,看看这个 bug 是否解决。

```
pip3 install --upgrade moviepy
```

10.11 将视频转换为动画 gif

使用 VideoFileClip. write_gif 方法可以将 mp4 文件转换为动画 GIF 文件，write_gif 方法的原型如下：

```
def write_gif(self, filename, fps = None, program = 'imageio', opt = 'nq', fuzz = 1, verbose =
True, loop = 0, dispose = False, colors = None, tempfiles = False, logger = 'bar', pix_fmt = None)
```

参数含义如下。

(1) filename：输出 GIF 文件的路径和名称，必须以. gif 结尾，类型为字符串。

(2) fps：输出 GIF 文件的帧率，即每秒显示多少帧，类型为整数或浮点数。如果为 None，则使用视频剪辑的原始帧率。

(3) program：用于生成 GIF 文件的程序，可以是'imageio'或'ffmpeg'，类型为字符串。默认为'imageio'。imageio 和 ffmpeg 是两个用于处理视频文件的程序。imageio 是一个 Python 库，它可以使用不同的后端来读写视频文件，ffmpeg 是其中一个后端。ffmpeg 也是一个独立的命令行工具，它可以执行各种视频转换和处理操作。

(4) opt：用于优化 GIF 文件的算法，可以是'nq'或'wu'，类型为字符串。'nq'表示 NeuQuant 算法，'wu'表示 Wu 算法。默认为'nq'。

(5) fuzz：用于优化 GIF 文件的颜色相似度阈值，类型为整数。数值越大，表示越容易合并相似颜色，数值越小，表示越保留原始颜色。默认为 1。

(6) verbose：是否打印输出 GIF 文件的过程信息，类型为布尔值。默认为 True。

(7) loop：输出 GIF 文件的循环次数，类型为整数。0 表示无限循环，1 表示只播放一次，以此类推；默认为 0。

(8) dispose：是否在每一帧之后清除画面，类型为布尔值。如果为 True，则每一帧都是独立的；如果为 False，则每一帧都是在前一帧的基础上绘制的。默认为 False。

(9) colors：输出 GIF 文件的颜色数目，类型为整数。范围是 2～256。如果为 None，则自动选择最佳颜色数目。默认为 None。

(10) tempfiles：是否使用临时文件来生成 GIF 文件，类型为布尔值。如果为 True，则会在系统临时目录中创建和删除一些文件；如果为 False，则在内存中处理数据。默认为 False。

(11) logger：用于显示输出 GIF 文件的进度条，可以是'bar'或 None，类型为字符串或 None。如果是'bar'，则会显示一个进度条；如果是 None，则不会显示任何进度信息。默认为'bar'。

(12) pix_fmt：输出 GIF 文件的像素格式，类型为字符串。可以是'rgb24'或'yuv420p'等。如果为 None，则使用视频剪辑的原始像素格式。默认为 None。

下面的例子使用 write_gif 方法将 dynamic_image_video. mp4 转换为 dynamic_image_ video.gif，使用帧率为10。

代码位置：src/video_effects/video2gif.py

```
# 读取视频文件
videoClip = VideoFileClip("dynamic_image_video.mp4")
videoClip = videoClip.resize(width = 320)
# 将视频转换为 gif 文件
videoClip.write_gif("dynamic_image_video.gif",fps = 10, program = "ffmpeg")
```

10.12 为视频添加字幕

字幕通常是文本形式，并且以一段时间作为显示特定字幕的一句，例如，在第4～8s的时间间隔内，视频下方会显示一段文本，这称为字幕。

为视频添加字幕的基本方法就是视频与视频或视频与图片的混合。通常将字幕做成一组透明的图片（除了文字部分，其他部分都是透明的），这组透明的图片可以制作成字幕视频，每一个透明图片（特定字幕）会根据对应视频的时长决定展示的时间。最后将主视频与字幕视频混合，就形成了带字幕的视频。

尽管我们已经了解了为视频添加字幕的基本原理，但通常并不需要这么麻烦，使用moviepy模块中的SubtitlesClip类可以轻松为视频添加字幕。SubtitlesClip类的构造方法可以传入一个srt文件，这类文件专门用于保存字幕信息，格式如下：

```
1
00:00:00,000 --> 00:00:02,000
这是第一行字幕

2
00:00:02,000 --> 00:00:5,000
这是第二行字幕
```

每一条字幕分为如下三部分，每一部分占一行：

(1) 字幕序号，从1开始。

(2) 字幕对应的时间段，格式为hh:mm:ss:xxx，表示时(hh)、分(mm)、秒(ss)和毫秒(xxx)。

(3) 字幕内容。

每一部分之间有且只能有一个空行，而且第1部分前面不能有空行，否则SubtitlesClip对象无法正确读取srt文件的内容。读者可以使用下面的代码读取subtitles.srt文件，并创建一个SubtitlesClip对象。

```
subtitles = SubtitlesClip("subtitles.srt")
```

尽管使用subtitles.srt文件可以方便地指定字幕信息，但并不灵活，如果要想更灵活地指定字幕，可以直接使用 TextClip 对象，代码如下：

```
# 创建 TextClip 对象，并将 TextClip 对象显示的文本放在视频的正中心
text = TextClip('Hello World!', fontsize = 20, color = 'white').set_position('center')
# 文本从视频第 1s 开始显示，持续 2s
text = text.set_start(1).set_duration(2)
```

在创建完字幕相关视频对象后，需要创建 CompositeVideoClip 对象，并将原视频与字幕视频组合在一起，代码如下：

```
result = CompositeVideoClip([video, subtitles, text])
```

最后调用 CompositeVideoClip.write_videofile 方法保存为新视频文件即可。

下面的例子在 new.mp4 文件的底部和正中心添加了不同字体和颜色的字幕，并将新视频保存为 subtitles.mp4，效果如图 10-8 所示。

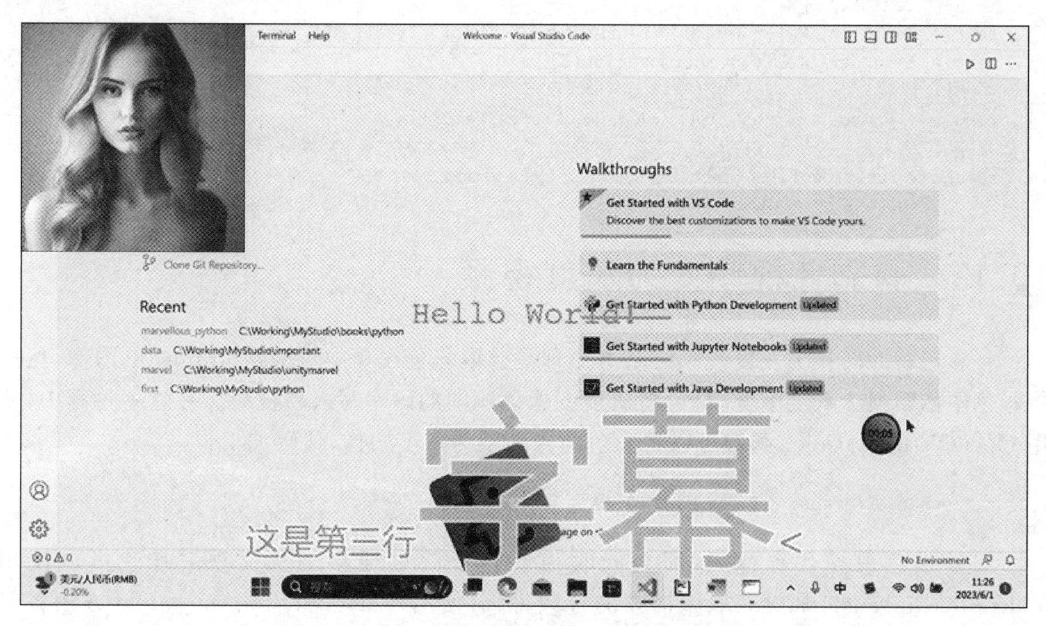

图 10-8 带字幕的视频

本例使用了字幕文件 subtitles.srt，内容如下。

文件位置：src/video_effects/subtitles.srt

```
1
00:00:00,000 --> 00:00:02,000
<font color = "red" size = "20">这是第一行<font color = "blue" size = "120">字幕</font></font>

2
00:00:02,000 --> 00:00:5,000
这是第二行字幕
```

```
3
00:00:5,000 --> 00:00:7,000
<font color = "green">这是第三行<font color = "blue" size = "120">字幕</font></font>
```

通过 srt 文件,不仅可以指定字幕暂时的时间段和字幕内容,还可以通过 font 标签指定当前字母的颜色和字号,而且同一行字幕也可以有不同的颜色和字号。

代码位置:src/video_effects/subtitles.py

```
from moviepy.editor import *
from moviepy.video.tools.subtitles import SubtitlesClip

# 读取视频文件
video = VideoFileClip("new.mp4")
# 读取字幕文件
subtitles = SubtitlesClip("subtitles.srt")
# 创建 TextClip 对象
text = TextClip('Hello World!', fontsize = 60, color = 'red').set_position('center')
text = text.set_start(3).set_duration(3)
# 组合视频
result = CompositeVideoClip([video, subtitles,text])
# 保存结果
result.write_videofile("subtitles.mp4", fps = video.fps)
```

10.13 将彩色视频变为灰度视频

将彩色视频转换为灰度视频的基本原理是获取彩色视频中每一帧(frame)的图像,然后将彩色图像转换为灰度图像,最后将灰度图像以相同的码率写入新视频。在这一过程中,使用 OpenCV 的 cvtColor 函数可以将彩色图像转换为灰度图像,代码如下:

```
cv2.cvtColor(frame, cv2.COLOR_RGB2GRAY)
```

如果彩色视频含有音频,那么同时需要将音频也迁移到灰度视频中。可以使用 VideoFileClip.audio 属性获取原视频的音频,然后使用 VideoFileClip.set_audio 方法将原视频的音频添加到新视频中,代码如下:

```
# 提取视频中的音频文件
audio_clip = source.audio
# 将音频剪辑设置为灰度视频剪辑的音轨
output_clip = gray_clip.set_audio(audio_clip)
```

下面的例子将 new.mp4 转换为灰度视频,并保存为 output_gray.mp4。

代码位置:src/video_effects/rgb2gray.py

```
# 导入所需的模块
import cv2
```

```
from moviepy.editor import VideoFileClip
import os
# 读取原始视频文件
source = VideoFileClip("new.mp4")
# 创建一个新的视频文件,用于保存灰度视频
# 注意要指定 fps(帧率)和 codec(编码器)
result = cv2.VideoWriter("gray.mp4", cv2.VideoWriter_fourcc(*"mp4v"), source.fps,
source.size, 0)
# 遍历原始视频中的每一帧图像
for frame in source.iter_frames():
    # 将彩色图像转换为灰度图像
    # 注意 moviepy 使用 RGB 格式,而 opencv 使用 BGR 格式,所以要用 cv2.COLOR_RGB2GRAY
    gray = cv2.cvtColor(frame, cv2.COLOR_RGB2GRAY)
    # 将灰度图像写入新的视频文件中
    result.write(gray)
# 释放资源
result.release()
# 读取灰度视频文件
gray_clip = VideoFileClip("gray.mp4")
# 提取视频中的音频文件
audio_clip = source.audio
# 将音频剪辑设置为灰度视频剪辑的音轨
output_clip = gray_clip.set_audio(audio_clip)
# 输出合并后的视频文件
output_clip.write_videofile("output_gray.mp4")
os.remove('gray.mp4')
```

10.14 小结

本节主要介绍了如何利用 moviepy 和 cv2 模块实现视频特效。其实 Python 中可以实现视频特效的模块非常多,本章只是抛砖引玉,通过两个非常重要的模块让读者了解 Python 是如何处理视频特效的。moviepy 模块本质上是利用 ffmpeg 实现的视频特效,所以直接使用 ffmpeg,也可以做出同样的效果,只不过实现要复杂一些。moviepy 在高层封装了 ffmpeg 的部分功能,让使用者以更轻松的方式操作视频。而 cv2 的功能要比 moviepy 更强大,cv2 是 OpenCV 的 Python 实现,是一个专门为视频而生的模块,如果读者对 OpenCV 感兴趣,可以进一步学习。

第 11 章

读写 Excel 文档

微软公司的 Office 是目前最流行的办公软件，在 Windows 和 macOS 平台都可以使用。尽管 Office 的每一个成员（Excel、Word、PowerPoint 等）都支持使用 VBA 实现办公自动化，但 VBA 并非现代编程语言，而且功能有限，不方便与其他技术结合。Python 通过与众多第三方模块的结合，可以毫无压力地读写 Excel 文档，控制 Office 套件。Excel 就是 Office 套件中最重要的一个，所以本章将向广大读者展示如何使用第三方 Python 模块读写 Excel 文档以及控制 Excel。

11.1 读写 Excel 文档的 Python 模块

Python 中可以读写 Excel 文档的模块非常多，下面是一些常用的模块。

1. openpyxl

用于读写 Excel 2007 或以上版本的 xlsx 和 xlsm[①] 文件（不能读取 xls 文件）。openpyxl 的功能非常强大，主要功能如下：

(1) 创建、删除、重命名 worksheet。

(2) 修改单元格的值、样式、公式和超链接。

(3) 添加图片、评论和条件格式。

(4) 操作图表、表格、透视表等。

(5) 提供丰富的 API，可以实现各种复杂的功能。

2. xlrd

读取 excel 文件，支持 xls 和 xlsx 文件，但只能读取，不支持写入和修改。功能相对比较单一，使用频率稍低。但是它的读取速度很快，对文件较大的情况还是很有用。

3. xlwt

写入 excel 文件，只支持 xls 文件，不支持 xlsx 文件。

---

① xlsm 是一种从 Office 2007 开始支持的文件格式，是指启用宏的工作簿，其中包含宏代码。如果你想打开 xlsm 文件。

4. xlsxwriter

可以写入 excel 2007 及以后版本的 xlsx 文件，支持修改单元格样式、图片、公式等。没有读取功能，相比于 openpyxl 的功能也比较有限，只能实现一些基本的写入和样式设置，所以使用频率最低。

5. pandas

作为强大的数据分析工具，读取 excel 只是其中一个功能，支持 xls 和 xlsx 文件。

6. pywin32

该模块并不是专门用于与 Excel 交互的模块，该模块只是可以访问 Windows API，包括 Com 组件，Excel 也同样拥有名为 Excel. Application 的 Com 组件。使用 pywin32 模块可以通过 Excel. Application 与 Excel 交互，可以使用 Excel 的全部功能（事实上，对于 Excel VBA 支持的功能，pywin32 就可以支持）。不过该模块只能在 Windows 中使用。

这么多模块如何选择呢？下面的建议仅供参考。

(1) 如果只需要读取 excel 文档的内容，建议使用 xlrd，它的速度快，简单易用。

(2) 如果需要对 excel 进行复杂的操作，如读取、写入、修改、增删 worksheet 等，建议使用 openpyxl，功能最强大。

(3) 如果你只需要简单地写入 xlsx 文件，并不涉及其他复杂操作，可以选择 xlsxwriter，用法简单。

(4) 如果只想在 Windows 中完全控制 Excel，可以使用 pywin32 模块通过 Excel Com 组件与 Excel 交互。

由于 openpyxl 的功能最强大，而且是跨平台的，所以本章主要使用 openpyxl 来操作 Excel，读者可以使用下面的语句安装 openpyxl。

```
pip3 install openpyxl
```

11.2 对 Excel 文档的基本操作

本节会介绍用 openpyxl 模块的相关 API 对 Excel 文件进行基本操作。这些操作包括创建 Excel 文档、保存 Excel 文档、添加新的工作表(sheet)，修改工作表的文字颜色、背景颜色以及文本、删除工作表，在表格中插入文本，修改列宽。

这些基本操作的实现方法如下。

(1) 创建和保存 Excel 文档：需要实例化 Workbook 对象创建新的 Excel 文档，使用 save 方法保存文档。

(2) 添加和删除工作表：使用 create_sheet 方法添加工作表，使用 remove 方法删除工作表。

(3) 修改工作表属性：可以设置工作表的标签颜色、背景色等，调整工作表大小和位置。这些都可以通过 sheet_properties 属性设置。

(4) 添加和修改单元格内容：可以直接使用 Cell 对象的 value 属性设置值来修改单元

格文本，或使用 worksheet[…]方式访问单元格，如 worksheet['B4'] = 'Hello World'。

(5) 调整行高和列宽：可以使用 row_dimensions 和 column_dimensions 属性设置行高和列宽。

下面的例子创建一个新的 excel 文档，然后添加 5 个 sheet，并且设置了多个工作表的文字颜色和背景色，随后修改第 5 个工作表的名称为“新建 sheet”。然后，在第 1 个 sheet 的 C2 的位置插入“hello world”文本，并调整 C 列的宽度，让这行文本可以显示完整。接下来，删除名为 sheet 的工作表，该工作表是创建 Excel 文档默认生成的。最后保存这个 excel 文档。最终的 Excel 文档效果如图 11-1 所示。

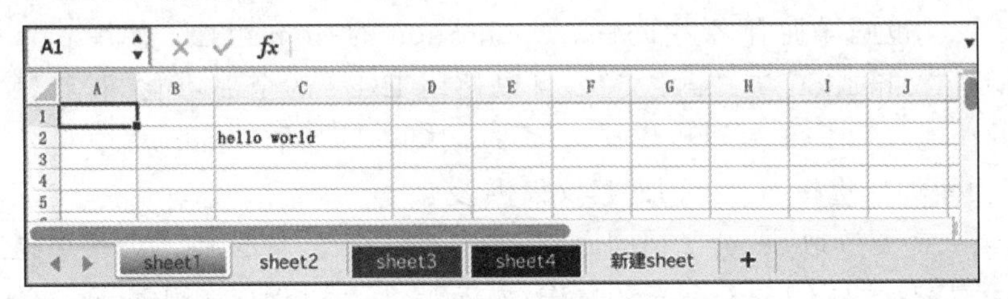

图 11-1 对 Excel 文档基本操作后的最终效果

代码位置：src/excel/basic.py

```
import openpyxl
# 创建一个新的 Excel 文档
wb = openpyxl.Workbook()
# 添加 5 个工作表
for i in range(5):
    wb.create_sheet(f'sheet{i + 1}')
# 设置第 1 个和第 3 个工作表的文本颜色为红色
wb['sheet1'].sheet_properties.tabColor = 'FF0000'
wb['sheet3'].sheet_properties.tabColor = 'FF0000'
# 设置第 4 个工作表的背景色为蓝色,文本颜色为白色
ws4 = wb['sheet4']
ws4.sheet_properties.tabColor = '0000FF'
ws4.sheet_view.showGridLines = False
for row in ws4.rows:
    for cell in row:
        cell.font = openpyxl.styles.Font(color = 'FFFFFF')
# 修改第 5 个工作表的名称,改成"新建 sheet"
ws5 = wb['sheet5']
ws5.title = '新建 sheet'
# 在第一个工作表的 C2 位置插入"hello world"文本
ws1 = wb['sheet1']
ws1['C2'] = 'hello world'
# 调整 C 列的宽度,以便这行文本可以完全显示
ws1.column_dimensions['C'].width = 20
# 删除名为 Sheet 的工作表
wb.remove(wb['Sheet'])
# 保存这个 Excel 文档
wb.save('example.xlsx')
```

运行程序，就会在当前目录下生成一个名为 example.xlsx 的文件。

11.3 生成 Excel 表格

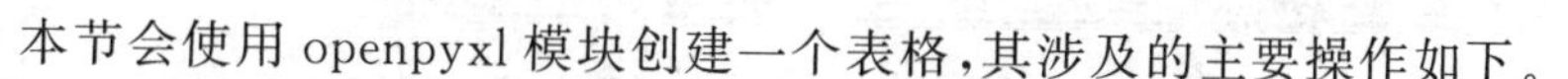

本节会使用 openpyxl 模块创建一个表格，其涉及的主要操作如下。

1. worksheet.append 方法

该方法用于将一行数据(以列表形式)添加到工作表中。每次只能添加一行数据。例如：

```
data = [1, 2, 3]
ws.append(data)
```

2. 数字单元格显示千分号

可以使用数字格式来设置数字单元格显示千分号。例如：

```
ws['A1'].number_format = '#,##0'
ws['A1'] = 12345.67
```

3. 设置表格行的背景色

可以使用 PatternFill 对象来设置表格行的背景色。例如：

```
from openpyxl.styles import PatternFill
fill = PatternFill(fill_type = 'solid', fgColor = 'FFEE1111')
for row in ws.iter_rows(min_row = 1, max_row = 3):
    for cell in row:
        cell.fill = fill
```

4. 隐藏网格线

可以使用 worksheet.sheet_view.showGridLines=False 来隐藏网格线。例如：

```
ws.sheet_view.showGridLines = False
```

5. 设置单元格的表格线

可以使用 Border 对象来设置单元格的表格线。例如：

```
from openpyxl.styles import Border, Side
border = Border(left = Side(style = 'thin'), right = Side(style = 'thin'), top = Side
(style = 'double'), bottom = Side(style = 'double'))
ws['A1'].border = border
```

下面的例子创建一个 excel 表格，表格有 5 行 6 列，第 1 行是表头，第 1 列是列头。从第 2 列开始，表头是第 1 年、第 2 年，以此类推。从第 2 行开始，列头是一个国内大城市名称，其余单元格都是销售数字，数字随机填充，都是 4 位数(显示千分号)。从第 2 行开始，隔一行显示白色背景，再隔一行显示一个浅蓝色背景，然后隐藏网格线，最后，将表格四周设置为粗的表格线，表格内部是细的表格线。效果如图 11-2 所示。

	A	B	C	D	E	F
1		第1年	第2年	第3年	第4年	第5年
2	北京	7,455	7,985	7,351	3,698	6,542
3	上海	1,770	4,674	8,077	6,568	7,833
4	广州	5,139	6,692	4,225	6,609	3,408
5	深圳	3,659	9,115	5,478	4,592	1,361

图 11-2 创建表格效果图

代码位置：src/excel/create_table.py

```
import openpyxl
from openpyxl.styles import PatternFill, Border, Side
from random import randint
# 创建一个工作簿
wb = openpyxl.Workbook()
# 选择第一个工作表
ws = wb.active
# 设置表头和列头
cities = ['北京', '上海', '广州', '深圳']
ws.append([''] + [f'第{i}年' for i in range(1, 6)])
for city in cities:
    ws.append([city] + [randint(1000, 9999) for _ in range(5)])
# 设置数字格式为千分号
for row in ws.iter_rows(min_row = 2, min_col = 2):
    for cell in row:
        cell.number_format = '#,##0'
# 设置行背景颜色
for i in range(2, len(cities) + 2):
    fill = PatternFill(fill_type = 'solid', fgColor = 'FFFFFF' if i % 2 == 0 else 'ADD8E6')
    for cell in ws[i]:
        cell.fill = fill
# 隐藏网格线
ws.sheet_view.showGridLines = False
# 设置边框
thin_border = Border(left = Side(style = 'thin'), right = Side(style = 'thin'),
top = Side(style = 'thin'), bottom = Side(style = 'thin'))
thick_border = Border(left = Side(style = 'thick'), right = Side(style = 'thick'),
top = Side(style = 'thick'), bottom = Side(style = 'thick'))
for row in ws.iter_rows():
    for cell in row:
        cell.border = thin_border
for cell in ws[1]:
    cell.border = Border(top = Side(style = 'thick'), left = cell.border.left,
    right = cell.border.right, bottom = cell.border.bottom)
for cell in ws[len(cities) + 1]:
    cell.border = Border(bottom = Side(style = 'thick'), left = cell.border.left,
    right = cell.border.right, top = cell.border.top)
for row in ws.iter_rows():
    row[0].border = Border(left = Side(style = 'thick'), top = row[0].border.top,
    right = row[0].border.right, bottom = row[0].border.bottom)
```

```
        row[ - 1].border = Border(right = Side(style = 'thick'), left = row[ - 1].border.left,
        top = row[ - 1].border.top, bottom = row[ - 1].border.bottom)

    # 保存文件
    wb.save('table.xlsx')
```

运行程序，会在当前目录下生成一个 table.xlsx 文件。

11.4　Excel 表转换为 SQLite 表

本节的例子会创建一个 excel 表格，该表有 5 行 3 列。其中第 1 行是表头，分别是姓名、年龄、收入；下面 4 行是数据；最后保存该表。然后使用 Python 创建一个名为 work.db 的 SQLite 数据库，并创建一个 salary 表，字段为姓名、年龄、收入。然后读取前面创建的表格中的数据导入 salary 表。图 11-3 是生成的 Excel 表格，图 11-4 是生成的 work.db 中的 salary 表。

	A	B	C
1	姓名	年龄	收入
2	张三	24	18688
3	李四	56	17655
4	王五	52	17876
5	赵六	40	10222

图 11-3　Excel 表格

表：salary

	姓名	年龄	收入
	过滤	过滤	过滤
1	张三	24	18688
2	李四	56	17655
3	王五	52	17876
4	赵六	40	10222

图 11-4　SQLite 的 salary 表

代码位置：src/excel/excel2sqlite.py

```
import openpyxl
from random import randint
import sqlite3
import os
# 创建一个工作簿
wb = openpyxl.Workbook()
# 选择第一个工作表
ws = wb.active
# 设置表头和数据
headers = ['姓名', '年龄', '收入']
names = ['张三', '李四', '王五', '赵六']
ws.append(headers)
for name in names:
    ws.append([name, randint(20, 60), randint(5000, 20000)])
# 保存文件
wb.save('salary.xlsx')
# 检查文件是否存在
if os.path.exists('work.db'):
    # 删除文件
```

```
    os.remove('work.db')
# 连接 SQLite 数据库
conn = sqlite3.connect('work.db')
c = conn.cursor()
# 创建 salary 表
c.execute('CREATE TABLE salary (姓名 text, 年龄 integer, 收入 integer)')
# 读取 Excel 数据并导入 salary 表
wb = openpyxl.load_workbook('salary.xlsx')
ws = wb.active
for row in ws.iter_rows(min_row=2):
    c.execute('INSERT INTO salary VALUES (?, ?, ?)', [cell.value for cell in row])
# 提交更改并关闭链接
conn.commit()
conn.close()
```

运行程序，会在当前目录生成 salary.xlsx 和 work.db 文件，读者可以用 SQLite 管理工具(如 DBeaver)打开 work.db 文件，查看 salary 表中的数据。

11.5 绘制跨单元格斜线

在单元格中绘制斜线，需要使用 Border 对象，在创建 Border 对象时，将 diagonalUp 参数设置为 True，表示 Border 的效果从左下角到右上角。如果要绘制跨单元格的斜线，需要先将多个单元格合并，例如，要在 B2:D4 区域内绘制斜线，首先要合并 B2:D4 区域，然后直接使用 B2 引用这个合并后的区域，这个区域与单个单元格没有任何区别，所以可以直接使用 Border 对象绘制斜线，效果如图 11-5 所示。

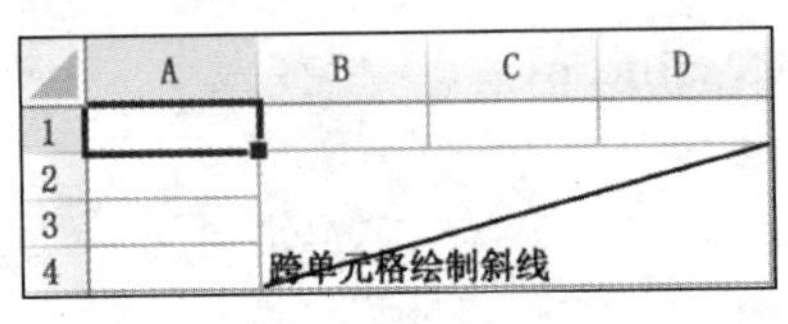

图 11-5　跨单元格绘制斜线

代码位置：src/excel/draw_diagonal_line.py

```
from openpyxl.styles import Border, Side
import openpyxl
wb = openpyxl.Workbook()                # 创建一个工作簿
ws = wb.active                          # 获取当前活动的工作表
ws.merge_cells('B2:D4')                 # 合并 B2:D4
ws['B2'] = "跨单元格绘制斜线"              # 在 B2 单元格写入"test"
ca2 = ws['B2']                          # 获取 B2 单元格对象
# 创建一个边框对象,设置对角线的样式和方向
box = Border(
    diagonal = Side(border_style = "thin", color = 'FF000000'),     # 设置对角线的样式为细
                                                                    # 线,颜色为黑色
    diagonalUp = True,                  # 设置对角线的方向为左下到右上
```

```
    diagonalDown = False                # 关闭对角线的方向为左上到右下
)
ca2.border = box                        # 将边框对象应用到 B2 单元格
wb.save("diagonal_line.xlsx")           # 保存工作簿为 diagonal_line.xlsx 文件
```

运行程序，会在当前目录生成 diagonal_line. xlsx 文件。

11.6 使用 Excel 函数

如果想使用 Excel 的函数自动计算某些值，可以直接将函数和相关数据作为字符串赋给 Cell. value 属性，不过字符串的第 1 个字符要使用等号(=)，代码如下：

```
# 将 3.1415926 取小数点后两位后，在第 2 行，第 3 列的单元格中显示
ws.cell(row = 2, column = 3).value = f" = ROUND(3.1415926, 2)
```

下面的例子创建了一个表，第 2 列是商品价格，第 3 列是折扣价格，该列中的价格是根据商品价格乘以 0.7，并取整得到的，效果如图 11-6 所示。

ROUNDUP ✕ ✓ fx =ROUND(B2*0.7,0)

	A	B	C	D	E
1	商品名称	商品价格	折扣价格		
2	苹果	50	=ROUND(B2*0.7,0)		
3	香蕉	30	21		
4	橘子	49	34		
5	梨	66	46		
6	葡萄	89	62		

图 11-6 使用 Excel 函数

代码位置：src/excel/excel_func. py

```
from openpyxl import Workbook
wb = Workbook()                    # 创建一个工作簿
ws = wb.active                     # 获取当前活动的工作表
# 在第一行写入表头
ws['A1'] = "商品名称"
ws['B1'] = "商品价格"
ws['C1'] = "折扣价格"

# 在第二行到第六行写入数据
ws['A2'] = "苹果"
ws['B2'] = 50
ws['A3'] = "香蕉"
ws['B3'] = 30
ws['A4'] = "橘子"
ws['B4'] = 49
ws['A5'] = "梨"
ws['B5'] = 66
ws['A6'] = "葡萄"
ws['B6'] = 89
```

```
# 在第三列使用函数计算折扣价格,即价格乘以 0.7
for row in range(2, 7):                    # 遍历第二行到第六行
    ws.cell(row = row, column = 3).value = f" = ROUND(B{row} * 0.7,0)"    # 设置单元格的值为函数
wb.save("func.xlsx")                       # 保存工作簿为 func.xlsx 文件
```

运行程序,会在当前目录生成一个 func.xlsx 文件。

11.7 插入图表

使用 add_image 方法可以将一个图像插入工作表中。add_image 是 openpyxl 库中 Worksheet 类的一个方法,该方法接受两个参数——img 和 anchor。

(1) img:是一个 Image 对象,表示要添加到工作表中的图像。

(2) anchor:是一个可选参数,用于指定图像在工作表中的位置。它可以是一个字符串,表示图像的左上角所在的单元格;也可以是一个 Anchor 对象,用于更精细地控制图像的位置。

下面是一个简单的示例,演示如何使用 add_image 方法将图像添加到工作表中:

```
# 创建一个 Image 对象
img = Image('image.png')
# 将图像添加到工作表中
ws.add_image(img, 'B2')
# 保存工作簿
wb.save('example.xlsx')
```

这段代码创建了一个 Image 对象来表示要添加到工作表中的图像。接着,它使用 add_image 方法将图像添加到了单元格 B2 中。最后,它将工作簿保存为一个 Excel 文件。

下面的例子创建一个 excel 文档,将 images 目录中的所有的 jpg 图像插入工作表中。每一个单元格放一个图像,表格是 5 列,如果图像超过 5 个,那么行数可以任意增加,并适当改变行高和列宽。图像在单元格中等比例缩放,效果如图 11-7 所示。

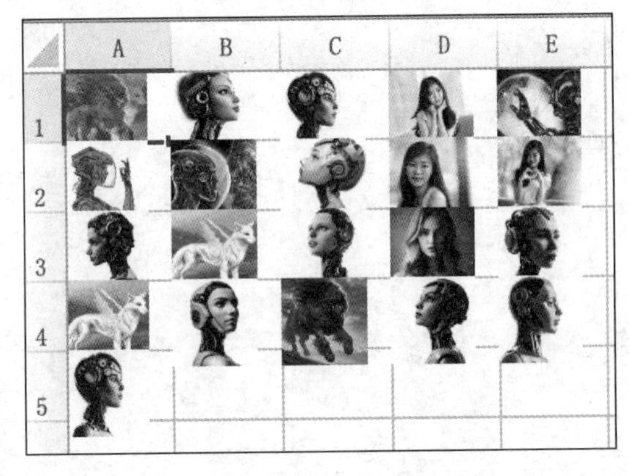

图 11-7 插入图像

代码位置：src/excel/insert_image. py

```
import openpyxl
from openpyxl.drawing.image import Image
from openpyxl.drawing.spreadsheet_drawing import OneCellAnchor
import os
# 创建一个新的工作簿
wb = openpyxl.Workbook()
ws = wb.active
# 设置列宽和行高
for col in range(1, 6):
    ws.column_dimensions[openpyxl.utils.get_column_letter(col)].width = 8
for row in range(1, 100):
    ws.row_dimensions[row].height = 30
# 获取 images 目录中所有 png 图像的名称
images = [img for img in os.listdir('images') if img.endswith('.jpg')]
# 将图像插入表格中
row = 1
col = 1
for img in images:
    img_path = os.path.join('images', img)
    img = Image(img_path)
    # 等比例缩放图像
    img.width, img.height = 50, 50
    ws.add_image(img, f'{openpyxl.utils.get_column_letter(col)}{row}')
    col += 1
    if col > 5:
        col = 1
        row += 1
# 保存工作簿
wb.save('images.xlsx')
```

运行程序，如果 images 目录中有多个 jpg 文件，就会将这些 jpg 文件插入 images. xlsx 文件的第 1 个工作表中。

11.8 Excel 透视表

Excel 透视表是一种可以自动汇总、统计和分析数据的交互式表格。它通过拖放字段、过滤器和图标，可以快速地汇总、统计和分析数据，并以图表或表格的形式直观显示结果。

透视表具有以下主要功能：

（1）汇总和统计数据。可以对数值字段进行求和、平均值、最小值、最大值、中位数、方差、标准差等汇总和统计计算。

（2）过滤和分组数据。可以通过报表过滤器对维度进行过滤，也可以拖放维度到行标签或列标签，对数据进行分组查看。

（3）切片器功能。可以通过时间、地理位置等切片器快速过滤和划分数据。

(4) 显示汇总后的数据。计算结果可以以交叉表、柱状图、折线图、饼图等直观的形式显示。

(5) 交互式操作。通过拖放字段、应用过滤器和切片器等交互操作，可以快速查看不同的汇总和统计结果。

(6) 刷新数据。透视表与源数据表保持实时连接，源数据一旦更新，透视表也会自动更新，以显示最新数据的汇总和统计结果。

(7) 自定义设计。可以根据需要，自行设计透视表的布局、格式、色彩等，产生个性化的分析报告。

openpyxl 并不支持创建 Excel 透视表，我们可以使用 pandas 创建透视表，只不过 pandas 创建的是静态透视表，不能直接用 pandas 创建动态透视表。如果要创建动态透视表，可以直接使用 Excel 创建。openpyxl 虽然不能创建透视表，但可以读取透视表(静态和动态透视表都可以读取)。

读者可以使用 pandas 模块中的 pivot_table 函数创建透视表；可以对数据框中的数据进行汇总、统计和分析，并以表格的形式返回结果。

pivot_table 函数接受多个参数，用于指定透视表的数据源、行、列、值和聚合函数等信息。下面是一些常用参数的说明。

(1) data：数据框，表示透视表的数据源。

(2) values：字符串或字符串列表，表示要聚合的列名。

(3) indcx：字符串或字符串列表，表示透视表的行标签。

(4) columns：字符串或字符串列表，表示透视表的列标签。

(5) aggfunc：函数或函数列表，表示要应用于值的聚合函数。默认为 mean。

下面的例子使用 pandas 创建一个透视表，并统计每一种水果的总数，效果如图 11-8 所示。

	A	B	C	D
1		Fruit	Color	Quantity
2	0	Apple	Red	3
3	1	Banana	Yellow	5
4	2	Cherry	Red	2
5	3	Apple	Green	4
6	4	Banana	Yellow	2
7	5	Cherry	Red	6
8				
9		Fruit	Quantity	
10		Apple	7	
11		Banana	7	
12		Cherry	8	

图 11-8 静态透视表

没有安装 pandas 的读者可以使用下面的命令安装 pandas。

```
pip3 install pandas
```

代码位置：src/excel/create_pivotable.py

```
import pandas as pd
# 创建一个数据框
data = {
    'Fruit': ['Apple', 'Banana', 'Cherry', 'Apple', 'Banana', 'Cherry'],
    'Color': ['Red', 'Yellow', 'Red', 'Green', 'Yellow', 'Red'],
    'Quantity': [3, 5, 2, 4, 2, 6]
}
```

```
df = pd.DataFrame(data)
# 创建一个透视表
pivot = pd.pivot_table(df, index = 'Fruit', values = 'Quantity', aggfunc = 'sum')
# 将透视表保存到 Excel 文件中
with pd.ExcelWriter('new_pivotable.xlsx') as writer:
    # 将 pandas 数据集(DataFrame)放到 Data 工作表中
    df.to_excel(writer, sheet_name = 'Data')
    # 将透视表也放到 Data 工作表中(第 8 行第 1 列的位置)
    pivot.to_excel(writer, sheet_name = 'Data', startrow = 8,
        startcol = 1)
```

运行程序后，会在当前目录生成一个名为 new_pivotable. xlsx 的文件。

使用 openpyxl 读取透视表的方式与读取普通表的方式完全相同，下面的例子读取了 pivotable. xlsx 中的动态透视表，并输出了透视表的内容。图 11-9 是 Excel 中数据表和透视表的样式(上方为数据表，下方为透视表)，如果数据表发生变化，只要在透视表右键菜单上单击“刷新”菜单项，透视表就会自动更新数据。

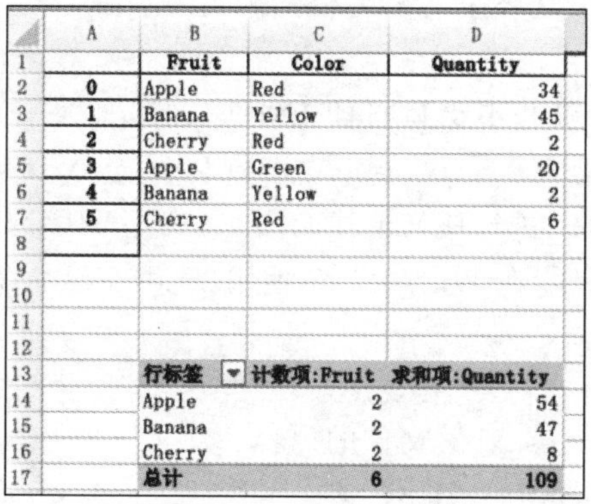

	A	B	C	D
1		Fruit	Color	Quantity
2	0	Apple	Red	34
3	1	Banana	Yellow	45
4	2	Cherry	Red	2
5	3	Apple	Green	20
6	4	Banana	Yellow	2
7	5	Cherry	Red	6
8				
9				
10				
11				
12				
13		行标签	计数项:Fruit	求和项:Quantity
14		Apple	2	54
15		Banana	2	47
16		Cherry	2	8
17		总计	6	109

图 11-9　数据表和动态透视表

代码位置：src/excel/read_pivotable. py

```
from openpyxl import load_workbook
# 加载 Excel 文件
wb = load_workbook('pivotable.xlsx')
# 选择包含透视表的工作表
ws = wb['Data']
# 计算透视表的范围
start_row = 13
start_col = 2
end_row = start_row + 4
end_col = start_col + 2
# 读取透视表中的数据
data = []
for row in range(start_row, end_row + 1):
    row_data = []
```

```
    for col in range(start_col, end_col + 1):
        cell = ws.cell(row = row, column = col)
        row_data.append(cell.value)
    data.append(row_data)
# 打印数据
for row in data:
    print(row)
```

运行程序，会在终端输出如下内容：

```
['行标签', '计数项:Fruit', '求和项:Quantity']
['Apple', 2, 54]
['Banana', 2, 47]
['Cherry', 2, 8]
['总计', 6, 109]
```

11.9 打印 Excel 文档

openpyxl、pandas 等模块并不支持打印 Excel 文档，如果要想通过 Python 控制 Excel 打印文档，需要使用 win32com 模块。该模块可以通过 Windows 中的 Com 组件调用 Excel，从理论上可以对 Excel 进行任何形式的操作(只要 VBA 支持，win32com 就支持)，不过要注意，win32com 模块只能在 Windows 中使用，使用下面的命令可以安装该模块。

```
pip3 install pywin32
```

下面的例子打印了 images. xlsx 文件的内容。

代码位置：src/excel/print_excel. py

```
import win32com.client
# 获取 Excel 应用程序对象
excel = win32com.client.Dispatch('Excel.Application')
# 打开 Excel 文件
workbook = excel.Workbooks.Open(f'D:\data\images.xlsx')
# 打印工作簿
workbook.PrintOut()
# 关闭工作簿和 Excel 应用程序
workbook.Close()
excel.Quit()
```

要注意，由于这段程序使用 Excel. Application(Excel 的 Com 对象)打开 images. xlsx 文件，所以当前目录并不是 print_excel. py 所在的目录。本例使用了绝对路径打开 images. xlsx 文件。

执行这段代码，会使用 Excel 打印设备列表中的第 1 个设备进行打印，如果第 1 个设备是打印为 pdf 文件，那么就会将当前 Excel 文件保存为 pdf 文件。

11.10　小结

本章通过 openpyxl、pandas 和 win32com 模块读写了 Excel 文档，以及控制 Excel 打印文档。其实这些模块的功能远不止这么多。尤其是 pandas，读写 Excel 文档只是其众多功能之一，而且是非常不起眼的一个小功能。由于 pandas 具有强大的分析功能，可以直接将这种功能嵌入 Excel 中。当然，如果只想读写 Excel 文档，使用 openpyxl 是最好的选择。不过 openpyxl 并不支持 Excel 中所有功能，例如，目前 openpyxl 并不支持创建 Excel 透视表。如果要想对 Excel 完全控制，唯一的方式就是使用 Com 组件与 Excel 交互，Excel 的 Com 组件 ID 是 Excel. Application，通过这个 ID 和 win32com 模块可以动态创建 Excel 对象，从而自由地通过 Excel Com 组件调用 Excel VBA，以达到对 Excel 完全控制的目的。只可惜，win32com 模块只能在 Windows 中使用。读者可以根据自己的需求选择合适的 Python 模块与 Excel 交互。

第 12 章

读写 Word 文档

Word 是最常用的文字编辑软件，Python 提供了大量的第三方模块，用于读写 Word 文档并控制 Word。本章介绍如何使用这些第三方模块操作 Word，如打开和保存 Word 文档、设置样式、插入图片、导出数据到 SQLite 表、插入页眉、页脚和页码、统计 Word 文本生成云图、使用 VBA 插入目录等。

12.1 读写 Word 文档的 Python 模块

Python 中可以读写 Word 文档的模块非常多，下面是一些常用的模块。

(1) python-docx：读写.docx 文件，也称为 docx 模块。python-docx 是这个模块的项目名称和安装名称，而 docx 是这个模块的导入名称。该模块功能强大，推荐使用。

(2) docxcompose：合并多个 docx 文件，可跨平台使用。

(3) docxtpl：可以用 jinja2 模板语言来填充 word 文档的内容，可跨平台使用。

(4) pywin32：该模块并不是专门用于与 Word 交互的模块，它可以访问 Windows API 和 Com 组件。而 Word 也同样拥有名为 Word. Application 的 Com 组件。使用 pywin32 模块可以通过 Word. Application 与 Word 交互，可以使用 Word 的全部功能(事实上，只要是 Word VBA 支持的功能，pywin32 就可以支持)。不过该模块只能在 Windows 中使用。

本章主要介绍 docx 和 pywin32 模块，这两个模块的安装方式如下：

(1) 安装 python-docx 模块

```
pip3 install python - docx
```

(2) 安装 pywin32 模块

```
pip install pywin32
```

12.2 对 Word 文档的基本操作

本节的例子会介绍如何用 python-docx 模块完成对 Word 的基本操作，主要包括创建

Word 文档、向 Word 文档插入文本、设置文本颜色以及保存 Word 文档。

完成这些工作时，首先要导入 Document 和 RGBColor 类，分别用于创建 Word 文档和设置字体颜色。然后使用 Document()创建一个新的文档对象。

接下来，需要使用 document.add_paragraph 方法添加一个新的段落。在这个段落中，使用 paragraph.add_run 方法添加了两个文本块(run)。第 1 个文本块包含"红酥手"三个字，并使用 run.font.color.rgb = RGBColor(255, 0, 0)语句将字体颜色设置为红色。第 2 个文本块包含剩余的文本。

然后，代码再次使用 document.add_paragraph 方法添加了一个新的段落，并在其中插入了第 2 行文本。

最后，代码使用 document.save('basic.docx')语句将文档保存为名为 basic.docx 的文件。打开 basic.docx 文件，会看到如图 12-1 所示的效果。

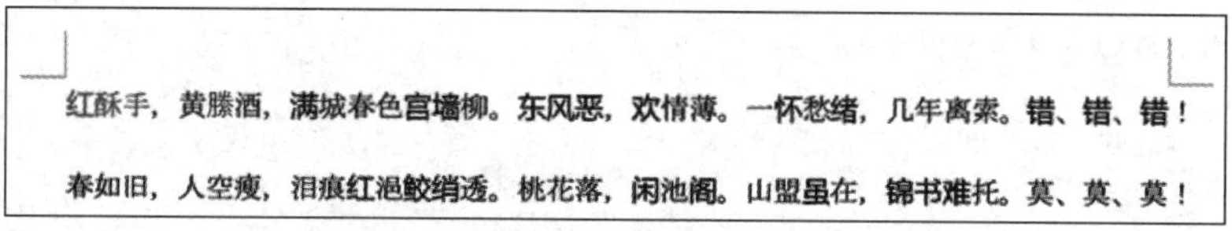

红酥手，黄滕酒，满城春色宫墙柳。东风恶，欢情薄。一怀愁绪，几年离索。错、错、错！

春如旧，人空瘦，泪痕红浥鲛绡透。桃花落，闲池阁。山盟虽在，锦书难托。莫、莫、莫！

图 12-1 向 word 中插入文本

代码位置：src/word/basic.py

```
from docx import Document
from docx.shared import RGBColor
document = Document()
# 添加第一行文本
paragraph = document.add_paragraph()
run = paragraph.add_run('红酥手')
run.font.color.rgb = RGBColor(255, 0, 0) # 设置字体颜色为红色
run = paragraph.add_run(',黄滕酒,满城春色宫墙柳。东风恶,欢情薄。一怀愁绪,几年离索。错、错、错!')
# 添加第二行文本
paragraph = document.add_paragraph('春如旧,人空瘦,泪痕红浥鲛绡透。桃花落,闲池阁。山盟虽在,锦书难托。莫、莫、莫!')
# 保存文档
document.save('basic.docx')
```

12.3 设置样式

通过 add_run 方法返回的 docx.text.run.Run 对象的相关 API，可以设置文字的字体(run.font.name)、字号(run.font.size)、加粗(run.bold)、斜体(run.italic)、下画线(run.underline)、颜色(run.font.color.rgb)等样式。

如果要设置段落文本的样式，可以使用 add_paragraph 方法返回的 docx.text.paragraph.Paragraph 对象的 API。例如，对齐方式(paragraph.alignment)、字号(paragraph.

style.font.size)、行间距(paragraph.line_spacing_rule)、段前间距(paragraph.space_before)、段后间距(paragraph.space_after)等。

添加列表样式也需要使用 add_paragraph 方法，只不过需要通过该方法指定列表样式。

1. 数字列表

```
# List Number 表示数字列表，每一个列表项前面是数字序号
number_list = document.add_paragraph(style = 'List Number')
```

2. 符号列表

```
# List Bullet 表示符号列表，每一个列表项前面是符号，如圆点
bullet_list = document.add_paragraph(style = 'List Bullet')
```

下面的例子完整地演示了如何用 python-docx 模块的相关 API 设置样式。

代码位置：src/word/style.py

```
from docx import Document
from docx.shared import Pt,RGBColor
from docx.enum.text import WD_PARAGRAPH_ALIGNMENT
# 创建一个新的文档
document = Document()
# 添加一个段落并设置字体样式
paragraph = document.add_paragraph('这是一个段落')
run = paragraph.add_run('这是一段加粗的文字')
run.bold = True
run.font.name = 'Arial'
run.font.size = Pt(16)
run.italic = True
run.font.color.rgb = RGBColor(66, 36, 233)
run.underline = True
# 添加一个段落并设置段落样式
paragraph2 = document.add_paragraph('这是另一个段落')
print(type(paragraph2))
# 设置段落文字居中
paragraph2.alignment = WD_PARAGRAPH_ALIGNMENT.CENTER
paragraph2.style.font.size = Pt(20)
paragraph2.line_spacing_rule = 1.5
paragraph2.space_before = Pt(12)
paragraph2.space_after = Pt(12)
# 添加一个编号列表和项目符号列表
list1 = document.add_paragraph(style = 'List Number')
list1.style.font.size = Pt(15)
list1.add_run('这是编号列表的第一项')
list1.add_run('这是编号列表的第二项')
list2 = document.add_paragraph(style = 'List Bullet')
list2.style.font.size = Pt(13)
list2.add_run('这是项目符号列表的第一项')
list2.add_run('这是项目符号列表的第二项')
document.save('style.docx')
```

运行程序，会在当前目录生成一个 style. docx 文件，打开该文件，会看到如图 12-2 所示的效果。

这是一个段落***这是一段加粗的文字***

这是另一个段落

1. 这是编号列表的第一项这是编号列表的第二项

- 这是项目符号列表的第一项这是项目符号列表的第二项

图 12-2　设置样式

12.4　批量插入图片

本节的例子将演示在 Word 文档中批量插入 images 目录中所有 jpg 图像文件，并保证每行有 3 列，根据图像的数量确定最终的行数。要想实现这个功能，最简洁的方式就是插入一个隐藏的表格，也就是并不显示表格线。

在 Word 文档中插入表格需要使用 Document. add_table(rows,cols)方法，其中，rows 和 cols 分别指定了表格的行数和列数。add_table 方法会返回一个 docx. table. Table 对象，使用 Table. add_row()方法可以在表格中添加一行。通过下面的代码可以在某一个单元格中插入一个图像：

```
row_cells = table.add_row().cells
# 在新加行的第 1 个单元格中插入一个名为 image.jpg 的图像文件
row_cells[0].add_paragraph().add_run().add_picture('image.jpg', width = width, height = height)
```

下面的例子完整地演示了如何用 python-docx 模块批量插入图像。

代码位置：src/word/insert_images. py

```
from docx import Document
from docx.shared import Inches
import os
# 获取当前目录下的 images 文件夹中所有 jpg 文件的路径
img_folder = os.path.join(os.getcwd(), 'images')
img_paths = [os.path.join(img_folder, f) for f in os.listdir(img_folder) if f.endswith('.jpg')]
# 创建一个新的 word 文档
doc = Document()
# 设置每个图片的尺寸为 100 * 100 像素
width = Inches(1)
height = Inches(1)

# 将所有图片插入 word 文档中，首先创建一个 0 行 3 列的表格，
#后面在 for 循环中会不断添加新行
table = doc.add_table(rows = 0, cols = 3)
print(type(table))
```

```
for i, img_path in enumerate(img_paths):
    if i % 3 == 0:
        row_cells = table.add_row().cells
    row_cells[i % 3].add_paragraph().add_run().add_picture(img_path, width = width,
height = height)
# 保存 word 文档
doc.save('images.docx')
```

运行程序，会在当前目录生成一个名为 images.docx 的文件，打开该文件就会看到类似图 12-3 所示的效果。

图 12-3　批量插入图片

12.5　将 Word 表格转换为 SQLite 表

本节的例子会在 Word 文档中创建一个带表格线的表格，效果如图 12-4 所示。

产品名	厂商	价格
耳机	罗技	4067.72
充电器	联想	9619.86
平板	飞利浦	7867.82
显示器	索尼	1902.93
鼠标	三星	9066.78

图 12-4　带表格线的 Word 表格

为表格添加表格线时可以使用 Table. style ＝ "Table Grid"。接下来，会读取这个表格。在 Word 读取表格，可以使用索引的方式，并从 0 开始。由于 Word 文档中只有一个表格，所以可以使用 Document. tables[0]读取这个表格，然后使用 Table. rows 枚举表格中的每一行，通过 rows 中的元素 docx. table. _Row，然后通过_Row. cells 获取每一个行中的所有单元格。cells 中的每一个元素是 docx. table. _Cell 类型，通过_Cell. text 属性，可以设置每一个单元格的值。

本例接下来会创建一个名为 data. db 的 SQLite 数据库以及 products 表，该表的字段名与 Word 表的表头完全相同，最后将 Word 表中的数据导出到 products 表中，效果如图 12-5 所示。

表: products

	产品名	厂商	价格
	过滤	过滤	过滤
1	耳机	罗技	4067.72
2	充电器	联想	9619.86
3	平板	飞利浦	7867.82
4	显示器	索尼	1902.93
5	鼠标	三星	9066.78

图 12-5　products 表的内容

代码位置：src/word/word2sqlite. py

```
import docx
import sqlite3
import random
import os
# 创建一个空白的 word 文档对象
doc = docx.Document()
# 在文档中插入一个表格,行数为 5 + 1(表头),列数为 3
table = doc.add_table(rows = 6, cols = 3)
table.style = "Table Grid"
# 获取表格的第一行,即表头,并设置单元格的文本内容
header = table.rows[0].cells
header[0].text = '产品名'
header[1].text = '厂商'
header[2].text = '价格'
# 定义一些随机生成数据的函数
def random_product():
    # 随机返回一个产品名,可以根据需要修改或扩充
    products = ['手机', '电脑', '平板', '耳机', '键盘', '鼠标', '显示器', '路由器', '充电器',
    '音箱']
    return random.choice(products)
def random_vendor():
    # 随机返回一个厂商名,可以根据需要修改或扩充
    vendors = ['苹果', '华为', '小米', '联想', '戴尔', '惠普', '索尼', '三星', '罗技', '飞利浦']
    return random.choice(vendors)
def random_price():
    # 随机返回一个价格,单位为元,保留两位小数
    return round(random.uniform(100, 10000), 2)

# 遍历表格的剩余行,即表的内容,并填充随机生成的数据
for row in table.rows[1:]:
    cells = row.cells
    cells[0].text = random_product()
    cells[1].text = random_vendor()
```

```
    cells[2].text = str(random_price())
# 保存 word 文档为 data.docx
doc.save('data.docx')
# 打开 data.docx 文档,并获取第一个表格对象
doc = docx.Document('data.docx')
table = doc.tables[0]
if os.path.exists('data.db'):
    # 删除文件
    os.remove('data.db')
# 创建一个 sqlite 数据库 data.db,并获取游标对象
conn = sqlite3.connect('data.db')
cur = conn.cursor()
# 在数据库中创建一个 products 表,字段与 word 中的表头相同,价格字段为小数类型,其他为字符
# 串类型
cur.execute('''
CREATE TABLE products (
    产品名 TEXT,
    厂商 TEXT,
    价格 REAL
) ''')
# 遍历 word 表格的内容行,将每一行的数据插入 products 表中
for row in table.rows[1:]:
    cells = row.cells
    product = cells[0].text
    vendor = cells[1].text
    price = float(cells[2].text)
    cur.execute('''
    INSERT INTO products (产品名, 厂商, 价格)
    VALUES (?, ?, ?)
    ''', (product, vendor, price))
# 提交数据库操作,并关闭链接
conn.commit()
conn.close()
```

运行程序,在当前目录会创建两个文件——data.docx 和 data.db。

12.6 插入页眉页脚

本节的例子会在 Word 文档中插入一个页眉和页脚,并将 Word 文档保存为 page_header_foot.docx。

代码位置:src/word/page_header_foot.py

```
import docx
# 创建一个空白的 Word 文档对象
doc = docx.Document()
# 获取文档中的第一个节对象
section = doc.sections[0]
# 获取节对象的页眉对象
```

```
header = section.header
# 获取页眉对象中的第一个段落对象
header_para = header.paragraphs[0]
# 设置段落对象的文本内容为"这是页眉"
header_para.text = "这是页眉"
# 获取节对象的页脚对象
footer = section.footer
# 获取页脚对象中的第一个段落对象
footer_para = footer.paragraphs[0]
# 设置段落对象的文本内容为"这是页脚"
footer_para.text = "这是页脚"
# 保存文档为 word.docx
doc.save("page_header_foot.docx")
```

12.7 插入页码

页码是一种特殊的域，它可以在 word 文档中显示当前页的编号。域是由一对 w:fldChar 元素和一个 w:instrText 元素组成的，它们分别表示域的开始、指令文本和结束。域的指令文本决定了域的类型和格式，例如，“PAGE”表示页码，“NUMPAGES”表示总页数，“DATE”表示日期等。域可以在文档的正文、页眉或页脚中出现，通常用花括号{}包围，但这些花括号实际上是不可见的。要在页脚中添加页码，我们需要以下几个步骤。

（1）获取文档的第 1 个节对象，它是一个 Section 对象，可以通过 doc.sections[0]访问。

（2）获取节对象的页脚对象，它是 1 个 Footer 对象，可以通过 section.footer 访问。

（3）获取页脚对象的第 1 个段落对象，它是 1 个 Paragraph 对象，可以通过 footer.paragraphs[0]访问。

（4）在段落对象中添加 1 个运行对象，它是一个 Run 对象，可以通过 paragraph.add_run()方法创建并返回。

（5）调用 add_page_number 函数，传入运行对象作为参数，该函数会在运行对象中插入 3 个 XML 元素——w:fldChar（开始）、w:instrText（指令文本）、w:fldChar（结束），这样就形成了一个页码域。

下面的例子在 Word 文档中添加了多个页面，并在每一个页面的页脚左侧添加页码。

代码位置：src/word/insert_page_number.py

```
from docx import Document
# 导入 OxmlElement 和 ns 模块,用于创建页码
from docx.oxml import OxmlElement, ns
# 定义一个函数,用于创建 XML 元素
def create_element(name):
    return OxmlElement(name)
# 定义一个函数,用于创建 XML 属性
def create_attribute(element, name, value):
    element.set(ns.qn(name), value)
```

```
# 定义一个函数,用于在页脚中添加页码
def add_page_number(run):
    # 创建一个 w:fldChar 元素,表示域的开始
    fldChar1 = create_element('w:fldChar')
    create_attribute(fldChar1, 'w:fldCharType', 'begin')
    # 创建一个 w:instrText 元素,表示域的指令文本
    instrText = create_element('w:instrText')
    create_attribute(instrText, 'xml:space', 'preserve')
    instrText.text = "PAGE"            # 页码的指令文本为"PAGE"
    # 创建一个 w:fldChar 元素,表示域的结束
    fldChar2 = create_element('w:fldChar')
    create_attribute(fldChar2, 'w:fldCharType', 'end')
    # 将这三个元素添加到 run 对象中
    run._r.append(fldChar1)
    run._r.append(instrText)
    run._r.append(fldChar2)
# 创建一个 Document 对象,表示一个空白的 word 文档
doc = Document()
# 在文档中添加一些内容,用于测试多页效果
for i in range(10):
    doc.add_paragraph(f"这是第{i + 1}段")
    doc.add_page_break() # 插入分页符
# 在文档的第一个节的页脚中添加页码
add_page_number(doc.sections[0].footer.paragraphs[0].add_run())
# 保存文档到指定的文件名
doc.save("page_number.docx")
```

12.8 Word 表格转换为 Excel 表格

本节的例子并没有涉及新的知识,只是读取了已有 Word 文档(data.docx)中的所有表格,然后将这些表格导出到 Excel 文档(tables.xlsx)中。本节会使用 12.5 节生成的 data.docx 文件,所以在运行本节案例之前,要确保当前目录存在 data.docx 文件,以及该文件中至少要有一个表格。

代码位置:src/word/word2excel.py

```
from docx import Document
import openpyxl
# 创建一个 Document 对象,表示要读取的 word 文档
doc = Document("data.docx")
# 创建一个 Workbook 对象,表示要写入的 excel 文档
wb = openpyxl.Workbook()
# 获取 Workbook 对象的第一个工作表对象
ws = wb.active
# 遍历 word 文档中的所有表格对象
for table in doc.tables:
    # 遍历表格对象中的所有行对象
    for row in table.rows:
```

```
        # 创建一个空列表,用于存储当前行中的单元格文本
        data = []
        # 遍历行对象中的所有单元格对象
        for cell in row.cells:
            # 将单元格对象的文本添加到列表中
            data.append(cell.text)
        # 将列表作为一行数据写入到工作表对象中
        ws.append(data)
# 保存 Workbook 对象到指定的文件名
wb.save("tables.xlsx")
```

运行程序,会在当前目录生成一个 tables.xlsx 文件,打开该文件会看到导入的表,如图 12-6 所示。

	A	B	C
1	产品名	厂商	价格
2	耳机	罗技	4067.72
3	充电器	联想	9619.86
4	平板	飞利浦	7867.82
5	显示器	索尼	1902.93
6	鼠标	三星	9066.78

图 12-6　从 Word 导入的表格

12.9　统计 Word 文档生成云图

云图是一种数据可视化的方法,它可以将文本数据中出现频率较高的关键词以不同的颜色和字体大小显示在一个图形中,形成类似云的效果,从而突出文本的主要内容和主题。云图可以用于展示大量数据、分析文本信息、制作海报等场景。云图可以利用第三方模块绘制,如 **wordcloud**。

读者可以使用下面的命令安装 wordcloud 模块。

```
pip3 install wordcloud
```

wordcloud 模块的基本用法如下:

```
import wordcloud
import matplotlib.pyplot as plt
text = "我爱北京天安门,天安门上太阳升"
wc = wordcloud.WordCloud(font_path = "msyh.ttc", background_color = "white").generate(text)
plt.imshow(wc)
plt.axis("off")
plt.show()
```

本节的例子需要分析 Word 文档中的中文和英文,对于英文,只需要用标点符号分隔单词,但中文就需要分词。本例会使用 jieba 模块进行中文分词,读者可以使用下面的命令安装 jieba 模块。

```
pip3 install jieba
```

jieba 模块是一个优秀的 Python 第三方中文分词库,它支持三种分词模式——精确模式、全模式和搜索引擎模式。它可以对文本进行切词、提取关键词、构建词典等功能,下面是一个简单的例子。

```
import jieba
text = "我来到北京清华大学"
seg_list = jieba.cut(text)                # 精确模式分词
print("/".join(seg_list))
```

运行程序,会输出如下内容,text 中的字符串已经成功被分词,不同的词用斜杠(/)分隔。

```
我/来到/北京/清华大学
```

本例还要使用 matplotlib 模块,该模块是一个强大的 Python 绘图库,它可以绘制各种类型的图形,如折线图、柱状图、饼图、散点图等,并提供丰富的配置选项和交互功能,本例会使用 matplotlib 模块展示和保存云图,下面是 matplotlib 模块的一个小例子。

```
import matplotlib.pyplot as plt
x = [1, 2, 3, 4]
y = [2, 4, 6, 8]
plt.plot(x, y, color = "red", marker = "o", linestyle = " -- ")
plt.xlabel("x")
plt.ylabel("y")
plt.title("A simple line chart")
plt.show()
```

运行程序后,会显示如图 12-7 所示的效果。

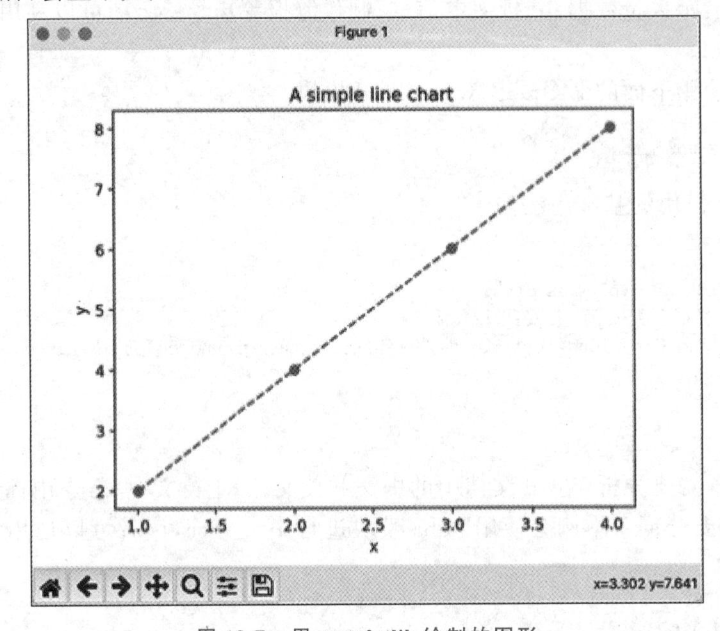

图 12-7　用 matplotlib 绘制的图形

下面的例子会读取当前目录的 words.docx 文件，然后统计 words.docx 文件中出现频率最高的中文词汇和英文词汇，并生成云图，最后将云图保存为 wordcloud.jpg，效果如图 12-8 所示。

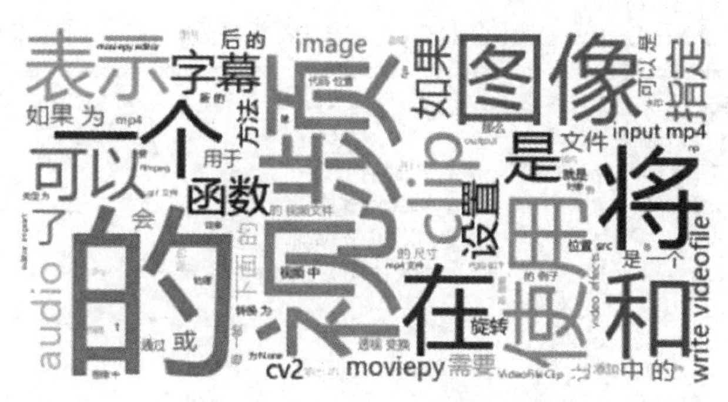

图 12-8　根据 Word 文档生成的云图

代码位置：src/word/word2cloud.py

```
import docx                              # 用于读取 word 文档
import jieba                             # 用于中文分词
import re                                # 用于正则表达式匹配
import wordcloud                         # 用于生成词云图
import matplotlib.pyplot as plt          # 用于显示和保存图片
# 定义一个函数,用于从 word 文档中提取所有的文本
def get_text_from_docx(filename):
    # 创建一个 docx.Document 对象,打开指定的 word 文档
    doc = docx.Document(filename)
    # 创建一个空字符串,用于存储所有的文本
    text = ""
    # 遍历文档中的每一段
    for para in doc.paragraphs:
        # 将段落的文本追加到字符串中,并加上换行符
        text += para.text + "\n"
    # 返回字符串
    return text
# 定义一个函数,用于对文本进行分词,并返回词汇列表
def get_words_from_text(text):
    # 创建一个空列表,用于存储分词结果
    words = []
    # 使用 jieba.cut 方法对文本进行分词,返回一个生成器对象
    segs = jieba.cut(text)
    # 遍历生成器对象中的每一个分词结果
    for seg in segs:
        # 去掉分词结果两端的空白字符
        seg = seg.strip()
        # 如果分词结果不为空,并且是中文或英文单词,则将其添加到列表中
        if seg and (re.match(r"[\u4e00-\u9fa5]+", seg) or re.match(r"[a-zA-Z]+", seg)):
            words.append(seg)
    # 返回列表
    return words
```

```
# 定义一个函数,用于根据词汇列表生成词云图,并保存为 jpg 图像
def generate_wordcloud_from_words(words, filename):
    # 将词汇列表转换为以空格分隔的字符串
    text = " ".join(words)
    # 创建一个 wordcloud.WordCloud 对象,设置字体、背景颜色、最大词数等参数
    wc = wordcloud.WordCloud(font_path = "msyh.ttc", background_color = "white", max_words = 100)
    # 使用 generate 方法根据字符串生成词云图
    wc.generate(text)
    # 使用 matplotlib.pyplot 模块显示和保存图片
    plt.imshow(wc)                          # 显示图片
    plt.axis("off")                         # 关闭坐标轴
    plt.savefig(filename)                   # 保存图片为 jpg 格式
# 定义要处理的 word 文档的文件名
docx_filename = "words.docx"
# 定义要保存的词云图的文件名
jpg_filename = "wordcloud.jpg"
# 从 word 文档中提取所有的文本
text = get_text_from_docx(docx_filename)
# 对文本进行分词,并返回一个词汇列表
words = get_words_from_text(text)
# 根据词汇列表生成词云图,并保存为 jpg 图像
generate_wordcloud_from_words(words, jpg_filename)
```

在运行程序之前,要确保当前目录有 words.docx 文件。

12.10 使用 VBA 插入目录

docx 模块并不支持 Word 的所有功能,例如,根据章节信息插入目录时,docx 模块并没有直接的 API 可以实现这个功能,不过 VBA 支持,使用 pywin32 模块和 Word.Application 也可以实现 VBA 的功能,所以本节会使用 pywin32 模块在 Word 文档开头插入一个目录,效果如图 12-9 所示。

目录..4
第 10 章 读写 Excel 文档..4
10.1 读写 Excel 文档的 Python 模块..4
10.2 对 Excel 文档的基本操作..5
10.3 生成 Excel 表格..7
10.4 Excel 表转换为 SQLite 表..9
10.5 绘制跨单元格斜线..10
10.6 使用 Excel 函数..11
10.7 插入图表..12
10.8 Excel 透视表..14
10.9 打印 Excel 文档..17
10.10 小结..18

图 12-9 插入的目录

插入目录使用 doc.TablesOfContents.Add(toc_range)即可,其中,doc 是创建 Word.Application 实例后返回的对象,toc_range 表示目录插入的位置。

代码位置：src/word/insert_content.py

```
import win32com.client as win32
word = win32.gencache.EnsureDispatch('Word.Application')
word.Visible = True
doc = word.Documents.Open('books.docx')
print(type(doc))
# 插入目录
toc_range = doc.Range(0, 0)
toc_range.InsertBefore('\n')
toc_range.InsertAfter('目录\n')
toc_range.Style = word.ActiveDocument.Styles.Item('标题 1')
doc.TablesOfContents.Add(toc_range)
doc.Save()
doc.Close()
word.Quit()
```

运行程序前，要保证当前目录存在 books.docx 文件中。

12.11 小结

本章主要介绍了 docx 模块读写 Word 文档，不过 docx 模块的功能有限，要想访问 Word 的全部功能，只能通过 pywin32 创建 Work.Application 实例。Python 还可以利用更多的模块来增强 Word 的功能，例如，可以利用 jieba 模块对 Word 中的文章进行分词，然后利用 wordcloud 和 matplotlib 模块根据分词结果绘制云图。Word 的 VBA 功能只能与 Word 本身交互，但如果借用 Python，就可以将整个 Python 生态移植过来，使 Word 的功能更强大。

第 13 章

读写 PowerPoint 文档

本章会介绍如何使用 Python 及第三方模块读写 PowerPoint 文档，主要内容包括打开 pptx 文档、保存 pptx 文档、添加文本、图像、从 SQLite 数据表导入表格、设置幻灯片动画，以及如何在幻灯片上添加形状(Shape)。

13.1 读写 PowerPoint 文档的 Python 模块

Python 中可以读写 PowerPoint 文档的模块非常多，下面是一些常用的模块。

(1) python-pptx：创建和更新 pptx 文件，支持幻灯片、文本框、图片、表格、图表等元素。可跨平台，推荐使用。

(2) pptx-template：用 jinja2 模板语言来填充 pptx 文件的内容，可跨平台。

(3) python-pptxobjectmodel：封装 python-pptx 的部分功能，更加面向对象，可跨平台。

(4) tweepypt：将课件转换为视频，依赖 python-pptx，可跨平台。

(5) pywin32：可以用 win32com 模块来调用 PowerPoint 应用程序的对象和方法，实现对 ppt 文件的操作。该模块并不是专门用于与 PowerPoint 交互的模块，该模块可以访问 Windows API 和 Com 组件。而 PowerPoint 也同样拥有名为 PowerPoint. Application 的 Com 组件。使用 pywin32 模块可以通过 PowerPoint. Application 与 PowerPoint 交互，可以使用 PowerPoint 的全部功能(事实上，只要是 PowerPoint VBA 支持的功能，pywin32 就可以支持)。不过该模块只能在 Windows 中使用。

本章主要介绍 python-pptx 模块，读者可以使用下面的命令安装该模块。

```
pip3 install python-pptx
```

13.2 PowerPoint 文档的基本操作

本节介绍使用 python-pptx 模块对 PowerPoint 文档的基本操作，主要包括创建新的

PowerPoint 文档、添加幻灯片、添加文本、保存 PowerPoint 文档等。

首先，我们需要导入 python-pptx 模块，如果是 Python 3.10 或以上版本，还需要导入 collections 和 collections.abc 模块，否则会抛出异常。

```
import collections
import collections.abc
from pptx import Presentation
```

然后，需要创建一个空白的 pptx 文件对象，Presentation 对象代表了整个演示文稿。可以使用 Presentation 类的构造函数来创建这个对象：

```
prs = Presentation()
```

接下来，需要向这个 pptx 文件对象中添加幻灯片。可以使用 Presentation 对象的 slides 属性来访问幻灯片集合，然后使用 add_slide 方法来添加新的幻灯片。add_slide 方法需要一个参数，就是幻灯片的布局。幻灯片的布局决定了幻灯片上有哪些占位符(placeholder)，占位符是可以放置内容的区域。可以使用 Presentation 对象的 slide_layouts 属性来访问幻灯片布局集合，然后根据索引或者名称来选择一个布局。例如，选择索引为 0 的布局，它是一个标题和副标题的布局：

```
slide1 = prs.slides.add_slide(prs.slide_layouts[0])
```

这样，我们就向 pptx 文件对象中添加了第 1 个幻灯片，并将它赋值给了 slide1 变量。我们可以重复这个步骤来添加第 2 个和第 3 个幻灯片：

```
slide2 = prs.slides.add_slide(prs.slide_layouts[0])
slide3 = prs.slides.add_slide(prs.slide_layouts[0])
```

现在，我们已经有了 3 个空白的幻灯片，接下来我们需要对每个幻灯片添加标题和文本。我们可以使用 Slide 对象的 shapes 属性来访问幻灯片上的形状集合，然后使用 title 属性或者 placeholders 属性来访问占位符。title 属性返回的是标题占位符，placeholders 属性返回的是一个占位符集合，我们可以根据索引或者名称来选择一个占位符。例如，我们可以选择索引为 1 的占位符，它是一个副标题占位符：

```
title1 = slide1.shapes.title
body1 = slide1.shapes.placeholders[1]
```

这样，我们就获取了第 1 个幻灯片上的标题占位符和副标题占位符，并将它们赋值给了 title1 和 body1 变量。我们可以重复这个步骤来获取第 2 个和第 3 个幻灯片上的占位符：

```
title2 = slide2.shapes.title
body2 = slide2.shapes.placeholders[1]
```

```
title3 = slide3.shapes.title
body3 = slide3.shapes.placeholders[1]
```

最后，我们需要向每个占位符中添加内容。可以使用 Shape 对象或者 Placeholder 对象的 text 属性来设置或者获取占位符中的文本内容。例如，给第一个幻灯片上的标题占位符和副标题占位符分别设置文本为“第一页”和“这是第一页的内容”：

```
title1.text = "第一页"
body1.text = "这是第一页的内容"
```

最后，可以使用 save 方法保存 pptx 文件，代码如下：

```
prs.save("basic.pptx")
```

下面的例子完整地演示了创建 pptx 文件、添加幻灯片、添加文本、保存 pptx 文件的全过程。

代码位置：src/powerpoint/basic.py

```
import collections
import collections.abc
from pptx import Presentation
# 创建一个空白的 pptx 文件
prs = Presentation()
# 添加 3 个页面
slide1 = prs.slides.add_slide(prs.slide_layouts[0])
slide2 = prs.slides.add_slide(prs.slide_layouts[0])
slide3 = prs.slides.add_slide(prs.slide_layouts[0])
# 在每一个页面添加标题和文本
title1 = slide1.shapes.title
title1.text = "第一页"
body1 = slide1.shapes.placeholders[1]
body1.text = "这是第一页的内容"
title2 = slide2.shapes.title
title2.text = "第二页"
body2 = slide2.shapes.placeholders[1]
body2.text = "这是第二页的内容"
title3 = slide3.shapes.title
title3.text = "第三页"
body3 = slide3.shapes.placeholders[1]
body3.text = "这是第三页的内容"
# 保存这个 pptx 文件为 basic.pptx
prs.save("basic.pptx")
```

运行程序，会在当前目录生成一个名为 basic.pptx 的文件，该文件包含 3 个幻灯片页面，每一个页面都有相应的文本，如图 13-1 所示。

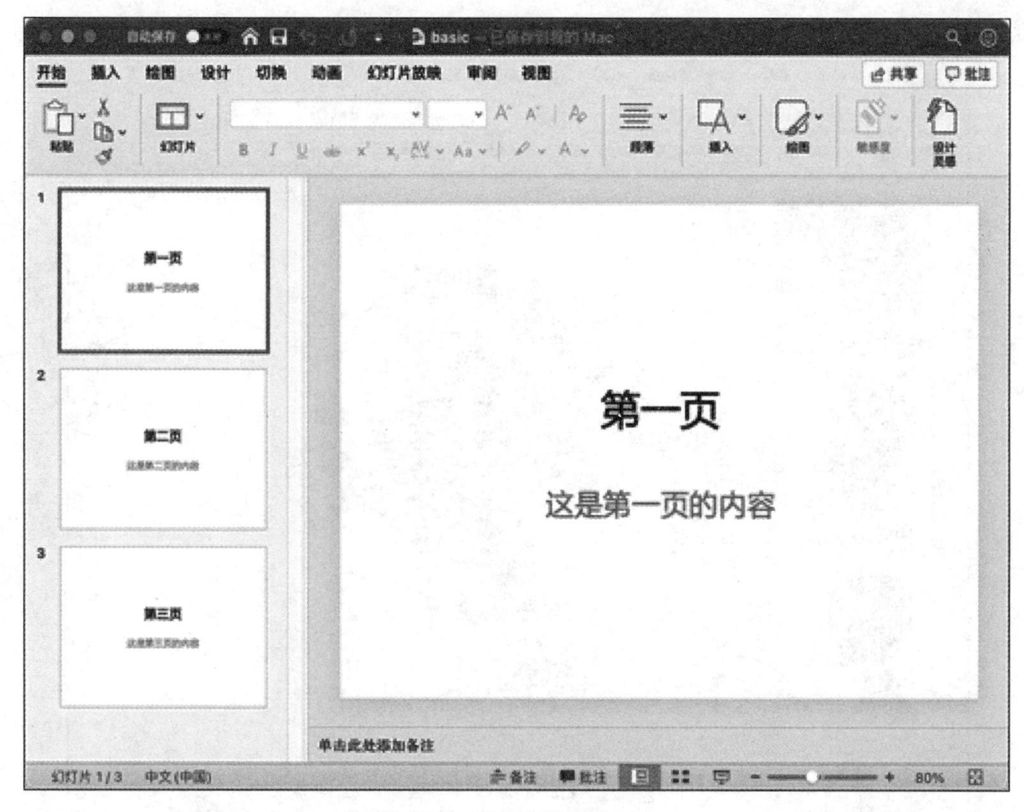

图 13-1　有 3 个页面的 pptx

13.3　批量插入图片

本节的例子会扫描 images 目录中所有 jpg 图像文件，并将这些 jpg 图像插入 pptx 文件中，每一个图像占用一个页，图像等比例缩放，效果如图 13-2 所示。

要想实现这个功能，需要获取 images 目录中所有 jpg 文件名，并保存到一个列表中。我们可以使用 os 模块中的 listdir 函数来列出 images 目录中的所有文件名，然后使用列表推导式来筛选出以.jpg 结尾的文件名，代码如下：

```
images = [f for f in os.listdir("images") if f.endswith(".jpg")]
```

接下来，需要遍历每个 jpg 文件名，为每个图片创建一个幻灯片，并将图片插入幻灯片中。我们可以使用 for 循环来遍历每个 jpg 文件名。

```
# 遍历每个 jpg 文件名
for image in images:
    # 为每个图片创建一个幻灯片，并将图片插入到幻灯片中
    # 省略具体代码
```

图 13-2 批量插入图像

在为每个图片创建一个幻灯片，并将图片插入幻灯片中的过程中，我们需要完成以下几个步骤。

1. 添加一个空白的幻灯片，布局为 6(BLANK)

使用 Presentation 对象的 slides 属性来访问幻灯片集合，然后使用 add_slide 方法添加新的幻灯片。add_slide 方法需要一个参数，就是幻灯片的布局。我们可以使用 Presentation 对象的 slide_layouts 属性来访问幻灯片布局集合，然后根据索引或者名称来选择一个布局。例如，我们可以选择索引为 6 的布局，它是一个空白的布局：

```
slide = prs.slides.add_slide(prs.slide_layouts[6])
```

2. 打开图片文件，获取图片对象

使用 PIL 模块中的 Image 类的 open 方法来打开图片文件，并返回一个图片对象。

```
img = Image.open("images/" + image)
```

3. 获取图片的原始宽度和高度(单位是像素)

使用 Image 对象的 size 属性来获取图片的原始宽度和高度，它是一个元组，第 1 个元素是宽度，第 2 个元素是高度。

```
img_width, img_height = img.size
```

4. 计算图片的原始宽高比

使用除法运算来计算图片的原始宽高比，它是一个浮点数，表示图片的宽度和高度的比值。

```
img_ratio = img_width / img_height
```

5. 计算幻灯片的宽度和高度(单位是英寸)

使用 Presentation 对象的 slide_width 和 slide_height 属性来获取幻灯片的宽度和高度，它们是一个整数，表示幻灯片的宽度和高度，单位是英寸。

```
slide_width = prs.slide_width
slide_height = prs.slide_height
```

6. 计算幻灯片的宽高比

使用除法运算来计算幻灯片的宽高比，它是一个浮点数，表示幻灯片的宽度和高度的比值。

```
slide_ratio = slide_width / slide_height
```

如果图片的宽高比大于幻灯片的宽高比，说明图片太宽了，需要按照幻灯片的宽度等比例缩放图片。我们可以使用乘法和除法运算来计算缩放后的图片的宽度和高度，单位是英寸。然后，在幻灯片上添加一个图片形状，位置和大小根据缩放后的图片的宽度和高度来设置。可以使用 Slide 对象的 shapes 属性来访问幻灯片上的形状集合，然后使用 add_picture 方法来添加新的图片形状。add_picture 方法需要 4 个参数，分别是图片文件名、左上角水平位置、左上角垂直位置以及宽度和高度。

```
if img_ratio > slide_ratio:
    # 计算缩放后的图片的宽度和高度,单位是英寸
    scaled_width = slide_width
    scaled_height = int(slide_width / img_ratio)
    # 在幻灯片上添加一个图片形状,位置和大小根据缩放后的图片的宽度和高度来设置
    picture = slide.shapes.add_picture("images/" + image, 0, 0, scaled_width, scaled_height)
```

如果图片的宽高比小于或等于幻灯片的宽高比，说明图片太高了，需要按照幻灯片的高度等比例缩放图片。可以使用乘法和除法运算来计算缩放后的图片的宽度和高度，单位是英寸；然后，在幻灯片上添加一个图片形状，其位置和大小根据缩放后的图片的宽度和高度来设置。

```
else:
    # 计算缩放后的图片的宽度和高度,单位是英寸
```

```
        scaled_width = int(slide_height * img_ratio)
        scaled_height = slide_height
        # 在幻灯片上添加一个图片形状,位置和大小根据缩放后的图片的宽度和高度来设置
        picture = slide.shapes.add_picture("images/" + image, 0, 0, scaled_width, scaled_height)
```

下面是这个案例的完整代码。

代码位置：src/powerpoint/add_images.py

```
import collections
import collections.abc
from pptx import Presentation
import os
# 导入 PIL 模块,用于获取图片的原始宽度和高度
from PIL import Image
# 创建一个空白的 pptx 文件对象
prs = Presentation()
# 获取 images 目录中所有的 jpg 文件名,保存到一个列表中
images = [f for f in os.listdir("images") if f.endswith(".jpg")]
# 遍历每个 jpg 文件名
for image in images:
    slide = prs.slides.add_slide(prs.slide_layouts[6])
    # 打开图片文件,获取图片对象
    img = Image.open("images/" + image)
    # 获取图片的原始宽度和高度,单位是像素
    img_width, img_height = img.size
    # 计算图片的原始宽高比
    img_ratio = img_width / img_height
    # 计算幻灯片的宽度和高度,单位是英寸
    slide_width = prs.slide_width
    slide_height = prs.slide_height
    # 计算幻灯片的宽高比
    slide_ratio = slide_width / slide_height
    # 如果图片的宽高比大于幻灯片的宽高比,说明图片太宽了,需要按照幻灯片的宽度等比例缩
    # 放图片
    if img_ratio > slide_ratio:
        # 计算缩放后的图片的宽度和高度,单位是英寸
        scaled_width = slide_width
        scaled_height = int(slide_width / img_ratio)
        # 在幻灯片上添加一个图片形状,位置和大小根据缩放后的图片的宽度和高度来设置
        picture = slide.shapes.add_picture("images/" + image, 0, 0, scaled_width, scaled_height)
    # 如果图片的宽高比小于或等于幻灯片的宽高比,说明图片太高了,需要按照幻灯片的高度等
    # 比例缩放图片
    else:
        # 计算缩放后的图片的宽度和高度,单位是英寸
        scaled_width = int(slide_height * img_ratio)
        scaled_height = slide_height
        # 在幻灯片上添加一个图片形状,位置和大小根据缩放后的图片的宽度和高度来设置
        picture = slide.shapes.add_picture("images/" + image, 0, 0, scaled_width, scaled_height)
# 保存这个 pptx 文件为 images.pptx
prs.save("images.pptx")
```

运行程序后,会在当前目录生成一个名为 images.pptx 的文件。

13.4　将 SQLite 表数据导入 PowerPoint

本节的例子会将 SQLite 数据库 data.db 中的所有表插入 pptx 文件中，每一个数据表占用一个幻灯片页面，在表格的上方显示表名。具体的实现步骤如下。

1. 打开 data.db 文件

需要使用 sqlite3 模块打开 SQLite 数据库文件 data.db 的连接，并获得数据库连接。这些功能可以通过调用 sqlite3.connec 方法并传入数据库文件的名称来实现。

```
def create_connection(db_file):
    conn = None
    conn = sqlite3.connect(db_file)
    return conn
database = "data.db"
conn = create_connection(database)
```

2. 获取数据库中所有表的名称

通过执行 SQL 查询 SELECT name FROM sqlite_master WHERE type='table'来实现这个功能。

3. 获取每一个表的数据

对于每个表，我们需要获取表中的所有数据(包括表头)，这可以通过执行 SQL 查询 SELECT * FROM table_name 来实现。我们还可以使用游标对象的 description 属性来获取表头。

4. 创建 pptx 文件

我们需要使用'python-pptx'模块创建一个新的 pptx 文件，并为每个表添加一个新的幻灯片。

5. 添加表格

在每个幻灯片中，需要添加一个表格，并填充数据，这可以通过调用幻灯片对象的 shapes.add_table 方法来实现。我们可以指定表格的行数、列数、位置和大小，然后使用返回的'Table'对象来访问单元格并设置文本。

6. 保存 pptx 文件

最后，我们需要保存 pptx 文件，这可以通过调用 Presentation 对象的 save 方法并传入文件名来实现。

下面是这个例子的完整代码。

代码位置：src/powerpoint/add_tables.py

```
import sqlite3
from pptx import Presentation
from pptx.util import Inches
def create_connection(db_file):
```

```
    """ 创建一个数据库连接 """
    conn = None
    conn = sqlite3.connect(db_file)
    return conn
def get_table_names(conn):
    """ 获取数据库中所有表的名称 """
    cur = conn.cursor()
    cur.execute("SELECT name FROM sqlite_master WHERE type = 'table';")
    return [name[0] for name in cur.fetchall()]
def get_table_data(conn, table_name):
    """ 获取表中的所有数据(包括表头) """
    cur = conn.cursor()
    cur.execute(f'SELECT * FROM {table_name}')
    column_names = [description[0] for description in cur.description]
    data = cur.fetchall()
    return column_names, data
def add_table_to_slide(slide, column_names, data):
    """ 在幻灯片中添加一个表格 """
    rows, cols = len(data) + 1, len(column_names)
    # 更改表格的大小和位置
    table = slide.shapes.add_table(rows, cols, Inches(2), Inches(2), Inches(6), Inches(4)).table
    # 添加表头
    for i, column_name in enumerate(column_names):
        table.cell(0, i).text = column_name
    # 添加数据
    for row in range(rows - 1):
        for col in range(cols):
            table.cell(row + 1, col).text = str(data[row][col])
database = "data.db"
pptx_file = "data.pptx"
# 创建数据库连接
conn = create_connection(database)
# 获取数据库中所有表的名称
table_names = get_table_names(conn)
# 创建一个新的 pptx 文件
prs = Presentation()
for table_name in table_names:
    # 获取表中的所有数据(包括表头)
    column_names, data = get_table_data(conn, table_name)
    # 在 pptx 文件中添加一个新的幻灯片
    slide_layout = prs.slide_layouts[5]
    slide = prs.slides.add_slide(slide_layout)
    # 在幻灯片中添加标题
    title_shape = slide.shapes.title
    title_shape.text = table_name
    # 在幻灯片中添加一个表格
    add_table_to_slide(slide, column_names, data)
# 保存 pptx 文件
prs.save(pptx_file)
conn.close()
```

执行程序，会在当前目录生成一个名为 data.pptx 的文件，打开该文件，效果如图 13-3 所示。

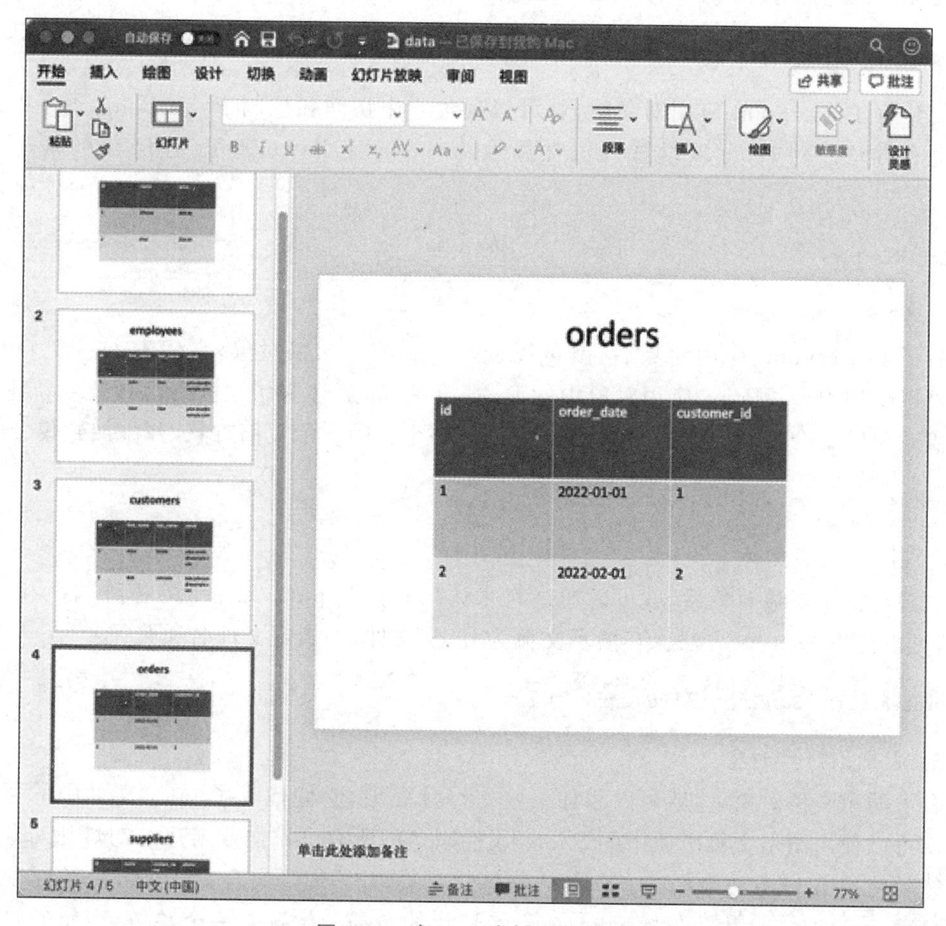

图 13-3 在 pptx 中插入数据表

13.5 幻灯片动画

python-pptx 模块并不支持设置幻灯片动画，所以要使用 pywin32 模块建立 PowerPoint.Application 实例来为幻灯片设置动画，具体的原理和步骤如下。

1. 导入 pywin32 模块

要使用 pywin32 模块与 PowerPoint 应用程序进行交互，首先需要导入 pywin32 模块：

```
import win32com.client
```

2. 创建 PowerPoint.Application 实例

创建一个 PowerPoint 应用对象，它代表了 PowerPoint 程序本身。可以使用 Dispatch

方法来创建一个 PowerPoint 应用对象，并传递一个字符串参数 PowerPoint. Application，表示要创建的应用程序的名称：

```
ppt = win32com.client.Dispatch("PowerPoint.Application")
```

创建好 PowerPoint 应用对象后，就可以通过它来访问和控制 PowerPoint 程序中的各种属性和方法。例如，可以设置可见性属性为 True，让 PowerPoint 程序在屏幕上显示出来：

```
ppt.Visible = True
```

3. 创建演示文稿对象

有了 PowerPoint 应用对象后，就可以创建一个演示文稿对象，它代表了一个 pptx 文件。可以使用 PowerPoint 应用对象中的 Presentations 属性来访问所有已打开或新建的演示文稿对象的集合。然后使用 Add 方法来创建一个新的演示文稿对象，并添加到集合中：

```
presentation = ppt.Presentations.Add()
```

4. 保存 pptx 文件

创建好演示文稿对象后，就可以通过它来访问和控制 pptx 文件中的各种属性和方法。例如，可以使用 SaveAs 方法保存演示文稿为 pptx 文件，并指定文件名和路径：

```
presentation.SaveAs("D:\\test.pptx")
```

5. 添加幻灯片对象

有了演示文稿对象后，就可以添加一些幻灯片对象，它们代表了 pptx 文件中的每一页内容。可以使用演示文稿对象中的 Slides 属性来访问所有已添加或新建的幻灯片对象的集合。然后使用 Add 方法来创建一个新的幻灯片对象，并添加到集合中。Add 方法需要传递两个参数，一个是幻灯片的位置，另一个是幻灯片的布局。位置是一个整数，表示幻灯片在集合中的索引，它从 1 开始。布局是一个常量，表示幻灯片的内容和格式，例如标题、文本、图片、图表等。例如，可以使用以下代码来添加第一页幻灯片，并设置布局为标题和文本：

```
slide1 = presentation.Slides.Add(1, 1)
```

添加好幻灯片对象后，就可以通过它来访问和控制 pptx 文件中的每一页内容的各种属性和方法。例如依次使用 Background 属性来访问幻灯片的背景对象，使用 Fill 属性来访问背景的填充对象，使用 ForeColor 属性来访问填充的前景色对象，使用 RGB 属性来设置前景色的 RGB 值：

```
slide1.Background.Fill.ForeColor.RGB = 255
```

有了幻灯片对象后，就可以添加一些形状对象，它们代表了 pptx 文件中的每一页内容中的各种元素，例如文本框、图片、图标、图表等。可以使用幻灯片对象中的 Shapes 属性来访问所有已添加或新建的形状对象的集合，然后使用不同的方法来创建不同类型的形状对象，并添加到集合中。例如，可以使用以下代码来添加一个图像到第1页：

```
picture1 = slide1.Shapes.AddPicture(FileName = f"D:\girl1.jpg", LinkToFile = False,
SaveWithDocument = True, Left = 200, Top = 200, Width = 200, Height = 200)
```

AddPicture方法用于将一个图像添加到幻灯片上，该方法有6个参数，含义如下。

(1) FileName：表示图片文件的路径或文件对象，必须提供。

(2) Left：表示图片左边距的位置，可以是英寸或厘米等单位，必须提供。

(3) Top：表示图片上边距的位置，可以是英寸或厘米等单位，必须提供。

(4) Width：表示图片的宽度，可以是英寸或厘米等单位，可选提供。如果不提供，则根据图片的原始比例自动缩放。

(5) Height：表示图片的高度，可以是英寸或厘米等单位，可选提供。如果不提供，则根据图片的原始比例自动缩放。

(6) LinkToFile：表示是否将图片链接到文件，而不是嵌入pptx文档，可选提供。默认为False，表示嵌入图片；如果为True，则表示链接图片。

添加好形状对象后，就可以通过它来访问和控制pptx文件中的每一页内容中的各种元素的各种属性和方法。例如，可以使用TextFrame属性来访问形状对象中的文本框对象，然后使用TextRange属性来访问文本框对象中的文本范围对象，然后使用Text属性来设置文本范围对象中的文本内容：

```
slide1.Shapes(1).TextFrame.TextRange.Text = "这是第一页"
```

6. 添加动画效果

有了形状对象后，就可以添加一些动画效果，它们代表了pptx文件中的每一页内容中的各种元素在播放时的变化和动作。可以使用幻灯片对象中的TimeLine属性来访问幻灯片对象中的时间轴对象，然后使用MainSequence属性来访问时间轴对象中的主序列对象（主序列对象是一个包含了所有动画效果对象的集合）。然后使用AddEffect方法来创建一个新的动画效果对象，并添加到主序列集合中。AddEffect方法需要传递4个参数：①要添加动画效果的形状对象；②动画效果的类型；③触发动画效果的方式；④动画效果在序列中的位置。动画效果的类型是一个常量，表示动画效果的类别，例如飞入、淡入、旋转等。触发动画效果的方式是一个常量，表示动画效果是在点击鼠标、按下键盘，或者自动开始时发生。位置是一个整数，表示动画效果在序列中的索引，从1开始。例如，可以使用以下代码来给第一页中的笑脸图标添加一个飞入的动画效果，设置为在单击鼠标时开始，并且在序列中排在第一位：

```
# 2 表示飞入的动画效果
slide2.TimeLine.MainSequence.AddEffect(picture2, effectId = 2)
```

下面的例子完整地演示了为幻灯片页面设置动画的过程。

代码位置：src/powerpoint/pptx_anim.py

```
import win32com.client
# 创建 PowerPoint 应用对象
ppt = win32com.client.Dispatch("PowerPoint.Application")
# 设置可见性
ppt.Visible = True
# 创建一个新的演示文稿对象
presentation = ppt.Presentations.Add()
# 添加第一页幻灯片,设置布局为标题和文本
slide1 = presentation.Slides.Add(1, 1)

# 设置第一页的标题文本
slide1.Shapes(1).TextFrame.TextRange.Text = "这是第一页"
# 设置第一页的正文文本
slide1.Shapes(2).TextFrame.TextRange.Text = "这是一些文本"
# 设置第一页的背景色为红色
slide1.Background.Fill.ForeColor.RGB = 255
# 添加一个图像到第一页
picture1 = slide1.Shapes.AddPicture(FileName = f"D:\girl1.jpg", LinkToFile = False,
SaveWithDocument = True, Left = 200, Top = 200, Width = 200, Height = 200)
# 设置第一页的动画效果为淡入
slide1.TimeLine.MainSequence.AddEffect(picture1, effectId = 10)
# 添加第二页幻灯片,设置布局为标题和图片
slide2 = presentation.Slides.Add(2, 8)
# 设置第二页的标题文本
slide2.Shapes(1).TextFrame.TextRange.Text = "这是第二页"
# 添加一张图片到第二页
picture2 = slide2.Shapes.AddPicture(FileName = f"D:\\robot1.jpg", LinkToFile = False,
SaveWithDocument = True, Left = 200, Top = 200, Width = 200, Height = 200)
# 设置第二页的背景色为绿色
slide2.Background.Fill.ForeColor.RGB = 65280
# 设置第二页的动画效果为飞入
slide2.TimeLine.MainSequence.AddEffect(picture2, effectId = 2)
# 添加第三页幻灯片,设置布局为标题和图表
slide3 = presentation.Slides.Add(3, 7)
# 设置第三页的标题文本
slide3.Shapes(1).TextFrame.TextRange.Text = "这是第三页"
# 添加一个饼图到第三页
chart3 = slide3.Shapes.AddChart(Type = 5).Chart
# 设置饼图的数据源为一个列表
data3 = [[None, "A", "B", "C"], ["Value", 10, 20, 30]]
chart3.ChartData.Workbook.Worksheets(1).Range("A1:D2").Value = data3
# 关闭饼图的数据源工作簿
chart3.ChartData.Workbook.Close()
# 设置第三页的背景色为蓝色
slide3.Background.Fill.ForeColor.RGB = 16711680
# 添加一个星星图标到第三页
picture3 = slide2.Shapes.AddPicture(FileName = "D:\\image1.jpg", LinkToFile = False,
SaveWithDocument = True, Left = 200, Top = 200, Width = 200, Height = 200)
```

```
# 设置第三页的动画效果为旋转
slide3.TimeLine.MainSequence.AddEffect(picture3, effectId = 79)
# 保存演示文稿为 pptx 文件
presentation.SaveAs("d:\\anim.pptx")
# 关闭演示文稿
presentation.Close()
# 退出 PowerPoint 应用
ppt.Quit()
```

运行程序后,会在D盘根目录生成一个anim.pptx文件。同时,本例使用的3个图像文件也在D盘根目录,读者可以换成自己机器上的路径。

13.6 在幻灯片上添加形状(Shape)

在幻灯片上添加形状时仍然需要使用pywin32模块,要在幻灯片中添加形状,可以使用Slide对象的shapes属性,它是一个包含所有形状的集合。我们可以使用shapes.add_shape方法来添加一个新的形状,并返回一个表示该形状的Shape对象。shapes.add_shape方法需要5个参数:类型、左边距、上边距、宽度和高度。类型是指形状的预设样式,可以从win32com.client.constants中选择。左边距、上边距、宽度和高度是指形状在幻灯片上的位置和大小,单位是英寸或厘米等。例如,要在幻灯片中添加一个矩形形状,并将其放在(1,1)英寸的位置,大小为(2,2)英寸,我们可以这样写:

```
shape = slide.shapes.add_shape(Type = 1, Left = Inches(1), Top = Inches(1), Width = Inches(2),
Height = Inches(2))
```

要修改形状的属性和样式,我们可以使用Shape对象的各种属性和方法。例如,修改形状的颜色时,可以使用Shape对象的Fill属性,它是一个表示形状填充的FillFormat对象。使用Fill.ForeColor属性来设置形状的前景色,它是一个表示颜色的ColorFormat对象。使用ColorFormat.RGB属性来设置颜色的RGB值。例如,要将形状的颜色设置为红色,我们可以这样写:

```
shape.Fill.ForeColor.RGB = RGB(255, 0, 0)
```

要修改形状的文本,我们可以使用Shape对象的TextFrame属性,它是一个表示形状文本框的TextFrame对象。使用TextFrame.TextRange属性来设置或获取形状的文本内容,它是一个表示文本范围的TextRange对象。使用TextRange.Text属性来设置或获取文本范围的文本字符串。例如,要将形状的文本设置为Hello World,我们可以这样写:

```
shape.TextFrame.TextRange.Text = "Hello World"
```

下面的例子在幻灯片页面上放置了一个矩形和一个椭圆,并在矩形和椭圆直接放置了一条直线,如图13-4所示。

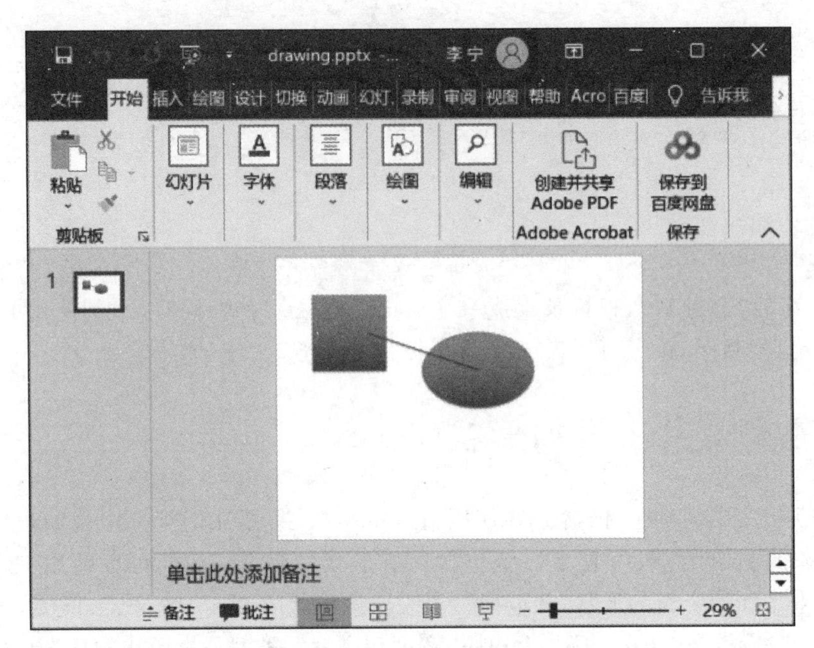

图 13-4 在幻灯片上放置形状

代码位置：src/powerpoint/add_shapes.py

```
import collections
import collections.abc
import win32com.client
from pptx import Presentation
from pptx.util import Inches
# 创建一个 PowerPoint 应用对象
ppt = win32com.client.Dispatch("PowerPoint.Application")
# 创建一个新的 pptx 文档
prs = Presentation()
# 添加一个空白幻灯片
slide = prs.slides.add_slide(prs.slide_layouts[6])
# 添加一个矩形形状到幻灯片上,位置为(1, 1)英寸,大小为(2, 2)英寸
shape = slide.shapes.add_shape(1, Inches(1), Inches(1), Inches(2), Inches(2))
# 添加一个椭圆形状到幻灯片上,位置为(4, 2)英寸,大小为(3, 2)英寸
shape = slide.shapes.add_shape(9, Inches(4), Inches(2), Inches(3), Inches(2))
# 添加一个直线连接器到幻灯片上,起点为(2.5, 2)英寸,终点为(5.5, 3)英寸
shape = slide.shapes.add_connector(1, Inches(2.5), Inches(2), Inches(5.5), Inches(3))
# 保存 pptx 文档到当前目录下,文件名为"sample.pptx"
prs.save("d:\\add_shapes.pptx")
# 关闭 PowerPoint 应用对象
ppt.Quit()
```

运行程序后，会在 D 盘根目录生成一个 add_shapes.pptx 文件，读者可以将该路径修改为自己机器上的路径。

13.7 小结

本章主要使用了 python-pptx 和 pywin32 模块读写 PowerPoint 文档。尽管 python-pptx 的功能比较强大，但它仍然无法完全控制 PowerPoint，所以在必要时，仍然需要使用 pywin32 模块与 PowerPoint 交互。

通过使用 pywin32 模块，我们可以用 Python 来自动化地操作 PowerPoint，从而提高工作效率和质量。我们可以利用 VBA 的 API 文档来了解 PowerPoint 对象模型中可用的属性和方法，并将其转换为 Python 代码。我们还可以结合其他 Python 模块来实现更多的功能，如数据分析、图表绘制、图片处理等。

第14章

读写 PDF 文档

本章使用 Python 和第三方模块读写了 PDF 文档。PDF 文档尽管没有 Word 和 Excel 灵活,但它更方便阅读,所以 PDF 通常是发布文档时使用的格式,几乎所有现代浏览器都支持阅读 PDF 文档。像 Word、Excel 一样,使用 Python 同样可以向 PDF 文档中插入基本信息,如图像、表格等,还可以对 PDF 文档加密和解密。如果与更多的第三方模块结合,甚至可以在 PDF 文档上绘制复杂的图表。

14.1 读写 PDF 文档的 Python 模块

关于读写 PDF 文档的 Python 模块主要有如下几个。

(1) PyPDF2:是一个纯 Python PDF 库,可以读取文档信息(标题,作者等)、写入、分割、合并 PDF 文档,其功能比较基础,易于上手。它有 modified BSD 开源协议,社区活跃度一般。

(2) pdfplumber:是一个专注于 PDF 内容提取的模块,可以从 PDF 文件中抽取文本、图片、表格等信息,并支持解析表格。它有 MIT 开源协议,社区活跃度较高。

(3) ReportLab:是一个强大的 PDF 生成库,可以创建各种复杂的 PDF 报表、表格、图表等,非常适合数据可视化。它有 BSD 开源协议,社区活跃度非常高。

(4) pikepdf:是一个基于 C++的 qpdf 库的封装,可以读写 PDF,实现加密、解密、插入图片、修改文本等功能,使用起来比较灵活方便。它偏向于 PDF 底层操作。它有 MPL 2.0 开源协议,社区活跃度非常高。

(5) pdfminer.six:是 pdfminer 的社区维护版,它是一个用于从 PDF 文件中提取信息的工具,可以处理复杂的文本布局和多语言支持。它有 MIT 开源协议,社区活跃度较高。

(6) PyMuPDF:是一个基于 mupdf 的模块,它同时支持读、写及 PDF 页面操作,功能最为全面,并以处理速度快而著称。它有 GPL V3 开源协议,对商用不太友好。社区活跃度非常高。

(7) borb:是一个纯 Python 库,支持读、写、操作 PDF 文档,兼顾底层和高级应用。它有 AGPL 开源协议,对商用不太友好。社区活跃度非常高。

这些第三方模块各有其特色，读者应该根据实际需要选择合适的第三方模块。

14.2 生成简单的PDF文档

本节会使用ReportLab模块生成PDF文档，读者可以使用下面的命令安装ReportLab模块：

```
pip3 install reportlab
```

pdfgen是ReportLab中最基础也最灵活的模块，它提供了一个canvas对象，让我们可以像在画布上绘画一样，在PDF文档上绘制文字、图形等元素。我们将通过一个简单的示例代码来展示如何使用pdfgen模块来生成一个包含文字和矩形的PDF文档，并解释其中的实现原理和核心技术。

首先，我们需要导入ReportLab库中的pdfgen模块：

```
from reportlab.pdfgen import canvas
```

然后，创建一个canvas对象，并指定要生成的PDF文件的名称或路径：

```
c = canvas.Canvas("example.pdf")
```

canvas对象只需要一个必需的参数，即文件名或路径。我们也可以传入其他可选的参数，比如页面大小、方向、编码、加密等，来设置PDF文档的属性。如果不指定这些参数，canvas对象会使用默认的值。例如，默认的页面大小是A4(595.27×841.89点)，默认的方向是竖向(bottomup=1)，默认的编码是UTF-8等。

canvas对象相当于一张白纸，我们可以在上面绘制各种元素。为了确定元素在页面上的位置，我们需要使用笛卡儿坐标系(x,y)来标识页面上的点。默认情况下，原点(0,0)在页面的左下角，x轴向右增加，y轴向上增加。单位是点(point)，1点等于1/72英寸。

接下来，我们需要设置字体和颜色，并在指定位置写入文字：

```
# 设置字体和颜色
c.setFont("Helvetica", 24)                 # 字体为Helvetica,字号为24
c.setFillColor(red)                        # 填充颜色为红色
# 在指定位置写入文字
c.drawString(100, 100, "Hello, world!")    # 在(100, 100)处写入"Hello, world!"
```

canvas对象提供了setFont方法和setFillColor方法来设置文字的字体和颜色。setFont方法需要两个参数——字体名称和字号。ReportLab支持14种标准的Type 1字体，也可以使用TrueType字体或者其他自定义的字体。setFillColor方法需要一个参数，就是颜色对象。ReportLab提供了一些预定义的颜色对象，如red、green、blue等，也可以使用RGB或者CMYK等模式来自定义颜色。

canvas对象提供了drawString方法和drawText方法来绘制文字。drawString方法需要 3 个参数——x 坐标、y 坐标和文字内容。drawText 方法需要一个参数，就是一个 text 对象。text 对象是一个更高级的文字绘制工具，它可以支持更多的功能，如对齐、缩进、换行等。我们将在后面介绍 text 对象的用法。

接下来，我们需要设置背景色，并在指定位置画一个矩形，并填充背景色，代码如下：

```
# 设置背景色
c.setFillColorRGB(0.9, 0.9, 0.9)      # 背景色为浅灰色
# 在指定位置画一个矩形,并填充背景色
c.rect(50, 50, 300, 100, fill = 1)      # 在(50, 50)处画一个宽 300,高 100 的矩形,并填充背景色
```

canvas 对象提供了 setFillColorRGB 方法来设置 RGB 模式的颜色。这个方法需要三个参数，分别是红、绿、蓝三种颜色的分量值，范围是 0～1。例如，(0.9，0.9，0.9)表示浅灰色，(1，0，0)表示红色，(0，1，0)表示绿色等。

canvas 对象提供了 rect 方法来绘制矩形。这个方法需要 5 个参数，分别是 x 坐标、y 坐标、宽度、高度和是否填充。fill 参数如果为 1，则表示填充矩形的内部区域；如果为 0，则表示只画矩形的边框。

最后，我们需要保存并关闭 canvas 对象：

```
c.save()
```

下面的例子完整地演示了如何使用 ReportLab 模块的相关 API 生成 basic.pdf 文件，以及如何添加文本和设置文本样式，basic.pdf 文件的效果如图 14-1 所示。

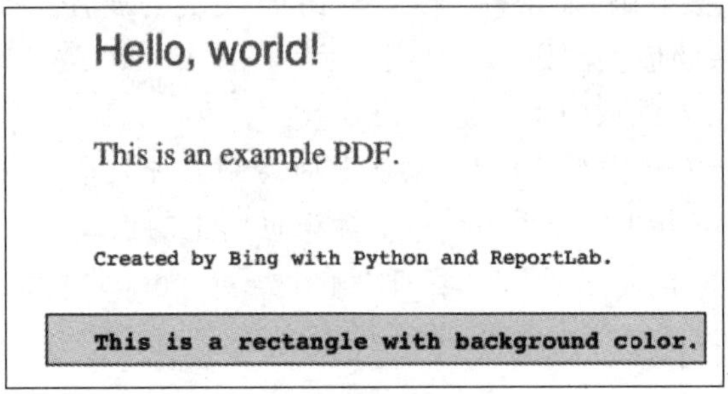

图 14-1　basic.pdf 文件的效果

代码位置：src/pdf/basic.py

```
from reportlab.pdfgen import canvas
from reportlab.lib.units import cm
from reportlab.lib.colors import red, green, blue,black
# 创建一个 pdf 文档对象
c = canvas.Canvas("basic.pdf")
# 设置文档标题
c.setTitle("Basic PDF")
# 设置字体和颜色
c.setFont("Helvetica", 24)                    # 字体为 Helvetica,字号为 24
```

```
c.setFillColor(red)                                    # 填充颜色为红色
# 在指定位置写入文字
c.drawString(5 * cm, 25 * cm, "Hello, world!")        # 在(5cm, 25cm)处写入"Hello, world!"
# 改变字体和颜色
c.setFont("Times - Roman", 18)                         # 字体为 Times - Roman,字号为 18
c.setFillColor(green)                                  # 填充颜色为绿色
# 在指定位置写入文字
c.drawString(5 * cm, 23 * cm, "This is an example PDF.")          # 在(5cm, 23cm)处写入"This is
                                                                  # an example PDF."
# 改变字体和颜色
c.setFont("Courier", 12)                               # 字体为 Courier,字号为 12
c.setFillColor(blue)                                   # 填充颜色为蓝色
# 在指定位置写入文字
c.drawString(5 * cm, 21 * cm, "Created by Bing with Python and ReportLab.")    # 在(5cm, 21cm)
                                            # 处写入"Created by Bing with Python and ReportLab."
# 设置背景色
c.setFillColorRGB(0.9, 0.9, 0.9)                       # 背景色为浅灰色
# 在指定位置画一个矩形,并填充背景色
c.rect(4 * cm, 19 * cm, 12 * cm, 1 * cm, fill = 1)     # 在(4cm, 19cm)处画一个宽 12cm,高 1cm 的矩形
# 改变字体和颜色
c.setFont("Courier - Bold", 14)                        # 字体为 Courier - Bold,字号为 14
c.setFillColor(black)                                  # 填充颜色为黑色
# 在指定位置写入文字
c.drawString(5 * cm, 19.3 * cm, "This is a rectangle with background color.")   # 在(5cm, 19.3cm)处
                                            # 写入"This is a rectangle with background color."
# 保存并关闭 pdf 文档对象
c.save()
```

运行程序后,会在当前目录生成一个 basic.pdf 文件。

14.3 在 PDF 文档中插入图片和表格

要在 PDF 文档中插入图像和表格,需要使用 platypus 模块中的 Image 类和 Table 类。这两个类都是 Flowable 的子类,也就是说,它们都可以放置在 frames 中,并根据 frames 的大小和位置进行自动调整。Image 类可以加载任何支持的图像格式(如 png、jpg、gif 等),并根据指定或者自动计算的宽度和高度来绘制图像。Table 类可以创建一个包含多行多列单元格的表格,并根据指定或者自动计算的宽度和高度来绘制表格。Table 类还提供了一个 TableStyle 类,用于设置表格的样式,如边框、背景色、对齐方式等。

前面提到的 frames 是指用于定位和布局 Flowable 对象的矩形区域。一个 PDF 文档通常由多个页面组成,每个页面可以包含一个或多个 frames,用于控制其中 Flowable 对象的位置和大小。Frames 提供了一种将内容分割为逻辑单元并放置在不同位置的方法,以实现复杂的页面布局。

在 ReportLab 中,可以使用 PageTemplate 类来创建自定义页面模板,并在模板中定义一个或多个 frames。每个 frame 都有自己的名称、大小和位置信息,可以根据需要在模板

中添加或删除 frame。向 PDF 文档添加 Flowable 对象时，可以指定要放置在哪个 frame 中，从而将其放置在正确的位置上。

下面的例子在 PDF 文档中插入了一个图像和一个表格，效果如图 14-2 所示。

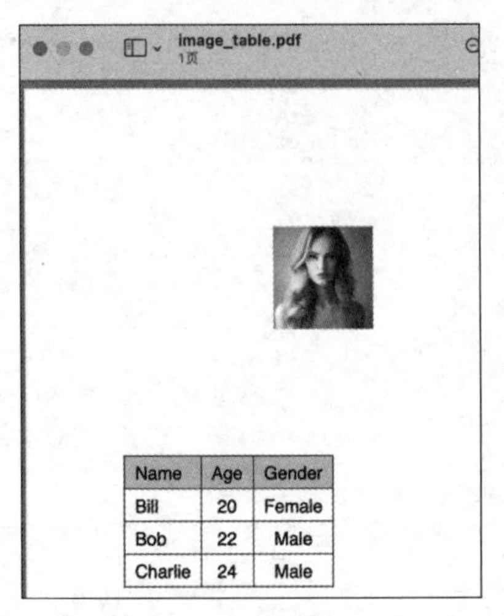

图 14-2 PDF 中的图像与表格

代码位置：src/pdf/add_image_table.py

```
from reportlab.pdfgen import canvas
from reportlab.lib.pagesizes import A4
from reportlab.lib.units import cm
from reportlab.platypus import Image, Table, TableStyle
from reportlab.lib import colors
# 创建一个 pdf 文档对象
c = canvas.Canvas("image_table.pdf", pagesize = A4)
# 设置文档标题
c.setTitle("Example PDF with Image and Table")
# 插入一个图像
img = Image("girl.jpg")                    # 创建一个 Image 对象，指定图像文件的路径
img.drawHeight = 2 * cm                    # 设置图像的高度为 2cm
img.drawWidth = 2 * cm                     # 设置图像的宽度为 2cm
img.wrapOn(c, 0, 0)                        # 计算图像在 canvas 上的位置和大小
img.drawOn(c, 5 * cm, 25 * cm)             # 在(5cm, 25cm)处绘制图像
# 创建一个表格
data = [                                   # 表格的数据，是一个二维列表
    ["Name", "Age", "Gender"],
    ["Bill", "20", "Female"],
    ["Bob", "22", "Male"],
    ["Charlie", "24", "Male"]
]
table = Table(data)                        # 创建一个 Table 对象，指定表格的数据
table.setStyle(TableStyle([                # 设置表格的样式，是一个列表，每个元素是一个命令
    ("GRID", (0,0), (-1, -1), 0.5, colors.black),      # 绘制所有单元格的边框，颜色为黑
                                                       # 色，线宽为 0.5
```

```
    ("BACKGROUND", (0,0), (-1,0), colors.lightgrey),  # 设置第一行的背景色为浅灰色
    ("ALIGN", (1,1), (-1,-1), "CENTER"),              # 设置除了第一行第一列之外的单元格的对
                                                      # 齐方式为居中
]))
table.wrapOn(c, 0, 0)                                 # 计算表格在 canvas 上的位置和大小
table.drawOn(c, 2 * cm, 20 * cm)                      # 在(10cm, 15cm)处绘制表格
# 保存并关闭 pdf 文档对象
c.save()
```

运行程序后，会在当前目录生成 image_table.pdf 文件。

14.4　加密和解密 PDF 文档

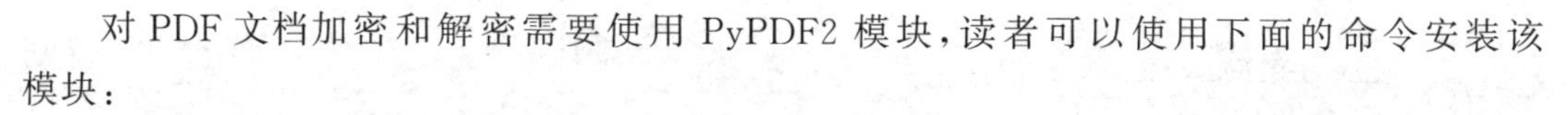

对 PDF 文档加密和解密需要使用 PyPDF2 模块，读者可以使用下面的命令安装该模块：

```
pip3 install PyPDF2
```

1. 加密 PDF 文档

用 PdfFileReader 对象读取 PDF 文档，然后用 PdfFileWriter 对象创建一个新的写入器，并把每一页都添加到写入器中。接下来，用 PdfFileWriter.encrypt 方法给写入器设置一个密码，如"123456"。最后，用 open 函数以二进制写入模式打开一个新的 PDF 文档，并用 PdfFileWriter.write 方法把写入器的内容写入这个文件中。这样，我们就得到了一个加密的 PDF 文档。

2. 解密 PDF 文档

用 PdfFileReader 对象读取了一个加密的 PDF 文档，然后用 PdfFileReader.decrypt 方法指定正确的密码解密了这个 PDF 文档。接着，用 PdfFileWriter 对象创建了一个新的写入器，并把每一页都添加到写入器中。最后，用 open 函数以二进制写入模式打开一个新 PDF 文档，并用 PdfFileWriter.write 方法把写入器的内容写入这个文件中。这样，我们就得到了一个解密的 PDF 文档。

下面的例子完整地演示了如何加密和解密 PDF 文档，加密后，生成的加密 PDF 文档名称为 encrypted.pdf，将其解密后，生成的解密 PDF 文档是 decrypted.pdf。打开 encrypted.pdf 文件，会显示如图 14-3 所示的密码输入框，输入密码后，则会显示 PDF 文档中的内容。

代码位置：src/pdf/pdf_cipher.py

```
from PyPDF2 import PdfFileWriter, PdfFileReader
from reportlab.pdfgen import canvas
from reportlab.pdfbase import pdfmetrics
from reportlab.pdfbase.ttfonts import TTFont
pdfmetrics.registerFont(TTFont('SimSun', 'SimSun.ttf'))
# 创建一个空白的 PDF 文档
```

图 14-3 输入 PDF 密码

```
c = canvas.Canvas("blank.pdf")
c.showPage()
c.save()
# 用 ReportLab 模块给 PDF 文档添加内容
c = canvas.Canvas("test.pdf")
c.setFont('SimSun', 30)                                  #设置字体
c.drawString(100, 700, "这是一个测试的 PDF 文档")
c.showPage()
c.save()
# 用 PyPDF2 模块给 PDF 文档加密
pdf_reader = PdfFileReader("test.pdf")                   # 读取 PDF 文档
pdf_writer = PdfFileWriter()                             # 创建一个 PDF 写入器
for page in range(pdf_reader.getNumPages()):             # 遍历每一页
    pdf_writer.addPage(pdf_reader.getPage(page))         # 把每一页添加到写入器中
pdf_writer.encrypt("123456")                             # 给写入器设置密码为 123456
with open("encrypted.pdf", "wb") as out:                 # 以二进制写入模式打开一个新文件
    pdf_writer.write(out)                                # 把写入器的内容写入新文件
# 用 PyPDF2 模块给 PDF 文档解密
pdf_reader = PdfFileReader("encrypted.pdf")              # 读取加密的 PDF 文档
pdf_reader.decrypt("123456")                             # 用正确的密码解密文档
pdf_writer = PdfFileWriter()                             # 创建一个 PDF 写入器
for page in range(pdf_reader.getNumPages()):             # 遍历每一页
    pdf_writer.addPage(pdf_reader.getPage(page))         # 把每一页添加到写入器中
with open("decrypted.pdf", "wb") as out:                 # 以二进制写入模式打开一个新文件
    pdf_writer.write(out)                                # 把写入器的内容写入新文件
```

14.5 在 PDF 文档上绘制图表

ReportLab 提供了一个 canvas 对象，它可以用来绘制文本、图形、图像等元素到 PDF 文档中。Matplotlib 是一个用于数据可视化的 Python 库，可以用来创建各种类型的图表，如折线图、柱状图、饼图等。所以可以通过 Matplotlib 和 ReportLab 结合的方式在 PDF 文档中绘制图表。

1. 创建 Matplotlib 图表

要在 PDF 文档上绘制图表，首先需要用 Matplotlib 模块创建一个图表对象，并设置它的大小、标题、轴标签等属性。然后把这个图表对象保存为 PNG 图片，以便插入 PDF 文档中。

2. 将 Matplotlib 图表插入 PDF 文档

要把 Matplotlib 图表插入 PDF 文档中，需要用 ReportLab 模块创建一个 PDF 文档，并用 canvas 对象的 drawInlineImage 方法把 PNG 图片插入文档，并设置图片的位置和大小。

下面的例子使用 Matplotlib 绘制一个折线图，然后将折线图插入 chart.pdf 中，效果如图 14-4 所示。

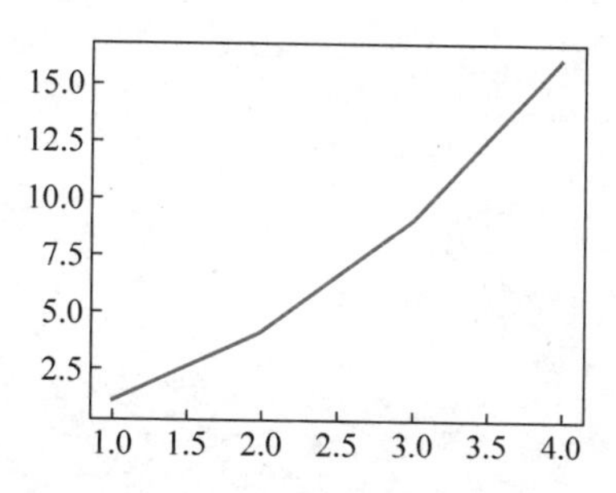

图 14-4 在 PDF 文档中显示的折线图

代码位置：src/pdf/chartpy

```
from reportlab.pdfgen import canvas
from reportlab.lib.units import inch
import matplotlib.pyplot as plt
# 创建一个 PDF 文档
c = canvas.Canvas("chart.pdf")
c.setFont("Helvetica", 12)
# 创建一个 Matplotlib 图表
plt.figure(figsize = (4, 3))                    # 设置图表的大小,单位为英寸
plt.plot([1, 2, 3, 4], [1, 4, 9, 16])           # 绘制一条折线图
plt.title("Line Chart")                         # 设置图表的标题
plt.xlabel("x")                                 # 设置 x 轴的标签
plt.ylabel("y")                                 # 设置 y 轴的标签
# 把 Matplotlib 图表保存为 PNG 图片
plt.savefig("chart.png", dpi = 100)             # 设置图片的分辨率为 100 像素/英寸
# 把 PNG 图片插入 PDF 文档中
c.drawInlineImage("chart.png", 2 * inch, 8 * inch, width = 4 * inch, height = 3 * inch)
                                                # 设置图片的位置和大小,单位为英寸

# 在 PDF 文档中添加一些文字说明
c.drawString(2 * inch, 7.5 * inch, "This is a line chart created by Matplotlib.")
                                                # 设置文字的位置和内容,单位为英寸
# 保存并关闭 PDF 文档
c.showPage()
c.save()
```

14.6 小结

本章主要使用了 ReportLab 和 PyPDF2 模块读写 PDF 文档，这两个模块的主要功能在 14.1 节已经进行了介绍。如果只是使用这些读写 PDF 文档的模块，那么功能很有限。如果想让 PDF 文档丰富多彩，可以使用 Matplotlib 或其他第三方库与这些读写 PDF 文档的模块结合，例如，通过 Matplotlib 可以绘制非常复杂的图表，然后将这些图表保存为图像，最后将这些图像插入 PDF 文档中。

第 15 章 控制软件

想令 Python 的功能更强大，最直接的方式就是与其他软件交互或融合，通过 Python 强大的第三方模块，可以轻松达到我们的目的。例如，Python 可以与微信交互、可以控制浏览器、与剪贴板交互数据、控制键盘和鼠标、录制键盘和鼠标动作等。本章将深入介绍如何利用第三方模块来完成这些炫酷的功能。

15.1 微信

Python 通过 wxauto 模块可以控制微信，并完成一些常规的操作，例如，获取好友列表、搜索好友、发送消息、发送文件等。wxauto 的实现原理是基于 pywin32 和 win32gui 库，通过模拟鼠标和键盘操作来控制微信客户端的界面。wxauto 只能运行在 Windows 环境下，而且使用时，微信必须处于登录状态。

用于与微信交互的 Python 模块还有比较多，如 itchat、wxpy 等，但这些模块都使用了网页版微信，由于腾讯禁用了网页版微信，所以这些模块也随之失效了。由于 wxauto 是通过控制鼠标和键盘来操作微信的，在微信服务端看起来与人工操作完全相同，所以并不会出现被官方禁用的风险，而且永远不会有失效的风险。

15.1.1 获取会话列表

使用 wxauto 模块获取会话列表，首先要使用 WeChat()创建微信对象，GetSessionList 方法获取好友列表，代码如下：

代码位置：src/control_software/sessions.py

```
# 导入 wxauto 模块
from wxauto import *
# 创建 WeChat 对象
wx = WeChat()
# 获取当前会话列表
sessions = wx.GetSessionList()
# 打印会话列表
print(sessions)
```

执行程序，会输出类似下面的内容，列表中的每一个元素都是一个好友，或者微信内置的成员，如“文件传输助手”。

```
['王军', '李宁老师', '订阅号', '腾讯新闻', '文件传输助手', 'IT 技术群 1 ', 'IT 技术群 2']
```

注意：使用 GetSessionList 方法返回的并不是好友列表，而是最近参与对话的好友列表。wxauto 目前没有获取好友列表的方法。

15.1.2 搜索好友和发送消息

使用 WeChat.Search 方法可以指定要搜索的文本，该文本会直接出现在微信左侧好友列表的上方搜索框中，如果存在这个好友，就可以调用 WeChat.SendMsg 方法直接发送消息，代码如下。

代码位置：**src/control_software/search.py**

```
from wxauto import *
# 创建 WeChat 对象
wx = WeChat()
# 搜索想要聊天的好友或群组，这里以文件传输助手为例
wx.Search(keyword = '文件传输助手')
# 向当前窗口发送消息
wx.SendMsg('你好，这是一个测试消息')
```

执行这段代码，首先会搜索“文件传输助手”，搜索到之后，会直接发送给“文件传输助手”消息，如图 15-1 所示。

图 15-1 发送给好友消息

15.1.3 直接发送消息

使用 WeChat.ChatWith 方法可以直接打开指定的好友进行聊天，如发送消息。ChatWith 方法的工作流程是首先查找是否有你想要对话的好友，如果无法找到对应好友，则会默认向下滚动。如果还是无法找到，则会在搜索框进行搜索。查找的名称最好完全匹配，不完全匹配时只会选取搜索框第一个。所以，如果你指定的好友是 abc，而有两个好友 abc 和 abcd，那么 wxauto 模块会优先选择当前页面中的 abc，如果没有则会在搜索框中选择第一个匹配的 abc。

代码位置：**src/control_software/sendmsg.py**

```
from wxauto import *
send_msg = '发送第一个消息，哈哈哈'          # 发送消息内容
who = '李宁老师'                             # 指定发送对象
# 获取当前微信客户端
```

```
wx = WeChat()
# 向某人发送消息(以'文件传输助手'为例)
wx.ChatWith(who)                          # 打开'文件传输助手'聊天窗口
wx.SendMsg(send_msg)                      # 向'文件传输助手'发送消息:你好~
```

15.1.4　发送文件(图片及其他文件)

使用 WeChat.SendFiles 方法可以发送一个或多个文件,如果文件是微信可识别的,就会在聊天窗口中展示图片的内容。

代码位置: src/control_software/sendfiles.py

```
from wxauto import *
who = '李宁老师'                          # 指定发送对象
file1 = 'D:/anim.pptx'                    # 指定图片的绝对路径
file2 = 'D:/girl1.jpg'                    # 指定图片的绝对路径
# 获取当前微信客户端
wx = WeChat()
# 向某人发送文件(以'文件传输助手'为例)
wx.ChatWith(who)                          # 打开'文件传输助手'聊天窗口
wx.SendFiles(file1,file2)                 # 向'文件传输助手'发送图片
```

执行这段代码,会将 anim.pptx 和 girl1.jpg 文件都发送到聊天窗口,如图 15-2 所示。

图 15-2　发送文件

15.1.5　发送程序截图

使用 WeChat.SendScreenshot 方法可以截取某一个应用的界面,然后发送到聊天窗口,如图 15-3 所示的聊天窗口就是发送的“微信”截屏。

代码位置: src/control_software/sendscreenshot.py

```
from wxauto import *
who = '文件传输助手'                          # 指定发送对象
```

```
name = '微信'                        # 指定程序名字
# 获取当前微信客户端
wx = WeChat()
# 向某人发送截图(以'文件传输助手'为例)
wx.ChatWith(who)                    # 打开'文件传输助手'聊天窗口
wx.SendScreenshot(name)             # 向'文件传输助手'发送微信程序的截图
```

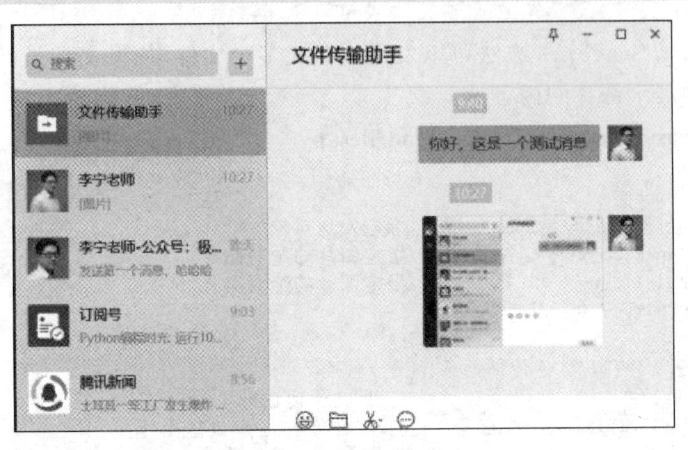

图 15-3 发送“微信”截屏

在这段程序中，name 变量指定了要截屏的程序名，读者可以使用下面的代码获取当前机器(仅限于 Windows 环境)中所有已运行应用的名称。

代码位置：src/control_software/enum_windows. py

```
import win32gui
windows_list = []
win32gui.EnumWindows(lambda hWnd, param: param.append(hWnd), windows_list)
for window in windows_list:
    classname = win32gui.GetClassName(window)
    title = win32gui.GetWindowText(window)
    print(f'classname:{classname} title:{title}')
```

执行这段程序，会输出所有已运行应用的名称。下面是输出的一段内容，其中 title 后面的就是我们需要的应用名称。

```
classname:ChatContactMenu title:ChatContactMenu
classname:WeChatMainWndForPC title:微信
classname:Microsoft - Windows - SnipperToolbar title:截图工具
```

注意：使用上面代码输出的应用名称，很多都是没有 UI 的，读者应该选取有 UI 的应用进行截屏，如“截图工具”。

15.1.6 群发消息

如果事先定义了一个好友列表，那么可以利用 WeChat. SendMsg 方法群发消息、文件

和截屏,代码如下:

代码位置:src/control_software/sendallmsg.py

```
from wxauto import WeChat
import time
# 获取微信客户端对象
wx = WeChat()
# 获取当前会话列表
wx.GetSessionList()
# 定义要群发的好友列表,可以是微信备注名或昵称
whos = ["王军", "李明","Bill"]
# 定义要群发的消息内容
msg = "大家好,这是一个测试消息"
# 遍历好友列表,逐个发送消息
for who in whos:
    # 打开好友的聊天窗口,如果不在当前会话列表,会自动搜索并打开
    wx.ChatWith(who)
    # 向当前窗口发送消息
    wx.SendMsg(msg)
    # 等待 1s,避免发送过快
    time.sleep(1)
# 打印发送完成的提示信息
print("群发消息完成")
```

这段代码中调用 wx.GetSessionList()是为了更新会话列表,因为有些好友可能在登录微信后才发来消息,这样可以保证 ChatWith 方法能够找到他们。如果你确定你要群发的好友都在登录微信前就已经在会话列表中,你可以不用调用这个方法。

15.2 浏览器

Python 可以通过 selenium 与各种浏览器交互。读者可以使用下面的命令安装 selenium 模块。

```
pip3 install selenium
```

selenium 是一个用于 Web 应用程序测试的工具,它可以模拟用户的操作,如打开网页、输入、点击等,来实现对网页的自动化控制。这一点与 wxauto 模块模拟用户的操作控制微信类似,只不过 selenium 是通过 WebDriver 控制浏览器,而 wxauto 是通过模拟鼠标和键盘操作控制微信,但效果是一样的。不过 wxauto 只能在 Windows 下使用,而 selenium 支持 Windows、macOS 和 Linux。selenium 支持多种浏览器,如 IE、Firefox、Chrome、Safari、Opera、Edge 等。

WebDriver 是自动化测试工具 Selenium 的主要组件之一。它是一个 W3C 标准,用于与实际浏览器进行通信并控制其行为。

WebDriver 允许你通过编程方式来控制浏览器,例如:

(1) 启动和关闭浏览器；

(2) 浏览网页；

(3) 获取当前页面的 URL 和标题；

(4) 找到元素并进行交互(点击、输入文本等)；

(5) 执行 JavaScript；

(6) 处理 Cookies 和其他浏览器设置，主流浏览器都提供了对应的 WebDriver 实现；

(7) WebDriver 是一个协议，它定义了一组命令和响应，以及一些事件和错误；

(8) WebDriver 的实现包括两个部分：客户端和服务器。客户端是一个库，它提供了一个编程接口，可以发送命令给服务器。服务器是一个程序，它运行在与浏览器相同或者不同的机器上，它接收客户端的命令，并将其转换为浏览器能够理解的操作。

(9) WebDriver 支持多种编程语言，如 Java、Python、Ruby、C# 等。可以根据你的喜好和需求选择合适的语言来编写测试脚本。

(10) WebDriver 还支持一些高级功能，如隐式等待、显式等待、页面对象模式、截图、远程执行等，以更方便地处理一些复杂或者特殊的情况。

大多数浏览器都有对应的 WebDriver，例如：

(1) ChromeDriver 用于 Chrome 浏览器。

(2) GeckoDriver 用于 Firefox 浏览器。

(3) EdgeDriver 用于 Edge 浏览器。

Selenium 可以自动化执行动作并验证，这样可以大大提高 Web 应用测试的效率，而不需人工进行大量重复操作。WebDriver 针对不同的浏览器提供不同的 Driver 实现，并通过 W3C 标准定义的通用接口与这些 Driver 进行交互。这样可以实现跨浏览器的自动化测试。可以编写一次测试脚本，然后对不同浏览器进行执行。总之，WebDriver 为 Web 应用自动化测试提供了极其强大的功能、支持。它简化了测试流程，使测试维护和扩展变得更简单和更安全。

下面的例子使用 Selenium 控制 Edge 浏览器访问京东商城首页，并将“Python 从菜鸟到高手 第二版”输入搜索框，然后单击右侧的按钮进行搜索。

代码位置：src/control_software/jd_selenium.py

```
from selenium import webdriver
from selenium.webdriver.common.keys import Keys
from selenium.webdriver.common.by import By
# 创建一个 Edge 浏览器对象，需要指定 webdriver 的路径
driver = webdriver.Edge(executable_path = "webdrivers/msedgedriver")
# 打开京东商城首页
driver.get("https://www.jd.com")
# 找到搜索框元素
input = driver.find_element(By.ID,"key")
# 在搜索框中输入"Python 从菜鸟到高手 第二版"
input.send_keys("Python 从菜鸟到高手 第二版")
```

```
# 按下回车键
input.send_keys(Keys.ENTER)
# 关闭浏览器
driver.close()
```

在运行程序之前，需要先下载 Edge 的 WebDriver，读者可以到下面的页面下载：

```
https://developer.microsoft.com/en-us/microsoft-edge/tools/webdriver
```

注意：WebDriver 必须要与 Edge 的最新版本相同，否则可能无法正常使用。如果读者想跨平台使用，就需要下载不同平台的 WebDriver。

15.3 鼠标和键盘

本节会介绍如何使用 pyautogui 模块控制鼠标和键盘，以及如何通过 pynput 模块录制键盘和鼠标的动作，然后使用 pyautogui 模块进行回放。理论上，通过鼠标和键盘的录制和回放，可以控制任何带 GUI 的应用，而且是完全模拟人工操作，不会被软件拦截；这些操作可以跨平台。

15.3.1 模拟键盘和鼠标的动作

使用 pyautogui 模块可以模拟键盘和鼠标的动作，而且还可以获取系统的某些信息，如屏幕的宽度和高度。该模块是跨平台的。读者可以使用下面的命令安装 pyautogui 模块：

```
pip3 install pyautogui
```

使用 pyautogui.moveTo 函数可以将该鼠标移动到指定位置，使用 pyautogui.click 函数可以模拟鼠标左键单击动作，使用 pyautogui.move 函数可以将鼠标指针从当前位置相对移动一定的距离，使用 pyautogui.doubleClick 函数可以模拟鼠标左键的双击动作，使用 pyautogui.press 函数可以模拟键盘按键动作，使用 pyautogui.keyDown 和 pyautogui.keyUp 可以分别模拟键盘按下和抬起的动作，使用 pyautogui.hotkey 函数可以模拟组合键（如 Ctrl+C）。

下面的例子完整地演示了如何使用 pyautogui 模块模拟键盘和鼠标的动作。

代码位置：src/control_software/keymouse.py

```
# 导入 pyautogui 模块
import pyautogui
# 获取屏幕的宽度和高度
screenWidth, screenHeight = pyautogui.size()
print(f'屏幕的宽度是{screenWidth}像素，高度是{screenHeight}像素')
# 获取鼠标当前的位置
currentMouseX, currentMouseY = pyautogui.position()
```

```
print(f'鼠标当前的位置是({currentMouseX}, {currentMouseY})')
# 移动鼠标到指定的位置
pyautogui.moveTo(100, 200)
print('移动鼠标到(100, 200)')
# 在当前位置点击鼠标左键
pyautogui.click()
print('点击鼠标左键')
# 在指定位置点击鼠标右键
pyautogui.click(300, 400, button = 'right')
print('在(300, 400)点击鼠标右键')
# 相对于当前位置移动鼠标
pyautogui.move(100, -50)
print('向右移动 100 像素,向上移动 50 像素')
# 双击鼠标左键
pyautogui.doubleClick()
print('双击鼠标左键')
# 用缓动/渐变函数让鼠标 2s 内移动到(500,500)处
# 缓动/渐变函数可以让鼠标移动看起来更自然
pyautogui.moveTo(500, 500, duration = 2, tween = pyautogui.easeInOutQuad)
print('用缓动/渐变函数让鼠标 2s 内移动到(500,500)处')
# 输入文字
pyautogui.write('Hello world!', interval = 0.25)
print('输入 Hello world!')
# 按下 esc 键
pyautogui.press('esc')
print('按下 esc 键')
# 按住 shift 键
pyautogui.keyDown('shift')
print('按住 shift 键')
# 输入 6 个左方向键
pyautogui.write(['left', 'left', 'left', 'left', 'left', 'left'])
print('输入 6 个左方向键')
# 松开 shift 键
pyautogui.keyUp('shift')
print('松开 shift 键')
# 输入组合键 ctrl-c
pyautogui.hotkey('ctrl', 'c')
print('输入组合键 ctrl-c')
```

15.3.2 录制键盘和鼠标的动作

尽管 pyautogui 模块可以模拟键盘和鼠标的动作,但要想让 pyautogui 模块精确地控制某个软件,还是相当费劲的。例如,要单击某个软件在某个界面左下角的按钮,就需要准确地知道按钮的位置(按钮区域内任意一点的坐标),而且对于不同的分辨率,坐标位置并不相同,所以为了更方便地模拟键盘和鼠标的动作,可以使用 pynput 模块监听键盘和鼠标动作,然后将动作保存在文件中,以便 pyautogui 读取该文件,并回放动作。

pynput 模块的主要功能如下:

(1) 移动鼠标到指定位置,模拟点击、滚动等操作。

（2）模拟键盘按键，输入文本等操作。

（3）监听键盘和鼠标的事件，例如移动、点击、按下、释放等。

读者可以使用下面的命令安装 pynput 模块：

```
pip3 install pynput
```

下面的例子会使用 pynput 模块录制键盘按键和鼠标的动作，按下 Esc 键停止录制，并生成一个 actions.json 文件，部分内容如下：

```
[["click", 1150.6607666015625, 1405.2901611328125, "left", true],
["click", 1150.6607666015625, 1405.2901611328125, "left", false],
["press", "a"], ["release", "a"], ["press", "b"], ["release", "b"], ["press", "c"],
["release", "c"],
… …]
```

其中，click 表示鼠标单击动作，后面两个值是鼠标指针的坐标点，left 表示单击鼠标左键。left 为 true 时表示鼠标左键按下，left 为 false 时表示鼠标左键抬起。press 表示按下某一个键盘按键，如["press","a"]表示按下 a 键；release 表示抬起键盘按键，如["release", "c"]表示抬起 c 键。

代码位置：src/control_software/record_actions.py

```
from pynput import mouse, keyboard
import json
actions = []
def on_move(x, y):
    actions.append(('move', x, y))
def on_click(x, y, button, pressed):
    actions.append(('click', x, y, button.name, pressed))
def on_scroll(x, y, dx, dy):
    actions.append(('scroll', x, y, dx, dy))
def on_press(key):
    try:
        actions.append(('press', key.char))
    except AttributeError:
        actions.append(('press', key.name))
def on_release(key):
    try:
        actions.append(('release', key.char))
    except AttributeError:
        actions.append(('release', key.name))
    if key == keyboard.Key.esc:
        with open('actions.json', 'w') as f:
            f.write(json.dumps(actions))
        return False

with mouse.Listener(on_move = on_move, on_click = on_click, on_scroll = on_scroll) as listener:
    with keyboard.Listener(on_press = on_press, on_release = on_release) as listener:
        listener.join()
```

在这段代码中同时监听了鼠标移动、鼠标单击、鼠标滑轮滚动、键盘按键按下和抬起动作，如果只想监听鼠标的部分动作，如单击动作，可以移除 on_move 和 on_scroll 参数，变为如下形式：

```
with mouse.Listener(on_click = on_click) as listener:
    with keyboard.Listener(on_press = on_press, on_release = on_release) as listener:
        listener.join()
```

15.3.3 回放键盘和鼠标的动作

在这一节会读取 actions.json 文件，并使用 pyautogui 模块回放 actions.json 文件中的动作。

代码位置：src/control_software/play_actions.py

```
import pyautogui
import json
from time import sleep
with open('actions.json', 'r') as f:
    actions = json.loads(f.read())
for action in actions:
    if action[0] == 'move':
        pyautogui.moveTo(action[1], action[2])
    elif action[0] == 'click':
        if action[4]:
            pyautogui.mouseDown(action[1], action[2], button = action[3])
        else:
            pyautogui.mouseUp(action[1], action[2], button = action[3])
    elif action[0] == 'scroll':
        pyautogui.scroll(action[4], x = action[1], y = action[2])
    elif action[0] == 'press':
        pyautogui.keyDown(action[1])
    elif action[0] == 'release':
        pyautogui.keyUp(action[1])
    # 每执行一个动作，暂停 10ms
    sleep(0.01)
```

15.4 剪贴板

通过 pyperclip 模块复制和粘贴剪贴板中的文本数据，读者可以使用下面的命令安装该模块。

```
pip install pyperclip
```

代码位置：src/control_software/clipboard.py

```
import pyperclip
# 将文本复制到剪贴板
```

```
pyperclip.copy('Hello World!')
# 从剪贴板中粘贴文本
text = pyperclip.paste()
# 打印剪贴板中的文本
print(text)
```

15.5 小结

本章通过 wxauto、pyautogui、pyperclip 等模块，实现了对微信、键盘和鼠标、剪贴板等外部软件或系统的控制；还可以使用 pynput 模块录制键盘和鼠标的动作，这样可以轻松实现控制任何软件的目的。其实这就是模拟人工操作软件，这类应用最典型的应用场景就是自动化测试。

第 16 章

加密与解密

本章会使用 Python 的内置模块以及大量第三方模块，实现对数据的编码、解码、加密和解密。主要包括 MD5 加密、SHA 加密、Base64 编码和解码、DES 加密和解码、AES 加密和解码、RSA 加密和解码。

16.1 MD5 加密

MD5 加密算法是一种广泛使用的密码散列函数，可以产生一个 128 位(16 字节)的散列值(hash value)，用于确保信息传输完整一致。MD5 算法的原理可简要地叙述为：MD5 码以 512 位分组来处理输入的信息，且每一分组又被划分为 16 个 32 位子分组，经过了一系列处理后，算法的输出由 4 个 32 位分组组成，将这 4 个 32 位分组级联后将生成一个 128 位散列值 2。

Python 中可以使用内置的 hashlib 模块来实现 MD5 加密，hashlib 模块提供了常见的摘要算法，如 MD5、SHA1 等。使用 hashlib 模块实现 MD5 加密的步骤如下：

① 导入 hashlib 模块：import hashlib。

② 创建一个 md5 对象：md=hashlib.md5()。

③ 使用 update 方法传入要加密的内容，注意要先编码为字节串：md.update(data.encode('utf-8'))。

④ 使用 hexdigest 方法获取加密后的十六进制字符串：md.hexdigest()。

MD5 加密算法的应用领域和场景主要有以下几种：

(1) 文件校验：MD5 可以对任何文件(不管其大小、格式、数量)产生一个同样独一无二的 MD5“数字指纹”，如果任何人对文件进行了任何改动，其 MD5 也就是对应的“数字指纹”都会发生变化。这样就可以用来检验文件的完整性和一致性，防止文件被篡改或损坏。

(2) 密码加密：MD5 可以对用户的密码进行加密，存储在数据库中，这样即使数据库被泄露，也不会暴露用户的明文密码。同时，MD5 是不可逆的，即不能从散列值还原出原始数据，这就增加了破解的难度。

(3) 数字签名：MD5可以用来生成数字签名，用于验证信息的来源和完整性。数字签名是将信息的摘要（如MD5）和发送者的私钥进行加密，然后附在信息上发送给接收者。接收者收到信息后，可以用发送者的公钥解密数字签名，得到信息的摘要，并与自己计算出的摘要进行比较。如果一致，则说明信息没有被篡改，并且确实来自发送者。

(4) 其他领域：MD5还可以用于生成全局唯一标识符（GUID）、数据去重、数据分片等领域。

下面的例子完整地演示了如何使用hashlib模块实现MD5加密算法。

代码位置：src/crypto/md5.py

```
# 导入 hashlib 模块
import hashlib
# 要加密的内容
data = '世界,你好,hello world!'
# 创建一个 md5 对象
md = hashlib.md5()
# 使用 update 方法传入要加密的内容
md.update(data.encode('utf-8'))
# 使用 hexdigest 方法获取加密后的十六进制字符串
result = md.hexdigest()
# 打印结果
print(result)
```

运行程序，会输出如下内容：

```
3a83d8702bf538a64682d1031b6a8e17
```

16.2 SHA 加密

SHA加密算法是一种密码散列函数家族，是FIPS认证的安全散列算法。能计算出一个数字消息所对应的、长度固定的字符串（又称消息摘要）的算法。若输入的消息不同，它们对应到不同字符串的概率很高。SHA加密算法的原理可简要地叙述为：SHA码以512位分组来处理输入的信息，且每一分组又被划分为16个32位子分组，经过一系列处理后，算法的输出由4个32位分组组成，将这4个32位分组级联后将生成一个128位散列值。

SHA加密算法有三大类，分别是SHA-1、SHA-2和SHA-3。其中，SHA-1已经被破解，不再安全；SHA-3是最新的标准，还没有广泛应用；目前最常用和相对安全的是SHA-2算法。SHA-2算法又包括SHA-224、SHA-256、SHA-384、SHA-512、SHA-512/224、SHA-512/256等变体，它们的区别主要在于输出长度和运算速度。

MD5和SHA是两种常见的密码散列函数，它们都可以将任意长度的信息转换为固定长度的散列值，也称为消息摘要。MD5和SHA的区别主要有以下几点：

(1) MD5的输出长度是128位，根据不同的算法，SHA的输出长度可以是160位、224

位、256 位、384 位或 512 位。

(2) MD5 的运行速度比 SHA 快，但是 MD5 的安全性比 SHA 低，因为 MD5 已经被发现存在多个碰撞，即不同的输入可以得到相同的输出。

(3) MD5 和 SHA 都是单向的，即不能从散列值还原出原始数据，但是 MD5 更容易受到暴力破解或彩虹表攻击，因为其输出空间较小。

(4) MD5 和 SHA 都可以用于文件校验、密码加密、数字签名等领域，但是一般推荐使用 SHA 系列算法，因为它们更安全。

下面的例子完整地演示了如何使用 hashlib 模块实现 SHA-256 加密算法。

代码位置：src/crypto/sha.py

```
# 导入 hashlib 模块
import hashlib
# 要加密的内容
data = '世界,你好,hello world!'
# 创建一个 sha256 对象
sha = hashlib.sha256()
# 使用 update 方法传入要加密的内容
sha.update(data.encode('utf-8'))
# 使用 hexdigest 方法获取加密后的十六进制字符串
result = sha.hexdigest()
# 打印结果
print(result)
```

运行程序，会输出如下内容：

```
f51e95d5e12184ebac0995187fc216eb1d1247950e46fb452cddcbc65fb3305a
```

16.3 Base64 编码和解码

Base64 编码是一种将任意二进制数据转换为可打印字符的编码方式，它可以用于在文本协议中传输二进制数据，如电子邮件、网页、XML 等。Base64 编码的原理是将每 3 字节的二进制数据拆分为 4 个 6 位的二进制数据，然后用一个 64 个字符的编码表将它们映射为 4 个可打印字符。如果原始数据不是 3 的倍数，那么在最后一组数据后面补充 0，并用等号表示补充的字节数 1。

Base64 编码的应用场景主要有以下几种。

(1) 电子邮件：电子邮件协议只支持 ASCII 字符，所以如果要发送图片、音频、视频等二进制文件，就需要用 Base64 编码将它们转换为文本格式。

(2) 网页：网页中可以使用 data URI scheme 来嵌入图片、字体等资源，这样可以减少 HTTP 请求的次数，提高网页加载速度。data URI scheme 的格式是 data:[<media type>][;base64],<data>，其中<data>部分就是 Base64 编码的二进制数据。

(3) XML：XML 是一种常用的数据交换格式，它也只支持文本数据，所以如果要在

XML 中包含二进制数据，就需要用 Base64 编码将它们转换为文本格式。

用 Python 实现 Base64 编码和解密的程序，可以使用内置的 base64 模块。base64 模块提供了 b64encode 和 b64decode 函数，用于对二进制数据进行 Base64 编码和解密。使用 base64 模块的步骤如下：

① 导入 base64 模块：import base64。

② 使用 b64encode 函数对二进制数据进行 Base64 编码：ciphertext = base64.b64encode(data)，其中 data 是要编码的二进制数据(可以是字符串或字节串)，ciphertext 是返回的 Base64 编码后的字节串。

③ 使用 b64decode 函数对 Base64 编码后的数据进行解密：plaintext = base64.b64decode(ciphertext)，其中，ciphertext 是要解密的 Base64 编码后的数据(字节串)，plaintext 是返回的解密后的二进制数据(字节串)。

下面的例子完整地演示了如何使用 base64 模块实现对字符串的 Base64 编码和解码。

代码位置：src/crypto/base64_demo.py

```
# 导入 base64 模块
import base64
# 要编码和解密的内容
data = '世界你好,Hello, world!'
# 使用 b64encode 函数对二进制数据进行 Base64 编码
ciphertext = base64.b64encode(data.encode('utf-8'))
# 打印编码后的结果
print(str(ciphertext,'utf-8'))
# 使用 b64decode 函数对 Base64 编码后的数据进行解密
plaintext = base64.b64decode(ciphertext)
# 打印解密后的结果
print(str(plaintext,'utf-8'))
```

运行程序，会输出如下内容：

```
5LiW55WM5L2g5aW977yMSGVsbG8sIHdvcmxkIQ==
世界你好,Hello, world!
```

16.4 DES 加密和解密

DES 加密算法是一种对称加密算法，它以 64 位为分组对数据加密[①]，使用 56 位的密钥(实际上是 64 位的密钥，但每 8 位中有 1 位用于奇偶校验)。DES 算法的基本原理是：首先对明文进行初始置换；然后将置换后的结果分为左右两个 32 位的分组；接着进行 16 轮迭代。每轮迭代中，右分组经过扩展置换、与子密钥异或、S 盒替换、P 盒置换等操作，得到一

① 对称加密算法是一种使用相同的密钥进行加密和解密的加密算法，也称为共享密钥加密算法。对称加密算法的优点是加密速度快，适合对大量数据进行加密；缺点是密钥的传输和管理比较困难，容易被破解。

个新的 32 位的值，再与左分组异或，作为下一轮的右分组；左分组则直接作为下一轮的左分组。最后一轮迭代后，不交换左右分组，而是直接进行逆初始置换，得到 64 位的密文。解密过程与加密过程相同，只是子密钥的顺序相反。

用 Python 实现 DES 加密和解密的程序时，可以使用第三方模块 pyDes。pyDes 模块提供了一个类 pyDes. des，用于创建一个 DES 对象，并提供了 encrypt 和 decrypt 方法，用于加密和解密数据。读者可以使用下面的命令安装 pyDes 模块。

```
pip3 install pyDes
```

使用 pyDes 模块的步骤如下：

① 导入 pyDes 模块：import pyDes。

② 创建一个 DES 对象：des=pyDes. des(key，mode，Ⅳ，pad，padmode)。其中，key 是 8 字节的密钥(实际上只有 56 位有效)，mode 是工作模式(如 ECB、CBC 等)，Ⅳ是 8 字节的初始向量(可选)，pad 是填充字符(可选)，padmode 是填充模式(如 PAD_PKCS5、PAD_NORMAL 等)。

③ 使用 encrypt 方法加密数据：ciphertext＝des. encrypt(plaintext)。其中，plaintext 是要加密的数据(可以是字符串或字节串)，ciphertext 是返回的加密后的数据(字节串)。

④ 使用 decrypt 方法解密数据：plaintext＝des. decrypt(ciphertext)。其中，ciphertext 是要解密的数据(字节串)，plaintext 是返回的解密后的数据(字节串)。

下面的例子完整地演示了如何使用 pyDes 模块的相关 API 加密和解密的过程。

代码位置：src/crypto/des. py

```
# 导入 pyDes 模块
import pyDes
import base64
# 要加密和解密的内容
data = '世界,你好,Hello, world!'
# 创建一个 DES 对象
des = pyDes.des(b'abcdefgh', pyDes.ECB, b'\0\0\0\0\0\0\0\0', pad = None, padmode = pyDes.PAD_PKCS5)
# 使用 encrypt 方法加密数据,必须在加密之前进行 utf - 8 编码,否则不支持中文加密
ciphertext = des.encrypt(data.encode('utf - 8'))
# 打印编码后的结果
print(ciphertext)
# 使用 b64encode 函数对加密后生成的数据进行 Base64 编码
print(str(base64.b64encode(ciphertext),'utf - 8'))
# 使用 decrypt 方法解密数据
plaintext = des.decrypt(ciphertext)
# 打印解密后的结果
print(str(plaintext,'utf - 8'))
```

运行程序，会输出如下内容：

```
b"&J\xd1\xe2\x92VZ'\x96\x81\xa80\xb8x\xdd\xc6]\xd4\xa8F\xf0\x9d\xef\x1c_)\xb3\x15\xbbu\rd"
JkrR4pJWWieWgagwuHjdxl3UqEbwne8cXymzFbt1DWQ =
世界,你好,Hello, world!
```

encrypt 函数加密后返回的是 bytes 类，即一字节数组，为了更方便保存或通过网络传输加密字符串，通常会将加密后生成的字节数组进行 base64 编码。

16.5 AES 加密和解密

AES 加密算法是一种对称加密算法，也称为高级加密标准（Advanced Encryption Standard）。它是美国国家标准技术研究院（NIST）于 2001 年发布的一种分组密码标准，用来替代原先的 DES 算法。AES 算法使用的分组长度固定为 128 位，密钥长度可以是 128 位、192 位或 256 位。AES 算法的加密和解密过程都是在一个 4×4 的字节矩阵上进行，这个矩阵又称为状态（state）。

下面的例子使用 pycrypto 模块的相关 API 实现 AES 加密和解密算法，读者可以使用下面的命令安装 pycrypto 模块。

```
pip3 install pycrypto
```

代码位置：src/crypto/aes.py

```python
from Crypto.Cipher import AES
import base64
# 加密函数
def encrypt(text):
    # 秘钥
    key = '1234567812345678'
    # 密码器
    aes = AES.new(key.encode('utf-8'), AES.MODE_ECB)
    # 文本先进行 bytes 类型处理,然后进行填充操作
    text = text.encode('utf-8')
    text = text + (16 - len(text) % 16) * chr(16 - len(text) % 16).encode('utf-8')
    # 加密
    encrypt_text = aes.encrypt(text)
    # 将加密后的 bytes 类型数据转换为 base64 编码字符串
    result = base64.b64encode(encrypt_text).decode('utf-8')
    return result
# 解密函数
def decrypt(text):
    # 秘钥
    key = '1234567812345678'
    # 密码器
    aes = AES.new(key.encode('utf-8'), AES.MODE_ECB)
    # 将 base64 编码字符串转换为 bytes 类型数据,然后进行解密操作
    text = base64.b64decode(text.encode('utf-8'))
    decrypt_text = aes.decrypt(text)
    # 去除填充内容,得到明文 bytes 类型数据,再将其转换为字符串类型数据返回
    result = decrypt_text.decode('utf-8').rstrip(chr(decrypt_text[-1]))
    return result
```

```
    # 测试代码
    if __name__ == '__main__':
        text = '世界你好,hello world'
        encrypt_text = encrypt(text)
        print(f'加密后的结果:{encrypt_text}')
        decrypt_text = decrypt(encrypt_text)
        print(f'解密后的结果:{decrypt_text}')
```

运行程序,会输出如下内容:

```
加密后的结果:Xe/dGk4EYdATuNHJwUr+acxOImFqDsfSsVijaHuSCx0=
解密后的结果:世界你好,hello world
```

16.6 RSA加密和解密

RSA加密算法是一种非对称加密算法,它使用一对密钥,即公钥和私钥。公钥是可公开的,用于加密数据;私钥则是保密的,用于解密数据。RSA算法的安全性基于大数分解的困难性,即将一个大数分解成两个较小的质数的难度。

RSA算法的具体描述如下:

(1) 任意选取两个不同的大素数p和q计算乘积n=pq。

(2) 任意选取一个大整数e,满足gcd(e,(p−1)(q−1))=1,整数e用作加密钥。

(3) 计算d使得ed≡1(mod (p−1)(q−1)),整数d用作解密钥。

(4) 公钥为(n,e),私钥为(n,d)。

(5) 在加密时,明文m被转换为整数M,使得0≤M<n。密文c=M^e(mod n)。在解密时,明文m=M^d(mod n)。

下面的例子会使用cryptography模块中相关的API实现RSA加密和解密算法,读者可以使用下面的命令安装该模块。

```
pip3 install cryptography
```

代码位置:src/crypto/rsa.py

```
from cryptography.hazmat.primitives.asymmetric import rsa, padding
from cryptography.hazmat.primitives import serialization, hashes
def generate_key():
    # 生成公钥和私钥
    private_key = rsa.generate_private_key(
        public_exponent=65537,
        key_size=2048,
    )
    public_key = private_key.public_key()

    # 将公钥和私钥序列化为PEM格式
    private_pem = private_key.private_bytes(
```

```
        encoding = serialization.Encoding.PEM,
        format = serialization.PrivateFormat.PKCS8,
        encryption_algorithm = serialization.NoEncryption(),
    )
    public_pem = public_key.public_bytes(
        encoding = serialization.Encoding.PEM,
        format = serialization.PublicFormat.SubjectPublicKeyInfo,
    )
    return private_pem, public_pem
def encrypt(public_pem, message):
    # 将公钥反序列化为对象
    public_key = serialization.load_pem_public_key(
        public_pem,
    )
    # 使用公钥加密数据
    ciphertext = public_key.encrypt(
        message.encode(),
        padding.OAEP(
            mgf = padding.MGF1(algorithm = hashes.SHA256()),
            algorithm = hashes.SHA256(),
            label = None,
        ),
    )
    return ciphertext
def decrypt(private_pem, ciphertext):
    # 将私钥反序列化为对象
    private_key = serialization.load_pem_private_key(
        private_pem,
        password = None,
    )
    # 使用私钥解密数据
    plaintext = private_key.decrypt(
        ciphertext,
        padding.OAEP(
            mgf = padding.MGF1(algorithm = hashes.SHA256()),
            algorithm = hashes.SHA256(),
            label = None,
        ),
    )
    return plaintext.decode()

# 生成公钥和私钥
private_pem, public_pem = generate_key()
# 显示公钥和私钥
#print('private key:', private_pem.decode())
#print('public key:', public_pem.decode())
# 加密数据并显示密文
ciphertext = encrypt(public_pem, '世界,你好,Hello World!')
print('ciphertext:', ciphertext.hex())
# 解密数据并显示明文
plaintext = decrypt(private_pem, ciphertext)
print('plaintext:', plaintext)
```

运行程序，会显示如下内容：

```
ciphertext: 48c12c0376732235d652dd2450756167e1219401ad660490f19cf4d6755386aec7ba673223e
3c945393780bda340283c0afc163a68f00d24f36eb3ff9beab2577652e333cf3175a070b212bea9902dcca3
028dc9d20bf0571653c68658fda73bf879edd8d208e48b9c032c1a4b0d1bf0de41bd75a1eb9cb4f8077bb5a
f16f4b842185dec2e52a7e094761b80078ce9d20ff2af1cdcd5fd7d3a8f170a3fa10a1df83eade7b2b6c275
af4eb8ad7188ce3d892f3da6125b126bcbf013cd6e72c8cde00402ffc6996aad67101b3727646290ba36b87
274f9fc7e3439dd72e826bf70cae7728445f59d561a213d952fffbfb997c209252afdf4725251e9fe
da453047
plaintext: 世界,你好,Hello World!
```

16.7 小结

本章主要介绍了使用 hashlib、pyDes、pycrypto、cryptography 等模块加密和解密数据的方法，以及使用 base64 模块将数据编码和解密的方法。数据加密和解密的应用场景有很多。例如，数据库中的数据加密和解密处理，以防止数据被他人窃取；透明数据加密技术适用于对数据库中的数据执行实时加解密的应用场景，尤其是在对数据加密透明化有要求，以及对数据加密后数据库性能有较高要求的场景中；加密使用网络安全来防御恶意软件和勒索软件等暴力破解和网络攻击。读者可以在不同的应用场景中选择合适的加密和解密技术。

第17章

数 学 计 算

不少人认为数学学起来很难，尤其是高等数学。不过，有了 Python，这一切都会变得轻松起来。利用大量的 Python 模块，只需几行代码，就可以解决花费几天都无法算出的极限、导数、积分等题目。如果你想来试试，那么就赶快学习本章的内容吧。

17.1 微积分

微积分是高等数学的一门重要分支，主要研究变量及其渐变率的概念和计算。它包括微分学和积分学两部分。

1. 微分学

主要研究函数的变化率，由导数及其应用构成。主要内容如下。

(1) 导数：描述函数在某点的瞬间变化率，分为一阶导数、二阶导数和偏导数等。

(2) 微分：函数的极小变化量，与导数密切相关。

(3) 微分方程：描述函数及其导数之间的关系，用于模拟各种变化过程。

(4) 函数的极值：利用导数判断函数的极大值、极小值及鞍点。

(5) 曲线的切线与法线：利用导数确定曲线在某点的切线和法线。

(6) 近似值：利用微分理论给出函数在某点附近的线性近似表达式。

2. 积分学

主要研究变量的累积变化量，由定积分及其应用构成。主要内容如下。

(1) 定积分：在一个有限区间内计算函数的总变化量。与求面积、体积、工作量等密切相关。

(2) 中值定理：利用定积分确定函数在区间内的平均值。

(3) 定积分的几何意义：定积分可以表示函数在区间内 Lm 或 Lr 切片的面积。

(4) 定积分的应用：定积分在物理、工程及实际问题中有广泛应用。

微积分是理解和研究函数变化规律的有力工具。无论在理论上还是实际应用中，微积分都占有极为重要的地位。微积分的理论和技巧是学习高等数学及其工程应用的基础。

本节会使用 scipy、sympy 和 numpy 模块进行一些常用的微积分运算。读者可以使用下面的命令安装这些模块：

```
pip3 install scipy
pip3 install sympy
pip3 install numpy
```

1）scipy 模块

scipy 是一个用于科学计算的 Python 库，它提供了许多数值计算工具，如：

（1）积分、微分方程求解。

（2）优化算法。

（3）特殊函数。

（4）图像处理等。

它依赖于 numpy，是 numpy 的一个超集，提供了更高级的科学计算功能。

scipy 的目标是快速、高效地科学计算，所以更注重数值求解。

2）sympy

sympy 是一个用于符号数学的 Python 库，可以进行各种符号运算，如：

（1）积分、极限。

（2）方程式处理。

（3）矩阵运算。

（4）级数展开。

sympy 的目标是符号运算与计算，所以结果更精确。

scipy 和 sympy 的区别如下：

（1）scipy 依赖于 numpy，sympy 是独立的。

（2）scipy 更注重数值计算，symPy 更注重符号计算。

（3）scipy 可用于工程应用，symPy 更多用于理论数学研究。

但它们也可相互补充，可以用 sympy 进行复杂的符号推导，然后用 scipy 进行数值求解。

17.1.1 极限

极限是高等数学中的一个重要概念，它描述了一个函数输出值的指数趋近的行为。

设函数 $f(x)$在点 $x=a$ 的邻域内定义。如果当 x 趋近 a 时，$f(x)$的值趋向一个常数 L，则称 L 是 $f(x)$在 $x=a$ 点的极限，用图 17-1 所示的公式表示。

$$\lim_{x \to a} f(x) = L$$

图 17-1 极限公式

其中，$x \to a$ 表示 x 的值无限接近于 a。

极限有 3 种可能的结果。

（1）存在极限：如果 $f(x)$的值在 x 接近 a 时收敛到一个确定的值 L，那么极限存在，

记为 $\lim f(x)=L$。

(2) 无限大：如果 $f(x)$的值在 x 接近 a 时无限增大，那么极限为正无穷大，记为 $\lim f(x)=+\infty$；若无限减小，极限为负无穷大，记为 $\lim f(x)=-\infty$。

(3) 不存在：如果 $f(x)$的值在 x 接近 a 时既不收敛也不无限增大，而是振荡或无确定的值，那么极限不存在，记为 $\lim f(x)$ 不存在。

极限可以用来描述函数的渐进性质，是许多高等数学理论的基础，如微积分、连续函数和可导函数的定义等都依赖于极限概念。

极限还经常出现在实际问题中，可以用来表示某种数量随其他变量变化的趋势。如，当时间无限长时，某事件发生的频率等。

总之，极限是高等数学中描述变量或函数值在某点临近时的渐进变化行为的重要工具。它的理解和运用对学习高等数学及其应用至关重要。

scipy 模块提供了一个 scipy. limit 函数，可以用来计算函数在某个点或无穷处的极限。例如，如果你想计算如图 17-2 所示函数在 $x=2$ 处的极限，可以使用以下代码：

$$f(x)=\frac{x^2-4}{x-2}$$

图 17-2 计算 $f(x)$在 $x=2$ 处极限

代码位置：src/math/limit. py

```
import sympy                        # 导入符号计算库
x = sympy.Symbol('x')               # 定义变量 x
f = (x**2 - 4) / (x - 2)            # 定义函数 f(x)
lim = sympy.limit(f, x, 2)          # 计算极限,f 是函数,x 是自变量,2 是 x 逐渐趋近的值
print(lim)                          # 打印结果
```

运行程序，会输出 4。这说明 $f(x)$在 $x=2$ 处的极限为 4。

如果你想计算函数在无穷处的极限，可以使用 sympy. oo(2 个小写的字母 o)表示无穷大。例如，如果你想计算如图 17-3 所示函数在 x 趋于无穷时的极限，可以使用以下代码：

$$f(x)=\left(\frac{x}{\sqrt{x.x+1}}\right)^x$$

图 17-3 计算 $f(x)$在 x 趋于无穷时的极限

代码位置：src/math/limit_infinite. py

```
import sympy                        # 导入符号计算库
x = sympy.Symbol('x')               # 定义变量 x
g = (x/sympy.sqrt(x*x+1))**x        # 定义函数 f(x)
lim = sympy.limit(g, x, sympy.oo)   # 计算极限
print(lim)                          # 打印结果
```

运行程序，会输出 1。这说明 $f(x)$在 x 趋于无穷时的极限为 1。

17.1.2 导数

导数是高等数学中的一个关键概念，用于描述函数变化率。它分为一阶导数、二阶导数、偏导数等。

1. 一阶导数

设函数 $f(x)$在点 $x=a$ 的邻域内连续可微，当 x 的值以 Δx 微小变化时，$f(x)$的值也随之变化 Δy，则 $\Delta y/\Delta x$ 的值在当 Δx 趋近 0 时的极限称为 $f(x)$在 $x=a$ 点的一阶导数，记为 $f'(a)$或 $\mathrm{d}y/\mathrm{d}x|x=a$。

一阶导数描述了函数在某点的瞬间变化率，反映了函数曲线在该点的切线斜率。

2. 二阶导数

设一阶导数 $f'(x)$在 $x=a$ 点也连续可微，当 x 的值 Δx 微小变化时，$f'(x)$的值变化 $\Delta(\mathrm{d}y/\mathrm{d}x)$，则 $\Delta(\mathrm{d}y/\mathrm{d}x)/\Delta x$ 的值在当 Δx 趋近 0 时的极限称为 $f(x)$在 $x=a$ 点的二阶导数，记为 $f''(a)$或 $\mathrm{d}^2y/\mathrm{d}x^2|x=a$。

二阶导数描述了一阶导数本身在该点的瞬间变化率，反映了函数曲线在该点的曲率。

3. 偏导数

若函数 $f(x,y)$依赖两个变量 x 和 y，当仅 x 的值 Δx 变化时，函数 $f(x,y)$值的变化 Δf，则 $\Delta f/\Delta x$ 的值在当 Δx 趋近 0 时的极限称为 $f(x,y)$对 x 的偏导数，记为$\partial f/\partial x$ 或 fx。

若仅 y 的值 Δy 变化时，函数 $f(x,y)$值的变化 Δf，则 $\Delta f/\Delta y$ 的值在当 Δy 趋近 0 时的极限称为 $f(x,y)$对 y 的偏导数，记为$\partial f/\partial y$ 或 fy。

偏导数描述了多变量函数对某个变量的瞬间变化率，在该变量值固定时，视其他变量为常数。

导数及其扩展概念在微积分、优化以及许多工程应用中均有广泛使用。导数给我们提供了分析函数变化特征及趋势的有力工具，是理解许多高等数学概念的基础。

scipy 模块提供了两个函数用来计算函数在某个点的导数或偏导数。例如，如果你想计算如图 17-4 所示函数在 $x=1$ 处的一阶导数，可以使用以下代码：

$$f(x)=x^3+2x$$

图 17-4 计算 $f(x)$的一阶导数和二阶导数

代码位置：src/math/derivative1.py

```
import scipy.misc
def f(x):                                        # 定义函数 f(x)
    return x ** 3 + 2 * x
der = scipy.misc.derivative(f, 1, dx = 1e - 6)   # 计算一阶导数
print(der)                                       # 打印结果
```

运行程序，输出 4.999999999810711，这说明 $f(x)$在 $x=1$ 处的一阶导数为 5。其中，$\mathrm{d}x$ 参数表示计算导数时使用的间隔，也就是中心差分法中的 h。$\mathrm{d}x$ 越小，计算的精度越

高，但是也可能造成舍入误差。dx 的默认值是 1.0，读者可以根据需要调整。

如果你想计算函数在 $x=1$ 处的二阶导数，可以使用以下代码：

代码位置：src/math/derivative2. py

```
import scipy.misc                                        # 导入 scipy.misc 模块
def f(x):                                                # 定义函数 f(x)
    return x ** 3 + 2 * x
der = scipy.misc.derivative(f, 1, dx = 1e - 6, n = 2)    # 计算二阶导数
print(der)                                               # 打印结果
```

运行程序，输出 5.999645225074346，这说明 $f(x)$ 在 $x=1$ 处的二阶导数为 6。

如果想计算如图 17-5 所示函数在 $(x,y)=(1,2)$ 处的偏导数，可以使用以下代码：

$$f(x,y)=x^2+y^2$$

图 17-5 计算 $f(x,y)$ 在 $(x,y)=(1,2)$ 处的偏导数

代码位置：src/math/derivativexy. py

```
import scipy.misc                                        # 导入 scipy.misc 模块
def f(x,y):                                              # 定义函数 f(x,y)
    return x ** 2 + y ** 2
# 计算对 x 的偏导数，即固定 y = 2，求 f(x,2) 在 x = 1 处的一阶导数
partial_x = scipy.misc.derivative(lambda x: f(x,2), 1, dx = 1e - 6)
print(partial_x)                                         # 打印结果
# 计算对 y 的偏导数，即固定 x = 1，求 f(1,y) 在 y = 2 处的一阶导数
partial_y = scipy.misc.derivative(lambda y: f(1,y), 2, dx = 1e - 6)
print(partial_y)                                         # 打印结果
```

运行程序，输出如下结果：

```
2.000000000279556
4.000000000115023
```

这说明 $f(x,y)$ 在 $(x,y)=(1,2)$ 处对 x 的偏导数为 2，对 y 的偏导数为 4。

17.1.3 积分

积分是高等数学中的一个关键概念，它描述一个函数在某个区间上的总变化量。积分分为定积分和不定积分两种。

1. 定积分

设函数 $f(x)$ 在区间 $[a,b]$ 上连续，将区间 $[a,b]$ 分割成 n 个小区间，在每个小区间上取一点 $x_1,x_2,\cdots,x_n$，则 $f(x_1)\Delta x_1+f(x_2)\Delta x_2+\cdots+f(x_n)\Delta x_n$ 的极限（Δx_i 表示每个小区间的长度，$n\to\infty$）称为 $f(x)$ 在 $[a,b]$ 区间的定积分，可表示为如图 17-6 所示的形式。

$$\int_b^a f(x)\mathrm{d}x$$

图 17-6 定积分公式

其中，$\int$ 表示积分运算，a 和 b 分别表示积分的上限和下限，$\mathrm{d}x$ 表示被积函数 $f(x)$ 中的自变量 x。

定积分给出的是函数在整个区间的总变化量或区间内的面积。

2. 不定积分

如果 integrand $f(x)$ 的积分上下限 a 和 b 未知或为无穷，则积分结果称为原函数 $F(x)$，而非定值，表示为如图 17-7 所示的形式。

$$\int f(x)\mathrm{d}x = F(x) + C$$

图 17-7　不定积分公式

其中，C 为任意常数，称为积分常数。不定积分给出的是一个函数族，表示原函数加任意常数的集合。

积分概念的引入拓展了我们对变量变化规律的理解，提供了计算面积、体积以及更广泛应用的工具。许多实际问题都可以抽象为积分问题加以求解，是工程应用中不可或缺的数学工具。

scipy 模块提供了 scipy.integrate.quad 函数，可以用来计算函数在某个区间的定积分。例如，如果想计算如图 17-8 所示函数在[0,1]区间的定积分，可以使用以下代码：

$$f(x) = x^2$$

图 17-8　求 $f(x)$在[0,1]区间的定积分

代码位置：src/math/integrate.py

```
import scipy.integrate
def f(x):                                      # 定义函数 f(x)
    return x ** 2
v, err = scipy.integrate.quad(f, 0, 1)         # 计算定积分
print(v)                                       # 打印结果
```

运行程序，输出 0.33333333333333337，这说明 $f(x)$在[0,1]区间的定积分为 1/3。

如果想计算函数在无穷区间的定积分，可以使用 scipy.inf 表示无穷大。例如，如果你想计算如图 17-9 所示函数在[−inf, inf]区间的定积分，你可以使用以下代码：

$$f(x) = \mathrm{e}^{-x^2}$$

图 17-9　求 $f(x)$在[−inf, inf]区间的定积分

代码位置：src/math/integrate_inf.py

```
import scipy.integrate
import numpy as np
def f(x):                                                  # 定义函数 f(x)
    return np.exp(-x ** 2)
v, err = scipy.integrate.quad(f, -np.inf, np.inf)          # 计算定积分
print(v)                                                   # 打印结果
```

运行程序，输出 1.7724538509055159，这说明 $f(x)$在[－inf，inf]区间的定积分为 sqrt(pi)。

对于不定积分，scipy 模块没有直接提供函数，但是可以使用 sympy 模块来求解。sympy 模块提供了一个 sympy.integrate 函数，可以用来计算函数的不定积分。例如，如果想计算如图 17-10 所示函数的不定积分，可以使用以下代码：

$$f(x) = x^2$$

图 17-10　求 $f(x)$的不定积分

代码位置：src/math/integratefx.py

```
import sympy
x = sympy.Symbol('x')                     # 定义变量 x
f = x**2                                  # 定义函数 f(x)
F = sympy.integrate(f, x)                 # 计算不定积分
print(F)                                  # 打印结果
```

运行程序，输出 x ** 3/3，这说明 $f(x)$的不定积分为 x ** 3/3 ＋ C，其中 C 是任意常数。

17.1.4　二重积分和三重积分

对于多重积分，scipy 模块提供了一些函数，如 scipy.integrate.dblquad 和 scipy.integrate.tplquad，用来计算二重积分和三重积分。例如，如果想计算如图 17-11 所示函数的二重积分在[0,1]×[0,1]区域的值，可以使用以下代码：

$$f(x,y) = x.y$$

图 17-11　求 $f(x,y)$在[0,1]×[0,1]区域的二重积分

代码位置：src/math/integrate2.py

```
import scipy.integrate
def f(x,y):                               # 定义函数 h(x,y)
    return x * y
v, err = scipy.integrate.dblquad(f, 0, 1, lambda x: 0, lambda x: 1)   # 计算二重积分
print(v)                                  # 打印结果
```

运行程序，输出 0.24999999999999997，这说明 $f(x,y)$在[0,1]×[0,1]区域的二重积分为 1/4。

如果想计算如图 17-12 所示函数的三重积分在[0,1]×[0,1]×[0,1]区域的值，可以使用以下代码：

$$f(x,y,z) = x \cdot y \cdot z + x^2 + y^2 + z^2$$

图 17-12　求 $f(x,y,z)$在[0,1]×[0,1]×[0,1]区域的三重积分

代码位置：src/math/integrate3.py

```
from scipy import integrate
# 定义被积函数，注意变量顺序为 z, y, x
f = lambda z, y, x: x * y * z + x**2 + y**2 + z**2
```

```
# 定义积分区间
x_bounds = [1, 3]
y_bounds = [2, 3]
z_bounds = [0, 1]
# 计算三重积分
result, error = integrate.tplquad(f, x_bounds[0], x_bounds[1],
                                  lambda x: y_bounds[0], lambda x: y_bounds[1],
                                  lambda x, y: z_bounds[0], lambda x, y: z_bounds[1])


print("Result:", result)
print("Error:", error)
```

运行程序，会输出如下内容：

```
Result: 27.000000000000004
Error: 2.997602166487923e-13
```

这说明 $f(x,y,z)$ 在[0,1]×[0,1]×[0,1]区域的三重积分为 27。其中，result 表示三重积分的结果，error 表示误差的上限 1。这意味着可以通过 error 了解积分结果的精度。

17.1.5 微分方程

微分方程是一种用来描述未知函数与其导数之间关系的数学方程。微分方程的阶数取决于方程中出现的最高次导数的阶数。一阶微分方程是指只含有一阶导数的微分方程，例如：$y'=5x+3$。二阶微分方程是指只含有二阶导数或以下的微分方程，例如：$y''+2y'=e^x$。

微分方程的解法有很多种，根据微分方程的类型和性质，可以采用不同的方法。一些常见的一阶微分方程的解法有线性方程法、伯努利方程法、齐次方程法、可分离变量方程法、恰当方程法等。二阶微分方程的解法有常系数齐次线性方程法、常系数非齐次线性方程法、欧拉-柯西方程法、变系数线性方程法等。

scipy.integrate 模块中提供了 odeint 函数，用于求解一阶或高阶的常微分方程或方程组。它基于 FORTRAN 库 odepack 中的 lsoda 算法，可以处理刚性或非刚性的问题。

odeint 函数的参数比较多，这里只介绍几个常用参数的含义。

(1) dydt：这是一个函数，用于计算 y 在 t 处的导数，即 dy/dt。这个函数的参数是 y、t、a、b，其中 y 是一个长度为 2 的列表，表示 y 和 y′的值，t 是自变量，a、b 是常数。

(2) y0：这是一个列表，表示初始条件，即 y 和 y′在 t=0 时的值。这里设置为[1, 0]，表示 y(0)=1，y′(0)=0。

(3) t：这是一个数组，表示一系列时间点，用于求解 y。这里设置为从 0 到 10，步长为 0.1 的等差数列。

(4) args：这是一个元组，表示传递给 dydt 函数的额外参数。这里设置为(a,b)，表示常数 a、b 的值。这里设置为 0.2 和 5。

下面的例子使用 odeint 函数计算二阶微分方程 $y''+0.2y'+5y=0$，并绘制出如图 17-13 所示的 y 和 y′随 t 变化的曲线图，可以看出，y 和 y′都是以指数衰减的正弦函数的形式振荡，这与微分方程的解析解是一致的。

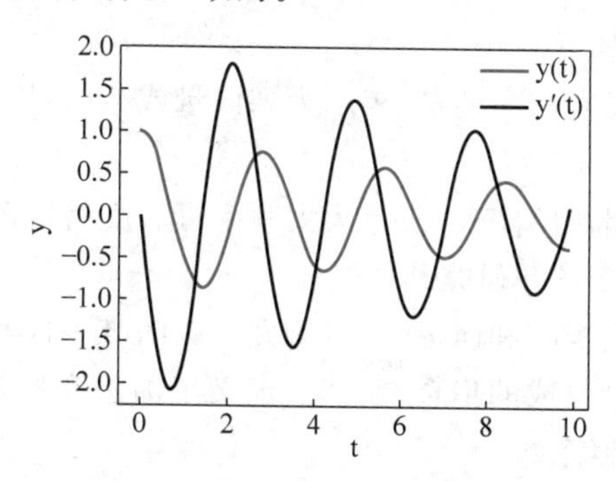

图 17-13 y 和 y′随 t 变化的曲线

代码位置：src/math/odeint.py

```
import numpy as np
import matplotlib.pyplot as plt
from scipy.integrate import odeint
# 定义微分方程的函数，参数为 y, t, a, b
# y 是一个长度为 2 的列表，表示 y 和 y'的值
# t 是自变量
# a, b 是常数
def dydt(y, t, a, b):
    # 返回 y'和 y''的值，即 dy/dt 和 d2y/dt2 的值
    return [y[1], - a * y[1] - b * y[0]]
# 定义初始条件，y(0) = 1, y'(0) = 0
y0 = [1, 0]
# 定义自变量的取值范围，从 0 到 10，步长为 0.1
t = np.arange(0, 10, 0.1)
# 定义常数 a, b 的值，分别为 0.2 和 5
a = 0.2
b = 5
# 调用 odeint 函数求解微分方程，传入函数名，初始条件，自变量序列，以及常数参数
sol = odeint(dydt, y0, t, args = (a, b))
# 绘制 y 和 y'随 t 变化的曲线图
plt.plot(t, sol[:, 0], label = 'y(t)')
plt.plot(t, sol[:, 1], label = "y'(t)")
plt.xlabel('t')
plt.ylabel('y')
plt.legend()
plt.show()
```

17.2 线性代数

线性代数是高等数学的一门重要分支，主要研究线性方程组、矩阵、向量空间及其在代数结构上的性质和运算法则。它涉及向量、矩阵的概念和运算，是学习高等数学及许多学科的基础。

线性代数的主要内容如下。

(1) 向量：既有数量又有方向的量，表示为列向量或行向量。支持向量运算：加、减、标量乘。

(2) 矩阵：由行列数组成的阵列，表示为大写字母。支持矩阵运算：加、减、乘、乘方、逆矩阵等。矩阵可表示线性变换并研究其性质。

(3) 线性方程组：利用矩阵和向量表示，研究其解的唯一性和求解方法。

(4) 向量空间：由向量组成的集合，在其上定义了加法和标量乘法运算。研究其维数、线性无关组、生成组、基等概念。

(5) 线性变换：研究矩阵或向量空间之间的函数映射，保留加法和标量乘法。研究其矩阵表示、相似矩阵、特征值与秩等。

(6) 范数：用来度量向量长度和矩阵大小的函数，研究向量空间和矩阵空间的几何性质。

(7) 特征值与特征向量：研究方阵的对角化和相似变换。

(8) ICODE 分解：研究矩阵的分块对角化。

线性代数在许多理论研究和实际问题中有着广泛的应用，如统计学、机器学习、图像处理、控制论、工程计算等。熟练掌握线性代数理论与技能是学习高等数学及其应用的基础。

本节会使用相关 Python 模块完成一些常用的线性代数运算。

17.2.1 矩阵的加法、减法和乘法

numpy 模块可以进行矩阵的加法、减法和乘法运行，可以直接使用+、-和@运算符分别计算矩阵的加法、减法和乘法，也可以使用 add 函数进行矩阵的加法运算，使用 subtract 函数进行矩阵的减法运算，使用 matmul 或 dot 函数进行矩阵的乘法运算。

下面的例子演示了如何计算矩阵的加法、减法和乘法。

代码位置：src/math/basic_mat.py

```
import numpy as np
# 定义两个矩阵 A 和 B,可以是 numpy.array 或 numpy.matrix 类型
A = np.array( [ [1, 2], [3, 4]])
B = np.array( [ [5, 6], [7, 8]])
# 计算矩阵的加法,可以用 + 运算符或 np.add 函数
C = A + B # 或者 C = np.add(A, B)
print("A + B =")
print(C)
# 计算矩阵的减法,可以用 - 运算符或 np.subtract 函数
D = A - B # 或者 D = np.subtract(A, B)
print("A - B =")
print(D)
# 计算矩阵的乘法,可以用@运算符或 np.matmul 函数或 np.dot 函数
E = A @ B # 或者 E = np.matmul(A, B) 或者 E = np.dot(A, B)
```

```
print("A * B =")
print(E)
```

运行程序,会输出如下内容:

```
A + B =
[[ 6 8]
 [10 12]]
A - B =
[[-4 -4]
 [-4 -4]]
A * B =
[[19 22]
 [43 50]]
```

17.2.2 矩阵的秩

矩阵的秩是线性代数中的一个概念,它表示一个矩阵的线性独立的行或列的最大数目。也就是说,矩阵的秩是它能生成的子空间的维度。矩阵的秩有以下几种等价的定义:

(1) 矩阵的秩是它的不为零的子式(行列式)的最大阶数。

(2) 矩阵的秩是它的列向量组或行向量组的极大线性无关组中向量的个数。

(3) 矩阵的秩是它对应的线性映射的像空间或非零原像空间(商空间)的维度。

矩阵的秩有以下几种常用的性质:

(1) 矩阵的行秩和列秩总是相等的,因此它们可以简单地称作矩阵的秩。

(2) 矩阵的秩不大于它的行数或列数,即 $r(A)\leqslant \min(m, n)$。

(3) 矩阵与非零标量相乘,不改变它的秩,即 $r(kA)=r(A)$。

(4) 矩阵与可逆矩阵相乘,不改变它的秩,即 $r(PA)=r(A)=r(AQ)=r(PAQ)$。

(5) 矩阵相加或相乘,它们的秩满足以下不等式:

```
r(A + B) ≤ r(A) + r(B)
r(AB) ≤ min(r(A), r(B))
r(A) + r(B) - n ≤ r(AB)
```

可以使用 numpy 中的 np. linalg. matrix_rank 函数计算矩阵的秩,代码如下:

代码位置:src/math/matrix_rank. py

```
import numpy as np
# 定义一个矩阵 A
A = np.array( [ [1, 2], [3, 4]])
# 计算 A 的秩,可以用 numpy.linalg.matrix_rank 函数或 scipy.linalg.matrix_rank 函数
r = np.linalg.matrix_rank(A)          # 或者 r = linalg.matrix_rank(A)
print("r(A) =",r)
```

运行程序,会输出如下内容:

```
r(A) = 2
```

这说明,矩阵 A 的秩为 2。

17.2.3 矩阵的逆

矩阵的逆是一种用来求解矩阵方程的运算,它的含义是将一个矩阵乘以另一个矩阵的逆矩阵。例如,如果有矩阵方程 $\boldsymbol{AX}=\boldsymbol{B}$,那么可以用矩阵除法求解 $\boldsymbol{X}$,即 $\boldsymbol{X}=\boldsymbol{A}^{-1}\boldsymbol{B}$,其中 $\boldsymbol{A}^{-1}$ 表示 $\boldsymbol{A}$ 的逆矩阵。

不过,并不是所有矩阵都有逆矩阵,只有满足以下条件的方阵才有逆矩阵:

(1) 方阵的行列式不等于 0。

(2) 方阵的秩等于它的阶数。

(3) 方阵可以通过初等行变换化为单位矩阵。

如果一个方阵没有逆矩阵,那么它被称为奇异矩阵或非可逆矩阵。

可以使用使用 numpy 模块中的 np.linalg.inv 函数来计算矩阵的逆。

代码位置:src/math/inv.py

```
import numpy as np
# 定义一个方阵 A
A = np.array( [ [1, 2], [3, 4]])
# 计算 A 的逆矩阵,可以用 numpy.linalg.inv 函数或 scipy.linalg.inv 函数
B = np.linalg.inv(A)                        # 或者 B = linalg.inv(A)
print("A^-1 =")
print(B)
# 验证 B 是 A 的逆矩阵,即 AB = BA = I
C = A @ B # 或者 C = np.matmul(A, B) 或者 C = np.dot(A, B)
D = B @ A # 或者 D = np.matmul(B, A) 或者 D = np.dot(B, A)
print("AB =")
print(C)
print("BA =")
print(D)
```

运行程序,会输出如下内容:

```
A^-1 =
[[-2.  1. ]
 [ 1.5 -0.5]]
AB =
[[1.0000000e+00 0.0000000e+00]
 [8.8817842e-16 1.0000000e+00]]
BA =
[[1.00000000e+00 0.00000000e+00]
 [1.11022302e-16 1.00000000e+00]]
```

17.2.4 相似矩阵

相似矩阵是一种用来表示两个矩阵之间的关系的概念,它的定义是:如果有一个可逆矩阵 $\boldsymbol{P}$,使得 $\boldsymbol{P}^{\wedge-1}\boldsymbol{AP}=\boldsymbol{B}$,那么就说 $\boldsymbol{A}$ 和 $\boldsymbol{B}$ 是相似矩阵,记为 $\boldsymbol{A}\sim\boldsymbol{B}$。相似矩阵的性质有:

（1）相似矩阵具有传递性，即如果 $\boldsymbol{A} \sim \boldsymbol{B}, \boldsymbol{B} \sim \boldsymbol{C}$，那么 $\boldsymbol{A} \sim \boldsymbol{C}$。

（2）相似矩阵具有对称性，即如果 $\boldsymbol{A} \sim \boldsymbol{B}$，那么 $\boldsymbol{B} \sim \boldsymbol{A}$。

（3）相似矩阵具有自反性，即任何矩阵都与自身相似。

（4）相似矩阵具有相同的行列式、秩、迹、特征值等。

要判断两个矩阵是否相似，一种方法是找到一个可逆矩阵 $\boldsymbol{P}$，使得 $\boldsymbol{P}^{\wedge -1}\boldsymbol{AP} = \boldsymbol{B}$ 成立；另一种方法是比较两个矩阵的特征值和特征向量，如果它们有相同的特征值和对应的线性无关的特征向量，那么它们就是相似的。

下面的例子判断了 $\boldsymbol{A}$ 和 $\boldsymbol{B}$ 两个矩阵是否为相似矩阵。

代码位置：src/math/similar_matrix.py

```
# 导入所需的模块
import numpy as np
from scipy import linalg

# 定义两个矩阵 A 和 B
A = np.array( [ [1, 2], [3, 4]])
B = np.array( [ [5, 6], [7, 8]])
# 定义一个函数来判断是否为相似矩阵
def is_similar(A, B):
    # 如果 A 和 B 的形状不同,返回 False
    if A.shape != B.shape:
        return False
    # 如果 A 和 B 都是方阵,尝试找到一个可逆矩阵 P,使得 P^ - 1AP = B
    if A.shape[0] == A.shape[1]:
        try:
            # 计算 A 和 B 的逆矩阵
            A_inv = linalg.inv(A)
            B_inv = linalg.inv(B)
            # 计算 P = BA^ - 1
            P = B @ A_inv
            # 检查 P 是否满足 P^ - 1AP = B
            return np.allclose(linalg.inv(P) @ A @ P, B)
        except:
            # 如果 A 或 B 不可逆,返回 False
            return False
    # 如果 A 和 B 不是方阵,比较它们的特征值和特征向量
    else:
        # 计算 A 和 B 的特征值和特征向量
        A_eigvals, A_eigvecs = linalg.eig(A)
        B_eigvals, B_eigvecs = linalg.eig(B)
        # 检查 A 和 B 是否有相同的特征值(忽略顺序)
        if np.allclose(np.sort(A_eigvals), np.sort(B_eigvals)):
            # 对每个特征值,检查 A 和 B 是否有对应的线性无关的特征向量
            for i in range(len(A_eigvals)):
                # 找到 A 和 B 中与第 i 个特征值对应的特征向量
                A_vecs = A_eigvecs[:, np.isclose(A_eigvals, A_eigvals[i])]
                B_vecs = B_eigvecs[:, np.isclose(B_eigvals, A_eigvals[i])]
```

```
            # 检查 A 和 B 中对应的特征向量是否有相同的秩(线性无关的个数)
            if linalg.matrix_rank(A_vecs) != linalg.matrix_rank(B_vecs):
                return False
        # 如果所有特征值都有对应的线性无关的特征向量,返回 True
        return True
    else:
        # 如果 A 和 B 没有相同的特征值,返回 False
        return False
# 调用函数来判断 A 和 B 是否为相似矩阵,并打印结果
result = is_similar(A, B)
print("A ~ B ?", result)
```

运行程序,会输出如下内容:

```
A ~ B ? False
```

17.2.5 线性方程组

线性方程组是由一个或多个包含相同变量的线性方程组成的,例如,下面就是一个典型的三元一次线性方程组,它包含了 3 个未知数 x、y 和 z,也包含了 3 个方程。

```
2x + y - z = 3
x - 2y + z = 2
3x - y - 2z = 1
```

线性方程组的解是一组数,使得每个方程的等号都成立。线性方程组的解的情况有三种:无解、唯一解或无穷多解。求解线性方程组的方法有很多,例如高斯消元法、克拉默法则、矩阵分解法、迭代法等。

在 Python 中,可以使用不同的库和函数来求解线性方程组。例如,使用 **scipy.linalg.solve** 函数可以求解形如 $\boldsymbol{Ax}=\boldsymbol{b}$ 的线性方程组,其中,$\boldsymbol{A}$ 是系数矩阵,$\boldsymbol{b}$ 是常数向量,$\boldsymbol{x}$ 是未知向量。

代码位置:src/math/solve1.py

```
import numpy as np
from scipy.linalg import solve
# 定义系数矩阵和常数向量
A = np.array([[2, 1, -1], [1, -2, 1], [3, -1, -2]])
b = np.array([3, 2, 1])
# 求解线性方程组
x = solve(A, b)
# 打印结果
print(x)
```

运行程序,会输出[2. 1. 2.],表示 $x=2, y=1, z=2$。

使用 sympy.solve 函数可以求解符号形式的线性方程组,也就是可以保留分数、根号等表达式。

代码位置：src/math/solve2.py

```
from sympy import symbols, Eq, solve
# 定义未知变量和方程
x, y, z = symbols('x y z')
eqs = [Eq(2 * x + y - z, 3), Eq(x - 2 * y + z, 2), Eq(3 * x - y - 2 * z, 1)]
# 求解线性方程组
sol = solve(eqs, [x, y, z])
# 打印结果
print(sol)
```

运行程序，会输出{x:2,y:1,z:2}。

17.3 小结

本章使用scipy、sympy、numpy等模块完成了微积分和线性代数中常用的计算，不过这些模块的功能远不止这些。绝大多数高等数学问题都可以用这些模块解决，当然，还有更多的Python模块可以完成更复杂的计算任务，甚至可以给出推导过程，值得我们深入探索！

第18章 文件压缩与解压

本章会介绍如何使用Python和相关模块将文件和目录压缩成zip和7z文件，以及如何解压这两种压缩格式的文件。

18.1 zip格式

本节介绍了如何使用内置的zipfile模块将文件和目录压缩成zip格式的文件，以及解压zip文件。

18.1.1 压缩成zip文件

Python提供了内置的zipfile模块，该模块提供了创建、读取、写入、追加和列出zip文件的工具。这个模块中最重要的类是ZipFile，它可以表示一个zip文件对象，可以对zip文件进行各种操作。ZipFile类的构造函数接受一个zip文件名和一个模式参数，模式参数可以是'w'(写入模式)、'r'(读取模式)、'a'(追加模式)或'x'(创建模式)。ZipFile对象有一些常用的方法，如write、extractall、namelist等。

本节的例子定义了两个函数：zipdir和zipfile。zipdir函数用于将一个目录及其所有子目录和文件压缩成zip文件格式。这个函数接受两个参数——path和ziph。path是要压缩的目录路径，ziph是一个ZipFile对象。这个函数使用os.walk函数遍历path中的所有子目录和文件，并使用ZipFile对象的write方法将它们写入zip文件。为了保持压缩后的文件结构与原始目录结构一致，它使用os.path.relpath函数获取每个文件相对于压缩目录的相对路径，并作为write方法的第2个参数传入。

zipfile函数用于将任意文件或目录压缩成zip文件格式。这个函数接受两个参数——path和ziph。path是要压缩的路径(可以是文件或目录)，ziph是一个ZipFile对象。这个函数使用os.path.isfile函数判断path是文件还是目录，并根据不同情况进行处理。如果是文件，直接使用ZipFile对象的write方法将其写入zip文件，并使用os.path.basename函数获取文件名作为第二个参数传入。如果是目录，调用之前定义的zipdir函数将其压缩。

下面的代码完整地演示了如何使用zipfile模块压缩和解压zip文件。

代码位置：src/compression/zip.py

```
from zipfile import ZipFile
import os
# 定义一个函数,传入要压缩的目录路径和 zip 文件对象
def zipdir(path, ziph):
    # ziph 是 zip 文件对象
    # 使用 os.walk 函数遍历目录中的所有子目录和文件
    for root, dirs, files in os.walk(path):
        for file in files:
            # 使用 os.path.join 函数拼接完整的文件路径
            file_path = os.path.join(root, file)
            # 使用 os.path.relpath 函数获取相对于压缩目录的相对路径
            file_relpath = os.path.relpath(file_path, os.path.join(path, '..'))
            # 使用 zip 文件对象的 write 方法,传入文件路径和相对路径
            ziph.write(file_path, file_relpath)
# 定义一个函数,传入要压缩的路径(可以是文件或目录)和 zip 文件对象
def zipfile(path, ziph):
    # ziph 是 zip 文件对象
    # 使用 os.path.isfile 函数判断传入的路径是文件还是目录
    if os.path.isfile(path):
        # 如果是文件,直接使用 zip 文件对象的 write 方法,传入文件路径和文件名
        ziph.write(path, os.path.basename(path))
    else:
        # 如果是目录,调用 zipdir 函数,传入目录路径和 zip 文件对象
        zipdir(path, ziph)
# 创建一个 zip 文件对象,指定 zip 文件名和写入模式
with ZipFile('my.zip', 'w') as zipf:
    # 调用 zipfile 函数,传入要压缩的路径(可以是文件或目录)和 zip 文件对象
    zipfile('zip.py', zipf)
    zipfile('images', zipf)
```

运行程序之前，要保证当前目录存在 zip.py 文件和 images 目录，运行程序后，会在当前目录生成一个 my.zip 文件。

18.1.2 解压 zip 文件

使用 ZipFile.extractAll 方法可以解压 zip 文件，代码如下：

代码位置：src/compression/unzip.py

```
from zipfile import ZipFile
# 创建一个 ZipFile 对象,指定 zip 文件名和读取模式
with ZipFile('my.zip', 'r') as zip:
    # 使用 extractall 方法,传入要解压到的目录的路径
    zip.extractall('my_extracted_directory')
```

18.2 7z 格式

本节介绍了使用 py7zr 模块将文件和目录压缩成 7z 格式的文件，并解压 7z 文件。读者

可以使用下面的命令安装 py7zr 模块。

```
pip3 install py7zr
```

18.2.1 压缩成 7z 格式

使用 py7zr 模块的 ServenZipFile 类可以压缩和解压 7z 格式的文件。

下面的代码使用 ServenZipFile 类压缩 images 目录，并生成了 my.7z 文件。

代码位置：src/compression/7z.py

```
import os
import py7zr
def compress_7z(file_path, archive_path):
    with py7zr.SevenZipFile(archive_path, 'w') as archive:
        if os.path.isfile(file_path):
            archive.write(file_path, os.path.basename(file_path))
        elif os.path.isdir(file_path):
            archive.writeall(file_path, os.path.basename(file_path))
compress_7z('images', 'my.7z')
```

执行代码之前，要保证当前目录存在 images 子目录。运行代码后，会在当前目录生成 my.7z 文件。

18.2.2 解压 7z 文件

使用 ServenZipFile.extractAll 方法可以解压 7z 格式的文件，代码如下。

代码位置：src/compression/un7z.py

```
import py7zr
def decompress_7z(archive_path, extract_path):
    with py7zr.SevenZipFile(archive_path, 'r') as archive:
        archive.extractall(path=extract_path)
decompress_7z('my.7z', '7z_extracted_dir')
```

这段代码会将 my.7z 文件解压到 7z_extracted_dir 目录。

18.2.3 设置 7z 文件的密码

通过 SevenZipFile 类构造方法的 password 参数可以指定压缩文件的密码。在压缩文件的同时，可以为压缩文件添加密码；解压时，以同样的方式添加解压密码。

下面的例子将 7zpw.py 文件压缩成了 mypw.7z 文件，并添加了压缩密码 123456。

代码位置：src/compression/7zpw.py

```
import py7zr
# 压缩文件并添加密码
def compress_file(file_path, password):
    archive = py7zr.SevenZipFile('mypw.7z', 'w', password=password)
```

```
    archive.writeall(file_path)
    archive.close()
# 解压缩带密码的压缩文件
def decompress_file(archive_path, password):
    archive = py7zr.SevenZipFile(archive_path, mode='r', password=password)
    archive.extractall()
    archive.close()
# 压缩文件
compress_file('7zpw.py', '123456')

# 解压缩带密码的压缩文件
decompress_file('mypw.7z', '123456')
```

18.3　小结

本章介绍了一个内置模块 zipfile 和第三方模块 py7zr，这两个模块分别用来压缩和解压 zip 与 7z 格式的文件。压缩和解压文件的应用场景非常多，例如，压缩文件占用的存储空间较少，可以节省磁盘空间或云端空间；压缩文件可以比未压缩的文件更快地传输到其他计算机或网络，减少等待时间和流量消耗；将多个文件合并到单个压缩的文件夹，可以更轻松地共享、备份或移动一组文件，避免文件丢失或混乱；压缩文件可以设置密码或加密，防止未经授权的人员访问或修改文件内容，保护隐私和数据安全。

尽管现在的压缩格式文件多，但推荐使用 7z 格式，因为这个格式的压缩文件尺寸比较小，更方便传输和共享。

第 19 章

文 本 处 理

本章使用了几个内置的模块和第三方模块对文本进行处理。例如，对文本中的单独段落进行自动换行，折叠并截短长文本，移除文本中的空白前缀，添加前缀，以及中文分词、词性标注等。最后还给出了一个有趣的程序——将图像转换为字符。

19.1 处理长字符串

python 的 textwrap 模块是一个用于处理文本换行和填充的模块，它提供了一些方便的函数，以及一个可以完成所有工作的类 TextWrapper。

textwrap 模块的主要功能如下：

(1) 对文本中的单独段落进行自动换行，使每行长度不超过 width 个字符，返回一个包含输出行的列表。

(2) 对文本中的单独段落进行自动换行，并返回一个包含被自动换行段落的单个字符串。

(3) 折叠并截短给定的文本以符合给定的 width，如果结果太长，则丢弃末尾的单词并添加占位符。

(4) 移除文本中每一行的任何相同前缀空白符，用来清除三重引号字符串行的左侧空格。

(5) 将 prefix 添加到文本中选定行的开头，可以用来控制哪些行要缩进。

下面的代码演示了 textwrap 模块的主要用法。

代码位置：src/text/wrap.py

```
import textwrap
# 定义一个长文本字符串
text = "Python 是一种高级的、解释型的、通用的编程语言，它支持多种编程范式，如面向对象、过程式、函数式和命令式编程。Python 的设计哲学强调代码的可读性和简洁性，它有着丰富的标准库和第三方库，可以应用于各种领域，如数据科学、机器学习、网络开发、桌面应用等。"

# 使用 wrap 函数对文本进行自动换行，每行不超过 20 个字符
```

```
lines = textwrap.wrap(text, width=20)
# 打印输出结果
print("使用 wrap 函数的结果:")
for line in lines:
    print(line)

# 使用 fill 函数对文本进行自动换行,并返回一个单个字符串
filled = textwrap.fill(text, width=20)
# 打印输出结果
print("使用 fill 函数的结果:")
print(filled)
# 使用 shorten 函数对文本进行折叠和截短,使其符合给定的宽度
shortened = textwrap.shorten(text, width=30, placeholder="...")
# 打印输出结果
print("使用 shorten 函数的结果:")
print(shortened)
# 使用 dedent 函数移除文本中每一行的相同前缀空白符
indented = """
    这是一个有缩进的文本,
    它有四个空格作为前缀,
    我们想要去掉这些空格。
"""
dedented = textwrap.dedent(indented)
# 打印输出结果
print("使用 dedent 函数的结果:")
print(dedented)
# 使用 indent 函数给文本中选定行添加前缀
prefixed = textwrap.indent(dedented, prefix="* ")
# 打印输出结果
print("使用 indent 函数的结果:")
print(prefixed)
```

19.2 计算文本相似度

使用 Python 内置的 difflib 模块的 SequenceMatcher. ratio 方法可以计算两个字符串的相似度,代码如下。

代码位置: src/text/similarity. py

```
import difflib
def similarity(str1, str2):
    # 创建 SequenceMatcher 对象
    seq = difflib.SequenceMatcher(None, str1, str2)
    # 计算相似度
    sim = seq.ratio()
    return sim
str1 = 'Python is awesome'
str2 = 'Python is great'
sim = similarity(str1, str2)
print('相似度:', sim)
```

运行代码，会输出如下内容：

```
相似度: 0.6875
```

字符串相似度计算在许多应用场景中都非常有用。例如：

(1) 拼写纠错：在文本编辑器或搜索引擎中，可以使用字符串相似度计算来纠正用户输入的拼写错误。

(2) 文本去重：在处理大量文本数据时，可以使用字符串相似度计算来识别和删除重复的文本。

(3) 上下文相似性：在自然语言处理中，可以使用字符串相似度计算来判断两个句子或段落在语义上是否相似。

(4) 不同来源数据对比：在数据挖掘和数据分析中，可以使用字符串相似度计算来比较来自不同来源的数据。

此外，字符串相似度算法还应用于诸如数据清洗、用户输入纠错、推荐系统、剽窃检测系统、自动评分系统，以及网页搜索和DNA序列匹配等，这些方向都有着十分广泛的应用。

19.3 中文分词

本节会使用第三方模块jieba实现中文分词，读者可以使用下面的命令安装jieba模块。

```
pip3 install jieba
```

jieba是一个常用的中文分词库，它可以对中文文本进行分词，并进行词性标注。词性标注就是给每个分出来的词语赋予一个语法范畴，如名词、动词、形容词等。

中文分词的实现代码如下。

代码位置：src/text/tokenize_text.py

```
# 导入 jieba 模块
import jieba
# 定义一段中文文本
text = "我爱自然语言处理"
# 使用精确模式进行分词,返回一个生成器
seg_list = jieba.cut(text, cut_all = False)
# 将生成器转换为列表
seg_list = list(seg_list)
# 输出分词结果
print(seg_list)
```

执行程序，会输出如下内容：

```
['我', '爱', '自然语言', '处理']
```

19.4　词性标注

要使用 jieba 的词性标注功能,需要导入 jieba. posseg 模块,然后使用 jieba. posseg. cut 函数对文本进行分词和标注。这个函数会返回一个生成器,每个元素是一个 pair 对象,包含一个词语和它的词性。可以遍历这个生成器,打印每个词语和它的词性。

代码位置:src/text/word_flag. py

```
# 导入 jieba.posseg 模块
import jieba.posseg as pseg
# 定义一个待分词和标注的文本
text = "我爱北京天安门"
# 调用 jieba.posseg.cut 函数,返回一个生成器
words = pseg.cut(text)
# 遍历生成器,打印每个词语和它的词性
for word, flag in words:
    print(word, flag)
```

执行程序,会输出如下的内容:

```
我 r
爱 v
北京 ns
天安门 ns
```

其中,r 表示代词,v 表示动词,ns 表示地名。

19.5　将图像转换为字符

Python 图像转字符的基本方法如下:

(1) 使用 Python 的图像处理库,如 PIL 或 Pillow,打开图片并获取其像素信息。

(2) 将图片转换为灰度图像,这样每个像素只有一个灰度值,表示其亮度。

(3) 定义一个字符串列表,表示不同的灰度值对应的字符,如 a 表示最白,e 表示最黑。

(4) 遍历图片的每个像素,根据其灰度值在字符串列表中找到对应的字符,并拼接成一行。

(5) 按照图片的宽度,将每行字符换行输出,形成字符画。

下面的例子将图像文件按 0.1 比例缩小,并转换为字符序列。

代码位置:src/text/image2text. py

```
from PIL import Image
# 定义字符串列表
chars = "abcdefghijklmnopqrstupwxyz0123456789"
# 打开图片并转换为灰度图像
```

```
img = Image.open("girl.jpg").convert("L")
# 获取图片的宽度和高度
width, height = img.size
# 缩放图片,根据需要调整缩放比例
scale = 0.1
img = img.resize((int(width * scale), int(height * scale)))
# 获取缩放后的宽度和高度
width, height = img.size
# 获取图片的所有像素值
pixels = img.getdata()
# 定义一个空字符串,用来存储字符画
output = ""
# 遍历每个像素
for i in range(len(pixels)):
    # 根据像素值在字符串列表中找到对应的字符
    # 使用模运算符(%)来保证索引不会超出字符串列表的长度
    print(pixels[i])
    output += chars[pixels[i] % len(chars)]
    # 如果到达图片的边界,换行
    if (i + 1) % width == 0:
        output += "\n"
# 输出字符画
print(output)
```

运行程序之前，要保证当前目录下存在 girl.jpg 文件。

19.6 小结

文本处理涉及了非常多的应用场景，尤其是基于自然语言的分词、词性标注等。主要应用场景如下。

(1) 情感分析：通过分析文本中所表达的情绪或态度，判断其是正面还是负面，或者属于哪种具体的情感类别，如喜怒哀乐等。情感分析可以用来评估用户对产品或服务的满意度，或者监测社会舆论和情绪变化。

(2) 话题标注：通过分析文本中所涉及的主题或领域，给其打上相应的标签，如体育、娱乐、科技等。话题标注可以用来实现新闻分类、内容推荐、知识图谱构建等应用。

(3) 文本摘要：通过提取或生成文本中最重要或最有代表性的信息，形成一个简短且完整的概括。文本摘要可以用来帮助用户快速浏览大量信息，或者生成报告和总结。

(4) 文本生成：通过根据给定的输入或条件，自动产生符合语法和逻辑规则的自然语言文本。文本生成可以用来实现机器翻译、对话系统、智能写作等应用。